病虫测报数字化

农业部种植业管理司
全国农业技术推广服务中心　编著

中国农业出版社

前言

病虫测报是农作物重大病虫害防控的侦察兵，是植物保护的基础性工作。及时准确的预测预报，是科学指导病虫防控、提高防治效果的前提，也是实施农药减量控害、保护农业生态环境安全、保障国家粮食安全的重要举措。近年来，受气候变化、生产水平提高和病虫抗药性上升等因素影响，我国农作物重大病虫害重发、频发，严重威胁国家粮食安全。为应对日益严峻的病虫发生形势，适应国家对植物保护工作越来越高的要求，提高农作物重大病虫害监测预警能力，及时掌握全国各地农作物重大病虫害的发生发展动态，科学指导防控，对于有效控制病虫为害，减轻灾害损失意义十分重大，而现代信息技术的发展为实施重大病虫害数字化监测预警系统平台建设创造了绝佳条件。

2009年，在农业部领导和种植业管理司的高度重视和大力支持下，全国农业技术推广服务中心启动了农作物重大病虫害数字化监测预警系统平台建设工作，按照“总体规划、分步实施”的思路，经过7年多的开发建设，逐步构建了多平台、多功能，覆盖粮、棉、油等主要农作物的重大病虫害数字化监测预警系统，初步建成了全国病虫测报电子数据库，实现了全国农作物重大病虫害监测预警与管理工作的网络化、信息化，成为各级植保部门开展病虫测报工作的重要平台。项目的实施也推动了各地病虫害数字化监测预警建设工作的开展，有20多个省级及部分市、县级植保机构实施了新一轮的重大病虫害数字化、信息化建设项目，到“十二五”末，全国病虫测报信息化整体水平明显提高。

为进一步总结近年来病虫测报数字化建设成果，加速数字化监测预警系统的推广应用，提高系统使用效率和应用效果，提升重大病虫害监测预警能力，为领导决策和农民防控提供及时准确的病虫预报和信息服务，我们编写了《病虫测报数字化》一书，系统总结了近年来我国病虫测报数字化建设情况，并以图文并茂的形式形象直观地介绍了系统的主要功能和使用方法，旨在帮助用户全面提高系统的使用技能，进一步发挥系统应有的作用。

由于时间仓促、经验不足，难免挂一漏万，甚至存在错误，恳请读者不吝赐教。本书中的地图均为重大病虫害数字化监测预警系统中的截图，无法完全按照标准地图修改，仅起到示意系统操作的作用。恳请读者在使用本书时若发现问题及时反馈，以便下一步修订完善。

编著者

2016年7月

目录

1 概　论

病虫测报是植保工作的基础。近些年来，随着气候、耕作制度及病虫害抗药性变化等因素的影响，我国主要农作物病虫害发生呈现新的特点。病虫害多发、重发、频发，对保障粮食安全和主要农产品有效供给是新的挑战，也给病虫测报工作提出了新的要求。同时，各级农业生产管理部门根据生产管理需要，也加强了重大病虫害发生与防控信息的调度力度，对重大病虫害发生与防控信息的要求越来越高。这就要求必须进一步提高病虫信息的采集、分析处理能力，为生产决策部门和广大农民提供更加全面、及时、有力的监测预警技术支撑和信息服务。虽然，近些年来全国植保系统制定了很多病虫害测报技术规范，但实际应用中难免会出现偏差，一些新发、偶发的病虫害尚无测报规范，病虫监测区域站管理也不够规范。此外，长期以来还存在着因人员变动、资料流失等因素导致的测报数据积累应用的难题，一定程度上制约了测报技术的进步。

新形势下，针对病虫发生新特点，解决病虫测报存在的问题以及满足病虫害管理的新要求，迫切需要利用现代信息技术，充分发挥互联网与物联网技术、电子信息技术在病虫害监测预警上的作用，研究重大病虫害数字化监测预警技术，尽快建设覆盖全国、运转高效、功能齐全、反应快捷的重大病虫数字化监控信息系统平台，对提高病虫害监测预警能力，科学指导防控，保障国家粮食安全具有重要意义。

1996 年起，全国农业技术推广服务中心开始探索现代信息技术在病虫测报领域中的应用，先后建成了基于 Novell 计算机网络的第一代“全国病虫测报信息计算机网络传输与管理系统 Pest-Net”和基于 Internet 的第二代“中国农作物有害生物监控信息系统”，在农作物有害生物监测预警能力提升等方面发挥了重要作用。2009 年以来，在农业部种植业管理司等有关司局的高度重视和支持下，开始对原系统进行了换代升级，开发建设了第三代数字化监测预警系统“农作物重大病虫害数字化监测预警系统”，并研发了多媒体展示平台以及适用于县级病虫测报站使用的县级植保信息系统和移动采集系统，也推动全国各省份开展测报信息化建设，初步建成了覆盖国家、省、县上下贯通、多终端、多平台的数字化监测预警系统平台，全国病虫测报信息化水平明显提高。

1.1　系统开发建设

2009 年，全国农业技术推广服务中心制订了《农业有害生物监测预警数字化建设规划》，按照“总体规划、分步实施”的原则和“一年一个重点作物，若干重点功能”的思路，采用先进信息技术，同时借鉴其他行业成熟技术，深入研究农业有害生物监测预警工作涉及的各项数字化关键技术，“边研究，边开发”，逐步研究开发，稳步开发建设重大病虫害数字化监测预警系统，并同步开展系统推广应用。

1.1.1　需求调研论证

根据建设重点，每年组织有关省植保站和县级重点区域站等一线测报技术人员，召开年度数字化监测预警建设调研论证会，分析测报需求和工作实际，研讨每年的建设内容和实现形式，确定相关病虫监测数据报表和承担任务的基层测报区域站，初步形成当年的建设方案和建设需求。

1.1.2 系统开发建设

系统的开发建设可分为需求分析与设计、研制开发、系统测试定型3个阶段。一是需求分析与设计。每年确定中标企业后，全国农业技术推广服务中心有关技术人员与有关中标企业开发建设人员一起，双方多次召开现场会议讨论，使中标企业对建设需求有更明确的了解，通过对病虫害数据库结构、主要业务流程、系统主要功能等反复沟通，并根据国家、省、县级的具体情况，研究制订总体建设方案。二是系统研制开发。在需求分析与设计的基础上，进入系统开发建设实施阶段，全国农业技术推广服务中心工作小组与系统开发建设单位研发人员建立了经常性沟通机制，研究确定合适的建设方法，从测报信息的采集、网络传输、分析处理，以及预报发布服务、业务评定考核和系统运行维护等方面进行全面建设。同时，为使系统适合各级用户的需要，多次组织各级植保部门既懂计算机技术又有良好专业素质的人员对系统建设进行研讨，确保每一阶段的工作符合植保业务的工作需要。三是系统测试定型。根据系统开发建设惯例，每年在系统初步开发完成后，都要组织有关专业技术人员对系统进行详尽的测试，同时安排有关省试用，对系统的整体功能、相关业务流程以及具体业务报表进行整体测试，根据测试结果对系统进行调试、优化和定型，确保监测预警系统的稳定、高效运行。

2009—2015年，项目组逐步开发建设了水稻、小麦、棉花、玉米、马铃薯、油菜病虫及蝗虫、黏虫、草地螟等重大病虫数字化监测预警信息系统平台，共同构成了中国农作物有害生物监控信息系统（表1-1）。

表1-1 重大病虫害数字化监测预警系统建设概况

开发建设时间	建设重点	覆盖病虫数（个）	业务表格（张）	专题图（种）	覆盖省份数（个）	覆盖区域测报站数（个）
2009	水稻病虫	11	16	10	19	252
2010	小麦病虫	21	14	5	21	359
2011	棉花病虫	15	37	15	16	154
2012	玉米病虫、多食性害虫	22	60	35	22	212
2013	马铃薯、油菜病虫	19	11	3	25	214
2014	马铃薯晚疫病实时监测预警系统平台					
2015	马铃薯晚疫病实时监测预警系统平台组网、arc GIS功能升级					
2016	稻瘟病实时监测预警系统、远程诊断系统					

1.1.2.1 水稻重大病虫害数字化监测预警系统

2009年，以水稻重大病虫害为例，进行系统总体设计，研究病虫害数字化监测预警技术，设计开发稻飞虱、稻瘟病等11种水稻重大病虫测报调查表格16张，专题图10个，重大病虫周报表格9张，开发数据管理、图形化分析、GIS分析、专家知识库等功能，基本完成系统构架及功能的设计开发，并开发了相关手机客户端应用系统。基层测报站技术人员可通过互联网或手机填报水稻病虫测报数据。经过系统应用技术培训后，系统在全国19个水稻主产省份252个县级病虫测报区域站推广应用。

1.1.2.2 小麦重大病虫害数字化监测预警系统

2010年，在水稻病虫数字化监测预警系统的基础上，设计开发小麦条锈病、蚜虫等21种小麦重大病虫测报调查表格14张，专题图5个，进一步完善系统原有功能，重点加强了数据分析、GIS分析功能，开发手机客户端应用系统。开发完成后，经系统应用技术培训，在全国 21 个小麦主产省份 359 个县市级测报站推广应用。

1.1.2.3 棉花重大病虫害数字化监测预警系统

2011 年，重点建设以棉花重大病虫为主的数字化监测预警系统，系统共设计棉铃虫、棉花黄萎病等 15 种重大病虫的测报调查表格 37 张，专题图 15 个，进一步完善系统功能，开发了基于 Flex 地图的数据分析展示功能，系统在全国 16 个棉花主产区 154 个基层测报站推广应用。

1.1.2.4 玉米病虫害及蝗虫、黏虫、草地螟数字化监测预警系统及多媒体展示系统

2012 年，建设以玉米病虫害及蝗虫、黏虫、草地螟等重大病虫为主的数字化监测预警系统，共覆盖玉米病虫及蝗虫等重大病虫 22 种，开发设计业务表格 60 张，专题图 35 个，完善了专家知识库、彩信报管理、电视预报管理等功能。

2012 年，重点研制开发了液晶显示屏多媒体展示系统，利用 KPI 指数并借鉴股票的 K 线等，综合显示水稻、小麦、棉花、玉米病虫及蝗虫、黏虫、草地螟发生动态等。还设计开发了马铃薯、油菜病虫共 18 种主要病虫害的长趋势预报相关业务表格 5 张。系统建成培训后，在全国 22 个玉米主产省份及 212 个基层测报站推广应用。

1.1.2.5 马铃薯、油菜病虫数字化监测预警系统

2013 年，建设以马铃薯、油菜重大病虫为主的数字化监测预警系统，覆盖马铃薯、油菜病虫种，开发设计业务表格 148 张。系统建成后，在全国 16 个马铃薯主产省份 118 个基层测报站和 15 个油菜主产省份及 96 个基层测报站推广应用。

1.1.2.6 系统部署及安全性建设

系统部署充分考虑系统安全性，应用服务器、数据库服务器、GIS 服务器等分别部署在农业部信息中心、国家病虫害监控中心机房，实现异地部署和双机热备。为保障系统访问速度，部署了联通、电信双线接入。系统安全建设通过了中国信息安全测评中心组织的信息安全三级安全评测。

1.1.3 应用技术培训

为加速系统的推广应用，充分发挥系统在病虫害监测预警中的作用，全国农业技术推广服务中心每年在系统开发完成后，及时组织有关省份和重点区域站系统应用技术人员开展应用技术培训。4 年来，共举办农作物重大病虫害数字化监测预警系统应用技术培训班 11 个，培训各地测报技术人员 500 多人次，基本上做到了各省级植保站测报科和承担国家监测任务的区域站每站培训 1 人。培训工作的加强，促进了系统的推广应用和项目建设工作。

1.2 系统主要功能

1.2.1 测报数据上报

采用网上填报和移动端填报相结合的方式，开发完成包括水稻、小麦、棉花、玉米等作物重大病虫害，以及蝗虫、黏虫、草地螟和全国重大病虫发生和防治周报等数据上报表格 151 张共 6 000 多项数据的报送任务，其中 1 200 多项由系统自动计算完成，使测报数据的报送进入了网络信息化时代，完全实现了由传统的电报、电话、电子邮件向网络化填报和自动化收集管理转变，极大地提高了测报信息的传输时效性和汇总效率，增强了病虫测报的快速反应能力。

1.2.2 信息分析处理

在完成重大病虫害测报数据网络报送、自动入库和查询汇总的基础上，系统开发了多种高端的数据处理分析功能：一是依据病虫害发生规律，对原始调查数据进行梳理形成涉及 25 种主要病虫害的 102 种分析专题图。专题图采用多种图形化的效果对专题数据进行分析展现，其主要展示形式采用了图表、地理信息及图表与地理信息结合等方式；二是针对不同作物在全国范围内划定了主要种植区，把各级测报站上报的灯下监测和田间病虫发生等原始数据结合调查点的经纬度坐标，采用空间插值的方法在主要种植区内生成插值数据，并采用地理信息系统（GIS）或Flex等技术手段来进行插值数据展现。专题图和地理信息系统为专业数据的分析结果提供了直接、直观的展示平台，为领导和专家的决策以及专业信息的发布提供了支撑。

1.2.3 图形化展示预警

在地理信息系统（GIS）功能的基础上，开发了监测数据实时分析、定制专题图分析、病虫发生动态插值分析、病虫发生动态推演和迁飞性害虫迁飞路径分析等功能。如开发使用GIS插值分析功能，使每个重大病虫害的发生数据能够在地理空间上表现为连续性的面分布，便于对全国某个重大病虫害分布的直观展示；开发的病虫发生动态推演功能，能够动态展示某一个时间段内病虫害的发生变化情况和趋势，对重大病虫害的蔓延扩展过程进行动态展示，提高了重大病虫害发生情况分析展示的直观性。

1.2.4 预报发布服务

重点开发了病虫发生实时监测、预报彩信发布、电视预报等功能，在基层植保站及时上传数据的情况下，能够对全国有关重大病虫的发生防治情况进行实时调度监测，及时掌握全国病虫害的发生防治动态和进展；同时开发了手机彩信和短信预报发布功能，可定向对有关服务对象及时发送病虫情报信息服务，并在系统开设了各地病虫情报交流、病虫发生图片和电视预报节目展播栏目。预报信息的多种发布途径，扩大了植保信息发布覆盖面和信息到位率，提高了病虫测报服务病虫害防控工作的效能，进一步增强了病虫测报在确保农业丰产丰收中的作用。

1.2.5 监测防控咨询

为提高全国农业技术推广服务中心对于基层植保机构和农技推广服务组织的业务指导功能，系统开发建设了农作物病虫害专家知识库、农业专家网络咨询平台和远程诊断系统；农作物病虫害专家知识库收录了主要病虫害的危害症状、发生分布、防治方法及相关照片等数据，并支持全文检索、关键字检索、搜索排名等功能；在建立农作物病虫害专家知识库的基础上，建设了农业专家网络咨询平台和远程诊断平台，提供专家在线咨询、专家离线留言和植保人员互动交流等各项功能，既可方便体系内人员的知识共享、信息交流，也可对普通农户进行病虫害防治知识普及、防治作业科学指导等工作，普通农户可以通过平台与农业专家进行病虫害远程诊断识别，提高上级用户对重大病虫害防控决策的技术水平。

1.2.6 业务考核管理

为加强对各级植保测报机构的业务管理，系统开发建设了多种业务数据的管理功能，为数据上报的及时性、完整性提供了足够的技术支撑。为克服许多项目建设中“重建设轻使用”的问题，防止出现“项目一通过验收就死”现象的发生，本次系统建设紧紧围绕生产实际和工作需要，尤其是对有关重大病虫害测报数据的报送采取了个性化管理的方法，每个基层站承担的报送任务（包括时间、内容等）明确到站，同时系统提供“报送提醒”功能，到报送时系统自动提供报送内容和时间，督促基层机构按时完成调查和填报任务；对于每个基层站的所有报送情况，系统提供随时统计功能，对每一个站工作的完成情况和迟报、漏报情况进行统计，作为有关基层植保机构考核的依据。

1.2.7 系统安全保障

为了确保系统的各种数据在互联网范围内安全传输，系统在建设中采用SSL数字证书来确保信息传输安全。同时，使用HTTPS安全协议，通过128位或256位高强度加密运算确保传输的信息都经过实时加密，无法被第三方窃取和篡改。在用户管理方面，严格管理允许访问系统的各级用户账号及信息，并根据用户等级为其分配不同的操作权限，严格规范用户可使用的功能范围；在数据库维护方面，建立了数据库的定时备份机制，当系统出现问题后可及时恢复用户数据，保障系统正常运行；同时，建立了双机热备机制，两套主机系统通过直连的方式分别连接磁盘阵列和磁带库的方式共享存储设备，并采用单机硬盘镜像和电源冗余技术等容错手段，保证系统的稳定运行。

1.3　系统登录

农作物重大病虫害数字化监测预警系统是一个面向全国植保系统的内部业务系统，使用该系统需要事先得到授权，凭用户名及密码访问和使用系统。

在安装 Windows 2000/XP 及以上操作系统的台式和手提电脑，打开网页浏览器（Internet Explorer），输入网址 http：//www. ccpmis. org. cn 或 https：//www. ccpmis. org. cn，点击“农作物重大病虫害数字化监测预警系统”，出现如下登录页面（图 1－1）。

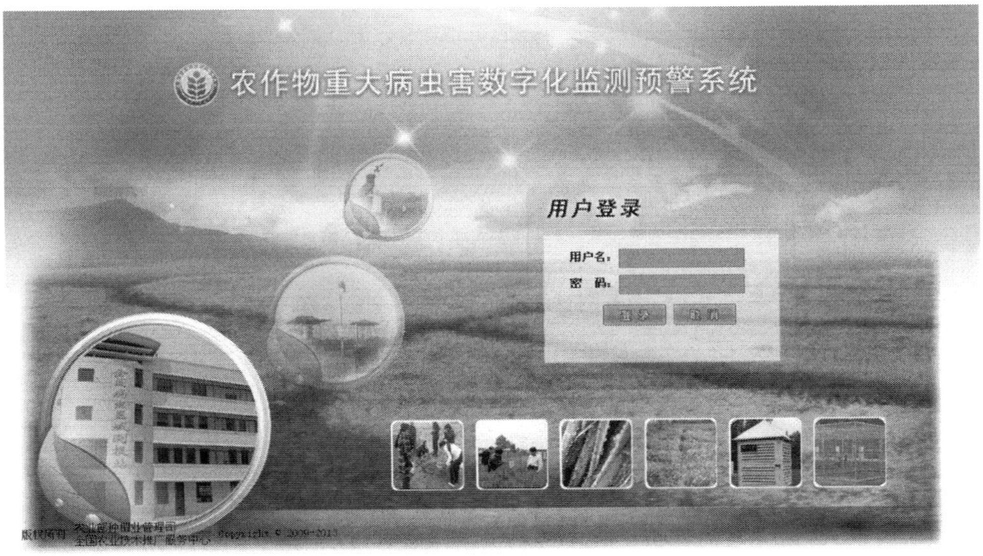

图 1－1　系统登录页面

输入用户名和密码，点击［登录］，进入本系统首页面。首页面的显示内容和风格，因用户角色、在田作物种类、用户自定义配置而有所不同（首页功能配置见 9.9）。国家级用户的首页面如图 1－2，其他用户的首页面如图 1－3。

系统首页整体上分为 5 部分，自上至下依次为系统全局功能、系统功能菜单栏、登录信息及任务提醒、作物或病虫切换、主窗口。

图 1－2　国家级用户系统首页面

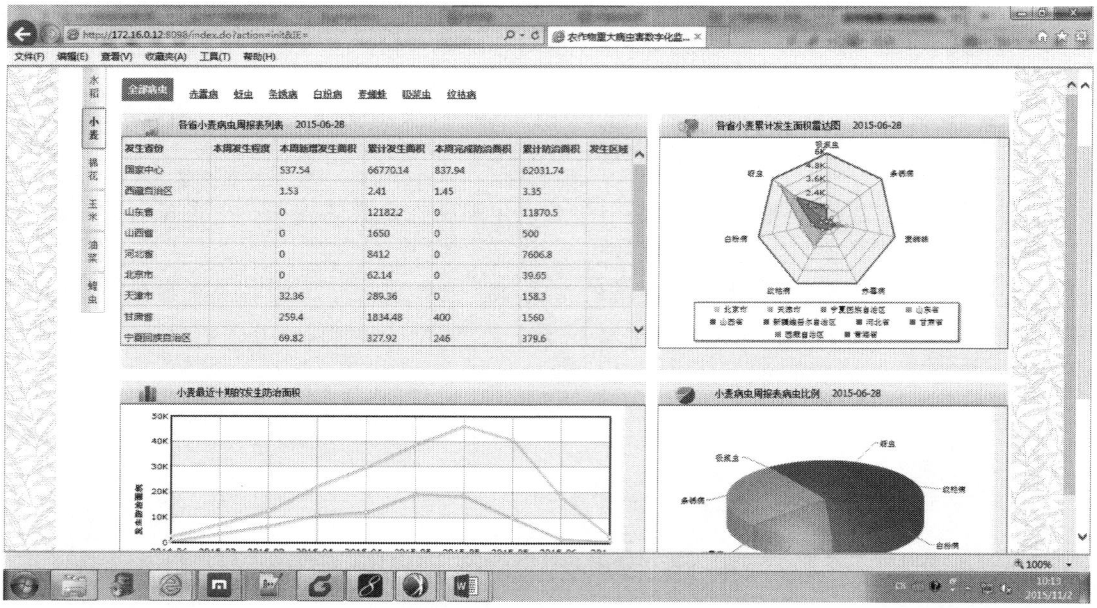

图 1－3　省级或区域站用户系统首页面

1.4　系统功能菜单

系统设置［首页］、［帮助］、［退出］三个全局功能，在系统任何模块下都能直接点击这三个功能链接，分别实现返回系统首页、查看系统帮助和退出系统的操作。全局功能链接位于系统页面右上角。

系统功能菜单栏主要由数据管理、图形化监测预警、专家咨询、预报发布、办公应用、任务管理、系统管理等主菜单组成（图 1－4）。

图 1－4　功能菜单栏

1.4.1　数据管理

实现病虫监测数据的采集、分析和管理，主要包括数据填报、数据查询、数据分析、数据汇总、统计分析等功能。

1.4.2　图形化监测预警

以 GIS 或图形展示病虫害发生动态，主要包括发生预警、专题分析、空间插值、动态推演、地图对比、临时绘图、Flex 插值等。

1.4.3　专家咨询

主要包括网络会商、专家知识库和远程诊断系统，为各级测报技术人员提供病虫专家知识库和智能系统，以及开发病虫害网络会商平台。

1.4.4　预报发布

开发了利用新媒体进行病虫预报信息发布功能，主要包括彩信报、电视预报、全国预报、地方预报发布等功能。

1.4.5 办公应用

用于实现对省、县级病虫测报区域站信息上报情况的统计、催报和区域站定量考核等功能，包括省站信息统计、区域站信息统计、区域站信息合计、作物信息统计、表格信息统计等。

1.4.6 任务管理

实现系统任务的设置与管理，主要包括设置上报任务、任务报送统计、站点任务查询、省站任务统计、区域站任务统计等功能。

1.4.7 系统管理

实现对系统的管理和功能设置。主要包括区域站管理、权限管理、可操作表管理、信息共享管理、系统功能配置等功能。

2 病虫监测数据采集、分析与管理

监测数据管理主要包括数据填报、数据查询、数据分析、数据汇总、统计分析等，实现对病虫监测数据的采集、管理和分析处理，是农作物重大病虫害数字化监测预警系统的重要功能，也构成了全国病虫测报国家数据库。

将鼠标移动到系统功能菜单的［数据管理］上时，［数据管理］会自动弹出下拉菜单（图 2－1），用户可以选择使用有关的功能菜单。

图 2－1　数据管理菜单

2.1　数据填报

数据填报主要用于用户填报当前业务报表、往年业务报表，或者是修改尚未上报的已填数据报表（图 2－2）。数据填报的方式主要有 2 种，一种是在线填报方式；另一种是下载 Excel 模板，离线填写后再在线导入方式。

图 2－2　填报任务列表

填报状态说明：

◇ 未填报：表示数据尚没有填写，可点击相应任务进入进行填报。

◇ 已填写未上报：表示数据已经部分或全部填写，并保存，但尚未上报；用户还可以点击相应的任务进入再次填写或进行上报操作。

◇ 已退回：表示数据已经上报，但因某种原因被上级单位退回，需要修改后再上报。

当年任务与往年任务：

往年任务为当前站点需要填报的历史任务，如图 2－3，可通过选择年份、作物和报表名称进行查询或筛选。任务填报具体操作同当年任务。

图 2－3 往年任务

2.1.1 数据报表与填报要求

2.1.1.1 数据报表

农作物重大病虫害数字化监测预警系统共涉及粮（水稻、小麦、玉米、马铃薯）、棉（棉花）、油（油菜）三大类 6 种主要农作物病虫害。根据国家及农业行业标准，系统设计开发了 151 张业务数据表格，并按照作物和表格类型进行了分类，主要由系统调查表、模式报表、统计表、预测表等组成。为方便用户理清每种作物的业务报表填报主体和填报时间，也方便使用系统的数据查询、分析和汇总等功能，将业务报表分类整理如表 2－1 至表 2－10。

表 2－1 水稻病虫报表

病虫名称	报表名称	汇报时间
稻飞虱	稻飞虱模式报表	灯下或田间开始查见稻飞虱至水稻收割，华南、江南稻区 3 月初，长江、江淮稻区 5 月初开始，每月逢 1、6、11、16、21、26 日汇报
稻纵卷叶螟	稻纵卷叶螟模式报表	灯下或田间开始查见稻飞虱至水稻收割，华南、江南稻区 3 月初，长江、江淮稻区 5 月初开始，每月逢 1、6、11、16、21、26 日汇报
	稻纵卷叶螟田间赶蛾调查表	华南、江南稻区 3 月初，长江、江淮稻区 5 月初开始，每日上报
水稻螟虫	螟虫冬前模式报表	11 月初至 12 月初
	螟虫冬后模式报表	越冬幼虫化蛹始盛期，华南、江南南部稻区 3 月底至 4 月初，长江、江淮稻区在 4 月底以前，北方稻区在 5 月中旬汇报
	螟虫各代调查及下代预测模式报表	各代螟虫螟害率调查完成后上报
稻瘟病	稻瘟病发生实况模式报表	叶瘟始见时，每月逢 1、11、21 日上报
	孕穗—破口期叶瘟发生情况和穗瘟发生预测模式报表	水稻孕穗后期—破口初期汇报，具体早稻在 6 月 1 日，中稻及北方单季稻在 7 月 11 日，江淮单季晚稻在 8 月 11 日

（续）

病虫名称	报表名称	汇报时间
水稻纹枯病	水稻纹枯病模式报表	从水稻纹枯病发生始见后至水稻基本成熟，每月逢1、11、21日汇报
水稻条纹叶枯病	水稻条纹叶枯病病情系统调查表	5月下旬至9月下旬，5天1次
	水稻条纹叶枯病发生情况大田普查记载表	6月下旬、7月下旬各1次
综合	水稻种植情况基本信息表	每年12月
	水稻病虫年度发生情况及来年趋势预测表	每年12月
	水稻周报表	每年5～9月
	水稻日报表	根据实际情况适时安排任务
	水稻害虫灯诱逐日记载表	华南和江南稻区、长江和江淮稻区、东北稻区分别于3月初、5月初和5月中旬开始，直至水稻收割

表2-2　小麦病虫报表

分类	报表名称	说明
中后期预测	小麦病虫害中后期趋势预报因子与预测结果统计表	1. 填报单位：省站 2. 填报时间：每年4月15日
跨年度预测	小麦病虫害跨年度趋势预报因子与预测结果统计表	1. 填报单位：省站 2. 填报时间：每年12月5日
年度统计表	小麦病虫发生情况统计表 小麦蚜虫发生情况统计表 麦蜘蛛发生情况统计表 小麦吸浆虫发生情况统计表 小麦条锈病发生情况统计表 小麦白粉病发生情况统计表 小麦赤霉病发生情况统计表 小麦纹枯病发生情况统计表	1. 填报单位：省站填写各种病虫发生防治损失五项数据简表；各县站填写各种病虫关键时期发生情况 2. 填报时间：每年9月30日之前总结汇报一次；重点病虫关键时期按要求汇报 3. 各病虫发生程度应依照“小麦病虫发生程度分级指标表”
小麦病虫周报	小麦重大病虫害发生防治信息周报表	黄淮海地区（山东、山西、北京、天津）、长江中下游和江淮地区（安徽、江苏、湖北、浙江、上海）、西南地区（四川、云南、贵州、重庆）、陕西：3～5月，周报； 甘肃、宁夏、新疆：3～6月，周报； 青海：5～7月，周报
动态表	小麦条锈病发生动态周报表	1. 填报单位：省站汇总上报（各县站见病及时汇报至省站），要求见病即报 2. 填报时间：秋苗发生区（甘肃、陕西、宁夏、新疆、四川、云南、贵州、湖北、河南）在12月10日汇报1次；冬繁区（四川、云南、贵州、重庆、湖北、河南、陕西、甘肃）在1月10日汇报1次；四川、云南、贵州、重庆、湖北、河南、陕西在2～5月，甘肃在2～6月，新疆、宁夏在3～7月，青海在5～8月，安徽、山西、山东、河北在4～5月每周报送1次
	小麦蚜虫穗期发生动态周报表	1. 填报单位：相关县站 2. 填报时间：西南地区（四川、云南、贵州、重庆）3～4月每周1次；长江流域和黄淮海地区（湖北、安徽、江苏、浙江、上海、河南、山东、山西、河北、陕西）4～5月每周1次；甘肃、宁夏、新疆冬麦区5～6月每周1次；青海、新疆春麦区7～8月每周1次

（续）

分类	报表名称	说明
基数表	小麦吸浆虫淘土调查表	1. 填报单位：相关县站 2. 填报时间：秋季麦播前调查1次（9月中旬至10月中旬），春季4月10日1次
	小麦赤霉病春季带菌率调查表	1. 填报单位：相关县站 2. 填报时间：西南地区（四川、云南、贵州、重庆）3月15日1次；长江流域（湖北、安徽、江苏、浙江、上海）4月5日1次，黄淮及华北地区（河南、山东、山西、河北、陕西）4月15日1次

表2-3　玉米病虫报表

分类	报表名称	汇报时间
年度统计与预测表	玉米病虫中后期发生趋势预测表	每年1次（7月8日之前）
	玉米病虫跨年预测结果表	每年1次（11月20日之前）
	玉米病虫年度统计与预测表	每年1次（11月20日之前）
模式报表	玉米螟冬前越冬基数调查模式报表	每年1次（11月30日之前）
	玉米螟冬后基数模式报表	每年1次（5月20日之前）
	春玉米种植情况表	每年1次（5月20日之前）
	玉米螟发生情况模式报表（一至三代共3张）	每年1次（第一代于7月10日前，第二代于8月10日前，第三代于9月10日前）

表2-4　马铃薯病虫报表

分类	报表名称	汇报时间
晚疫病	马铃薯晚疫病发生趋势预测表	北方：7月10日前，次报，省级植保站（黑龙江、辽宁、吉林、河北、山西、内蒙古、陕西、甘肃、宁夏）及其县级监测点 南方：4月10日前，次报，省级植保站（四川、重庆、贵州、云南、湖北、湖南、山东）及其县级监测点
晚疫病	马铃薯晚疫病发生情况调查表	北方：7月25日、8月25日、9月30日，省级植保站（黑龙江、辽宁、吉林、河北、山西、内蒙古、陕西、甘肃、宁夏）及其县级监测点 南方：4月30日、5月31日、6月30日，省级植保站（四川、重庆、贵州、云南、湖北、湖南、山东）及其县级监测点

注：最后一次调查为发生定局调查，趋势预测不用填写。

表2-5　棉花病虫报表

病虫名称	报表名称	汇报时间
统计表	棉花种植情况统计表	每年1次（6月3日之前）
	棉花前期病虫害发生情况统计表	每年1次（7月10日之前）
	棉花病虫害发生情况年度统计表	每年1次（11月20日之前）
预测表	棉花中后期病虫害发生趋势预测表	每年1次（7月10日之前）
	棉花病虫害翌年发生趋势预测表	每年1次（11月20日之前）

（续）

病虫名称	报表名称	汇报时间
系统调查表	棉铃虫单灯诱测逐日记载表 棉红铃虫单灯诱测逐日记载表 棉盲蝽单灯诱测逐日记载表	4～10月，每天一查，每月月末一报
	棉铃虫卵量系统调查表	4～10月，3天一查，每月月末一报
	棉铃虫幼虫系统调查表 棉蚜系统调查表 棉叶螨系统调查表 棉盲蝽系统调查表 棉红铃虫系统调查表 棉花害虫天敌系统调查表	4～10月，3天一查，每月月末一报
	棉花苗期病害系统调查表	4～6月，每月一查，每月月末一报
	棉花枯、黄萎病系统调查表	4～10月，每月一查，每月月末一报
	棉花铃期病害系统调查表	7～10月，每月一查，每月月末一报
模式报表	棉铃虫模式报表（越冬代至五代，共6张）	每年6次（越冬代5月1日之前，一代6月3日之前，二代7月8日之前，三代8月10日之前，四代10月10日之前，五代11月30日之前）
	棉蚜模式报表（早春、苗期、伏期，共3张）	每年3次（分别于5月15日、6月30日、9月30日之前）
	棉叶螨模式报表（苗期、蕾花期、花铃期，共3张）	每年3次（分别于6月20日、7月15日、9月30日之前）
	棉盲蝽模式报表（一至四代，共4张）	每年3次（分别于6月20日、7月15日、9月30日之前）
	棉红铃虫模式报表（一至三代，共3张）	每年3次（分别于6月20日、7月15日、9月30日之前）
周报表	棉花病虫周报表	每周三

表2-6　油菜病虫报表

分类	报表名称	汇报时间
油菜菌核病	油菜菌核病定局普查表	1. 请按《油菜菌核病测报技术规范》进行定局调查，需在当地选择不同发病程度的、具有代表性的20块田，分别调查记录相关数据，并根据普查田块发病情况估测当地总体发病情况 2. 生育期早晚，是指与常年相比，生育期早5天以上为偏早，晚5天以上为偏晚，早晚不超过5天为适中 填报时间：每年5月30日之前，次报 填报单位：四川、云南、贵州、重庆、湖北、湖南、江西、安徽、江苏、浙江、上海、河南、陕西13省份相关县站
油菜蚜虫和病毒病	油菜蚜虫和病毒病定局普查表	1. 定局调查需在当地选择不同发生程度的、具有代表性的10块田，分别调查记录相关数据，并根据普查田块发病情况估测当地总体发病情况 2. 生育期早晚，是指与常年相比，生育期早5天以上为偏早，晚5天以上为偏晚，早晚不超过5天为适中 填报时间：每年5月30日之前，次报 填报单位：四川、云南、贵州、重庆、湖北、湖南、江西、安徽、江苏、浙江、上海、河南、陕西13省份相关县站
油菜菌核病	油菜菌核病测报模式报表	填报时间：每年3月20日之前，次报（备注：云南2月下旬；贵州3月上旬） 填报单位：省站——四川、云南、贵州、重庆、湖北、湖南、江西、安徽、江苏、浙江、上海、河南、陕西；县站——以上各省相关监测点

（续）

分类	报表名称	汇报时间
预测统计表	油菜病虫害年度发生与预测统计表	填报省份：湖北、湖南、安徽、江西、江苏、浙江、上海、四川、贵州、云南、重庆、河南、陕西、甘肃、青海 填报时间：每年 11 月 30 日之前填报 1 次
统计表	油菜种植情况统计表	
周报表	油菜重大病虫发生防治周报表	填报省份：湖北、湖南、安徽、江西、江苏、浙江、上海、四川、贵州、云南、重庆、河南、陕西 填报时间：3～5 月，周报

表 2－7　草地螟报表

分类	报表名称	汇报时间
年度统计表	草地螟年度发生情况统计表	每年 1 次（11 月 30 日之前）
	草地螟（越冬代成虫）年度发生区域统计表	每年 1 次（11 月 30 日之前）
	草地螟（一代幼虫）年度发生区域统计表	每年 1 次（11 月 30 日之前）
	草地螟（一代成虫）年度发生区域统计表	每年 1 次（11 月 30 日之前）
	草地螟（二代幼虫）年度发生区域统计表	每年 1 次（11 月 30 日之前）
	草地螟（二代成虫）年度发生区域统计表	每年 1 次（11 月 30 日之前）
模式报表	草地螟发生动态省站汇报模式报表	每年 4 月 15 日至 8 月 31 日
	草地螟发生动态监测点汇报模式报表	每年 4 月 15 日至 8 月 31 日
	草地螟越冬情况省站模式报表	每年 1 次（11 月 30 日之前）
	草地螟越冬情况监测点模式报表	每年 1 次（11 月 30 日之前）
	草地螟越冬代成虫发生实况及一代预测模式报表	每年 1 次（6 月 10 日之前）
	一代草地螟发生实况及二、三代预测模式报表	每年 1 次（7 月 10 日之前）

表 2－8　黏虫报表

分类	报表名称	汇报时间
年度统计与预测表	黏虫年度发生与预测统计表（按代次分）	每年 1 次（11 月 30 日之前）
	黏虫年度发生与预测统计表（按作物分）	每年 1 次（11 月 30 日之前）
分代次模式报表	越冬代黏虫模式报表（县站汇报表）	每年 1 次（2 月 25 日）
	越冬代黏虫模式报表（省站汇报表）	每年 1 次（2 月 25 日）
	一代黏虫模式报表（县站汇报表）	每年 1 次（5 月 15 日）
	一代黏虫模式报表（省站汇报表）	每年 1 次（5 月 15 日）
	二代黏虫模式报表（县站汇报表）	每年 1 次（7 月 10 日）
	二代黏虫模式报表（省站汇报表）	每年 1 次（7 月 10 日）
	三代黏虫模式报表（县站汇报表）	每年 1 次（8 月 25 日）
	三代黏虫模式报表（省站汇报表）	每年 1 次（8 月 25 日）
动态周报表	黏虫蛾量诱测动态周报表 黏虫雌蛾抱卵动态周报表 黏虫草把诱卵动态周报表 黏虫幼虫及蛹发生动态周报表	一代成虫及二代卵发生期：5 月 15 日至 6 月 15 日，周报 二代成虫及三代卵发生期：7 月 10 日至 8 月 10 日，周报

表 2-9　蝗虫报表

病虫名称	报表名称	汇报时间
东亚飞蝗	东亚飞蝗夏蝗发生趋势预测表	每年 1 次（4 月 10 日之前）
	东亚飞蝗夏蝗发生实况统计表	每年 1 次（7 月 10 日之前）
	东亚飞蝗秋蝗发生趋势预测表	每年 1 次（7 月 10 日之前）
	东亚飞蝗秋蝗发生实况统计表	每年 1 次（10 月 31 日之前）
	东亚飞蝗翌年发生趋势预测表	每年 1 次（10 月 31 日之前）
	东亚飞蝗全年发生实况统计表	每年 1 次（10 月 31 日之前）
西藏飞蝗	西藏飞蝗夏季发生趋势预测表	每年 1 次（4 月 10 日之前）
	西藏飞蝗夏蝗发生实况统计表	每年 1 次（7 月 10 日之前）
	西藏飞蝗秋蝗发生趋势预测表	每年 1 次（7 月 10 日之前）
	西藏飞蝗秋蝗发生实况统计表	每年 1 次（10 月 31 日之前）
	西藏飞蝗翌年发生趋势预测表	每年 1 次（10 月 31 日之前）
	西藏飞蝗全年发生实况统计表	每年 1 次（10 月 31 日之前）
亚洲飞蝗	亚洲飞蝗夏季发生趋势预测表	每年 1 次（4 月 10 日之前）
	亚洲飞蝗夏季发生实况统计表	每年 1 次（7 月 10 日之前）
	亚洲飞蝗秋季发生趋势预测表	每年 1 次（7 月 10 日之前）
	亚洲飞蝗秋季发生实况统计表	每年 1 次（10 月 31 日之前）
	亚洲飞蝗翌年发生趋势预测表	每年 1 次（10 月 31 日之前）
	亚洲飞蝗全年发生实况统计表	每年 1 次（10 月 31 日之前）
土蝗	土蝗夏蝗发生趋势预测表	每年 1 次（4 月 10 日之前）
	土蝗夏季发生实况统计表	每年 1 次（7 月 10 日之前）
	土蝗秋蝗发生趋势预测表	每年 1 次（7 月 10 日之前）
	土蝗秋季发生实况统计表	每年 1 次（10 月 31 日之前）
	土蝗翌年发生趋势预测表	每年 1 次（10 月 31 日之前）
	土蝗全年发生实况统计表	每年 1 次（10 月 31 日之前）

表 2-10　区域站报表

分类	报表名称	汇报时间
统计表	病虫测报基本信息统计表	每年 1 次（10 月 31 日前）
	县级以上（含）植保机构基本情况调查表	视需要临时设置任务
	县级以下植保机构基本情况调查表	视需要临时设置任务
	县级以上（含）植保机构测报灯及交通工具使用情况调查表	视需要临时设置任务
	农作物病虫害预报发布年度统计表	每年 1 次（10 月 31 日前）

2.1.1.2　数据填报要求

为保证系统数据的统一规范，农作物重大病虫害数字化监测预警系统设计开发的 151 张业务数据表格，在填报要求上进行了规定（表 2-11）。为避免错误，用户应按照规定进行填报。

表 2-11　数据填报一般要求

字段	类型	格式或填法
时间日期	日期型	YYYY-MM-DD，预测时间多为文本型
个数、虫量	整数型	
普遍率、病情指数、平均值、比率等	浮点型	2 位小数（＃＃＃.＃＃）
发生程度/级别/代次	整数型	0，1，2，3，4，5
稻作类型等	文本型	早稻 / 中稻 / 晚稻
百分率	浮点型	一般填百分数，如 23.5%，填 23.5
同历年（上年）比较	整数型	早、增、多、高用“＋”表示；晚（迟）、减、少、低用“－”表示；相同和相近，用“0”表示
特殊填写	文本型	未调查填＼，调查而无数据的填 0

2.1.2　在线填报

点击功能菜单栏的［数据管理］→［数据填报］按钮，进入数据填报界面（图 2-4），系统会默认列出当前需要填报的任务列表，用户可以通过作物或报表名称进行查询和筛选需要填报的当前任务。如出现多期任务需要填报时，应按照任务或时间先后进行填报。

用户根据田间调查数据据实填写即可。填报时，应注意各填报项目的数据合法性，如日期时间格式、整数或小数位数、文本字数等。

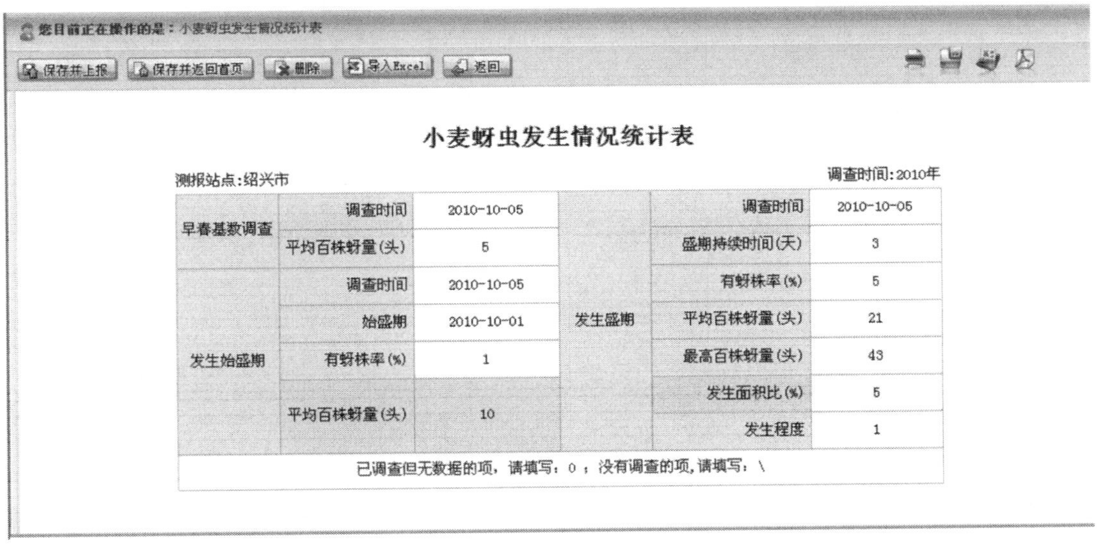

图 2-4　数据填报页面

填报结束后，根据需要可选择如下操作：

（1）保存并上报：保存所填报内容，并完成数据上报到系统数据库。

（2）保存并返回首页：保存所填报的内容，并返回系统首页，但并未完成数据的上报，用户还可以对数据进行修改。点击此按钮后，任务状态会变更为“已填报未上报”。

（3）删除：清空已填报的数据，并将任务状态变更为“未填报”。

（4）导入Excel：按照一定的 Excel 模板填报数据后直接导入数据到该数据填报页面；导入数据后需要进一步选择是保存上报，还是保存后返回首页，详见 2.1.2。

(5) [返回]：不做任何操作，返回上一个操作页面。

对于同一张需要填写多条数据的业务表格，在数据填报页面，可使用如下按钮插入空行、删除行等，据实逐项填写后保存上报。也可通过 Excel 文件为该业务表格一次性导入需要填报的多条数据，具体参阅 2.1.3.2。

(1) [插入行]：在光标所在的当前行的上边插入一空行。

(2) [追加行]：在表格最后一行添加一空行。

(3) [删除行]：删除光标所在的当前行。

(4) [删除所有行]：删除所有行。

2.1.3 Excel 离线填报后导入

系统除提供在线填报外，还提供了数据导入功能。数据导入一般分为两种情况。一是导入多期任务的数据，如历史数据的导入，或者是一期（次）数据只填写一条数据的业务报表。二是对于一期（次）任务报表，需要填报多条数据的业务报表，如小麦条锈病周报表、南方水稻黑条矮缩病发生信息周报表等表格。

2.1.3.1 历史数据导入

对于多期任务的数据导入，或者是只有一条数据的导入，具体步骤是：查询并下载模板→离线数据填报→在线导入数据。

(1) 查询并下载模板。点击［数据管理］→［数据填报］，在当前任务列表页面点击［下载模板］按钮，进入模板下载页面，如图 2-5。

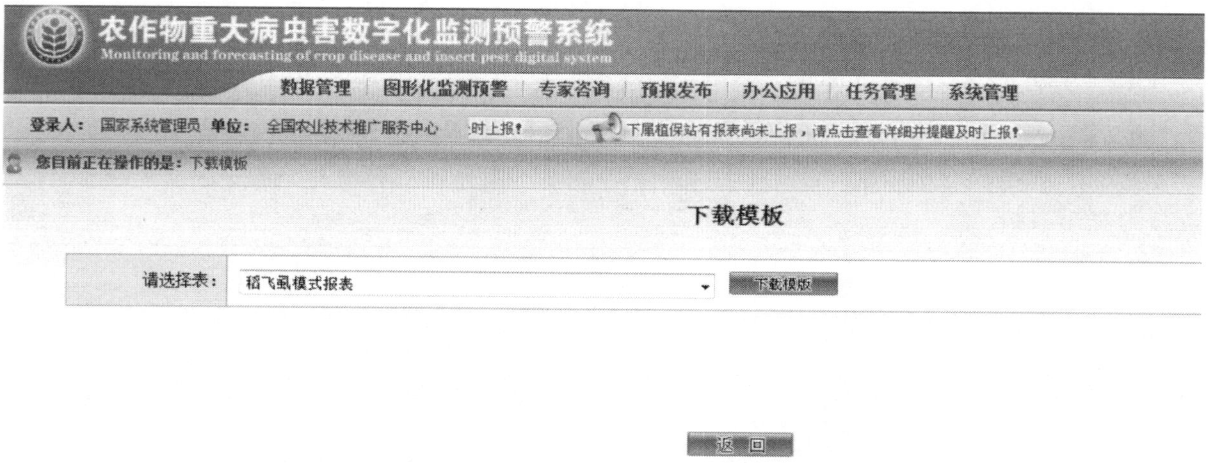

图 2-5 模板下载

也可以通过点击［数据管理］→［数据填报］，在当前任务列表页面点击［往年任务］，在往年任务列表页面，点击［数据批量导入］后，选择作物和要下载的表格后点击［下载模板］，在弹出窗口选择保存文件夹，点击［保存］就下载所需的模板（图 2-5，图 2-6）。

需要注意的事，此时的页面为数据批量导入页面（图 2-7），可供下载模板，如此时不导入数据，不要点击［浏览］、［保存］等操作。

(2) 离线填报数据。打开已经下载的 Excel 文件，按照提示的数据填写规则，逐项填写。点击［检查数据格式］按钮对数据的合法性进行检查，如有错误需要根据提示进行修改，检查完全没有错误后即可（图 2-8）。

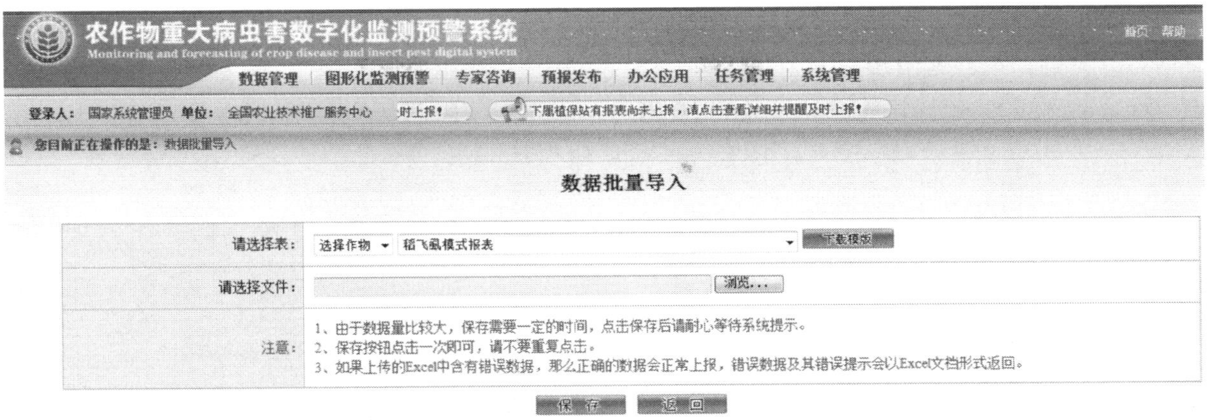

图 2－6　数据批量导入模板下载

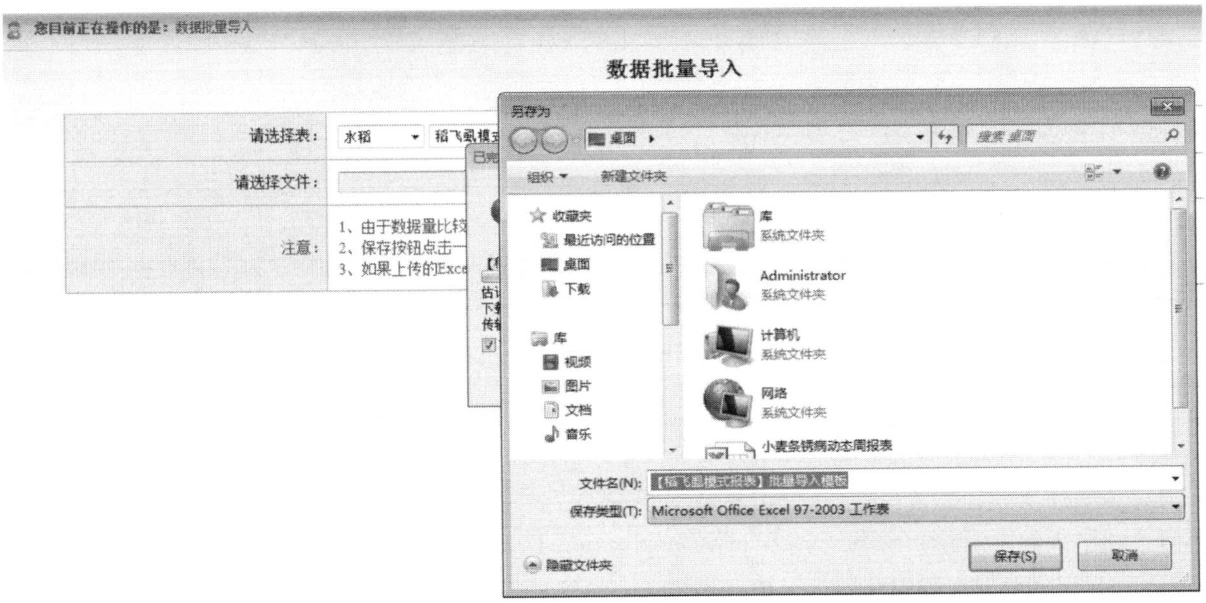

图 2－7　数据批量导入

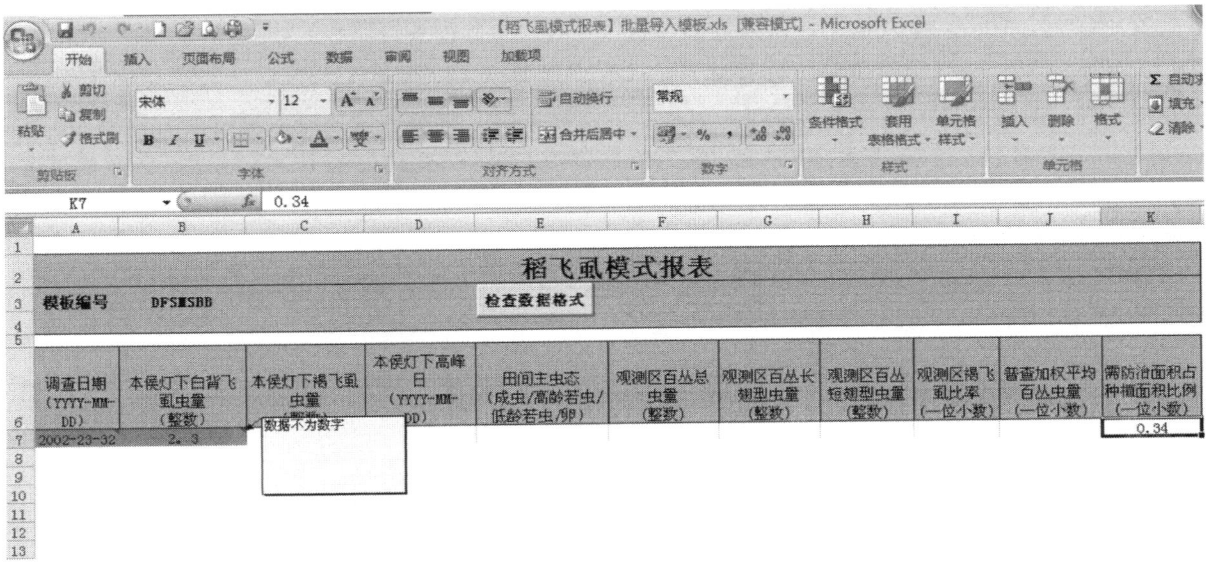

图 2－8　在 Excel 内填写数据

(3) 导入数据。打开需要填报的数据报表，点击[导入Excel]，选择已经填写的 Excel 表格文件，确定相关选项后，点击［确定］按钮，即可上报 Excel 中的数据，如图 2－9。

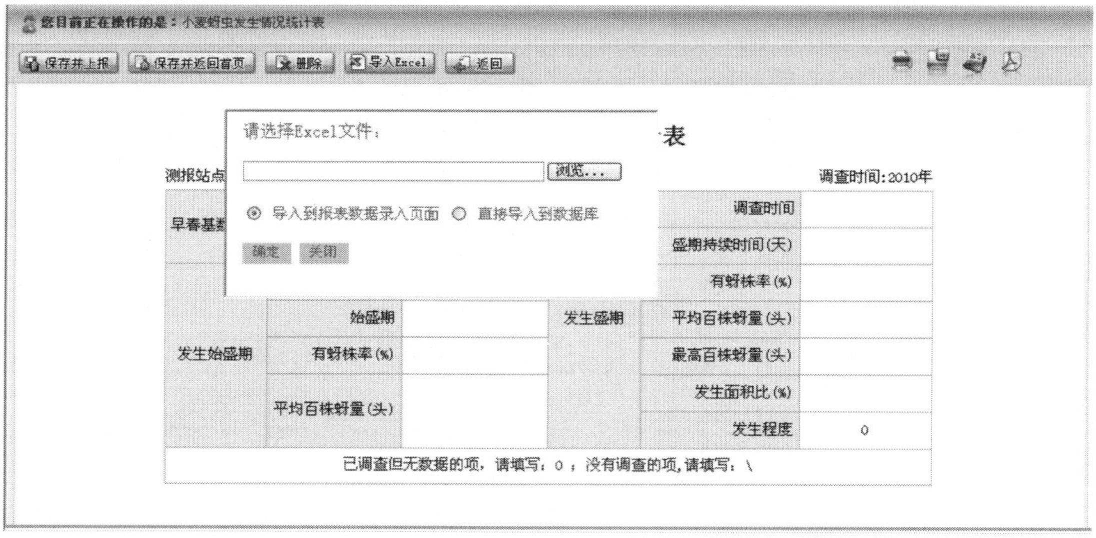

图 2－9　导入 Excel

2.1.3.2　一期（次）任务多条数据的导入

对于像小麦条锈病周报表、草地螟越冬情况监测点周报表等一次任务需要填报多条数据的报表，有个共同的特征（图 2－10），可以通过在 Excel 内逐条填写后进行数据导入。

图 2－10　填报多条数据的任务报表特征

具体步骤是：

(1) 制作 Excel 表格。打开需要填报的此类报表，按照表格各列在 Excel 内逐行输入数据，如图 2－11。各列字段对数据合法性的要求，如日期、整数、小数的格式，以及文本字数等，检查无误后保存。

在制作和填报 Excel 表格时，数据必须放在 sheet1 内，且第一行最好直接是需要填报的数据，如果第一行是标题行，导入后会发现第一行是空数据行，保存上报前需要删除该空行。

(2) 数据导入。打开需要填报的数据表页面，点击[导入Excel]按钮，如图 2－12，选择上步填写完的 Excel 文件，将数据导入到报表数据录入页面，并对数据进行检查。发现空数据行的，原因在于 Excel 表格的该行数据格式不对，需要手工填报；或者放弃保存，修改相应的 Excel 数据后，退出该填报页面重新导入。

操作提醒：强烈建议不要直接导入到数据库。

数据导入后，经常会遇到图 2－13 报表上方多余一空行的情况，此时可将鼠标定位到该行，点击［删除行］按钮进行删除，以免数据库出现空行数据的情况。

	省	市	县	经度	纬度	始见期	发生面积（万亩）	发生状态（1：零星
2	四川省	广元市	剑阁县	105.5	31.91	2015-11-16	0.96	1
3	四川省	广元市	朝天区	105.86	32.43	2015-12-13	0.05	1
4	四川省	绵阳市	梓潼县	105.18	31.64	2015-11-19	0.0104	1
5	四川省	绵阳市	三台县	105.02	31.14	2015-12-9	0.003	1
6	四川省	绵阳市	盐亭县	105.41	31.2	2015-12-29	0.0066	1
7	四川省	绵阳市	安县	104.4	31.55	2015-12-30	0.00032	1
8	四川省	绵阳市	涪城区	104.75	31.46	2016-1-1	0.0005	1
9	四川省	凉山州	宁南县	102.8	27.06	2015-11-27	0.3	1
10	四川省	凉山州	会东县	102.78	26.48	2015-12-8	0.022	1
11	四川省	凉山州	西昌市	102.14	27.97	2015-12-23	0.06	1
12	四川省	凉山州	普格县	102.54	27.5	2015-12-28	0.0002	1
13	四川省	德阳市	中江县	104.71	30.94	2015-12-7	0.00017	1
14	四川省	德阳市	罗江县	104.5	31.32	2015-12-28	0.00016	1
15	四川省	德阳市	旌阳区	104.39	31.21	2015-12-31	0.0005	1
16	四川省	阿坝州	黑水县	103	32.12	2015-11-8	0.13	1
17	四川省	南充市	南部县	105.88	31.29	2015-12-15	0.0002	1
18	四川省	南充市	阆中市	106.03	31.54	2015-12-21	0.00002	1
19	四川省	攀枝花市	盐边县	101.52	27.02	2015-12-16	0.03	1

图 2－11　制作 Excel 导入文件

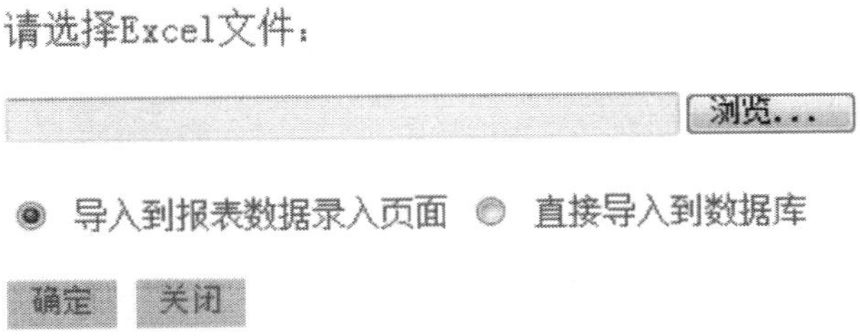

图 2－12　数据导入

省	市	县	经度	纬度	始见期	发生面积（万亩）	发生状态（1：零星发生；2：点片发生；3：扩散流行；\：发生结束）
四川省	凉山州	会东县	102.78	26.48	2015-12-08	0.022	1
四川省	凉山州	宁南县	102.8	27.06	2015-11-27	0.3	1
四川省	凉山州	普格县	102.54	27.5	2015-12-28	0.0002	1
四川省	凉山州	西昌市	102.14	27.97	2015-12-23	0.06	1
四川省	南充市	南部县	105.88	31.29	2015-12-15	0.0002	1
四川省	南充市	阆中市	106.03	31.54	2015-12-21	0	1

图 2－13　报表上方有空行

2.2 数据查询与修改

使用数据查询功能，可查询本级或下级测报站点的业务数据，并可对查询到的业务表格根据授权进行数据查看、修改和退回等操作。

2.2.1 数据查询

点击功能菜单栏的［数据管理］→［数据查询］按钮，进入数据查询界面。主窗体分条件筛选和数据显示两大区域，如图 2-14。

图 2-14　数据查询

在条件筛选区域依次选择作物种类、分类、业务表，点击［确定］按钮，数据显示区将显示该报表的具体筛选条件，如图 2-15。

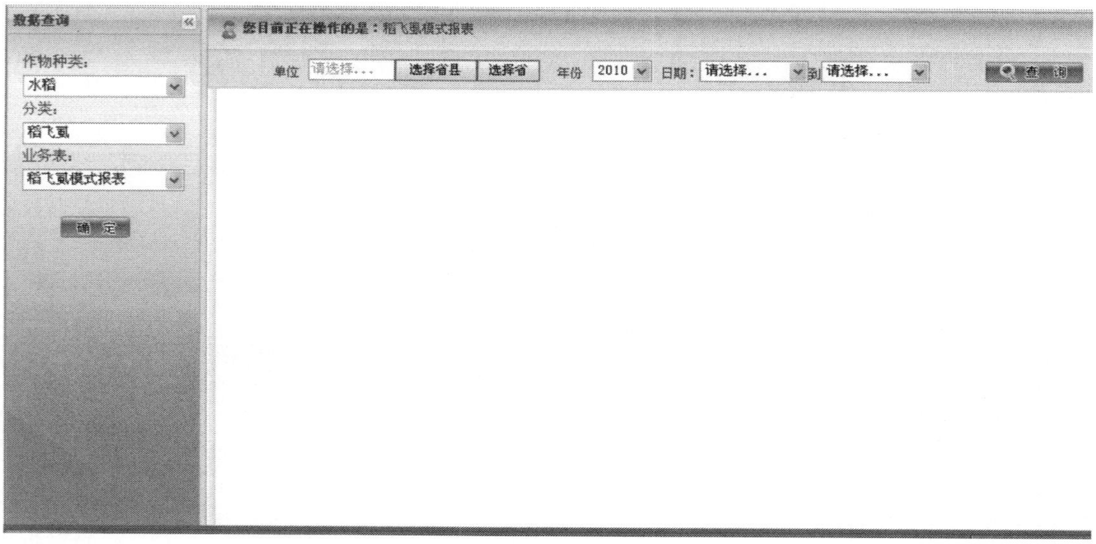

图 2-15　选择报表

选择上报的单位、年份、期数等查询条件，点击［查询］按钮，即可列出所有符合条件的报表数据列表，如图 2-16。如果不选择查询条件，直接按默认条件查询，系统会列出所有符合条件的报表数据列表。

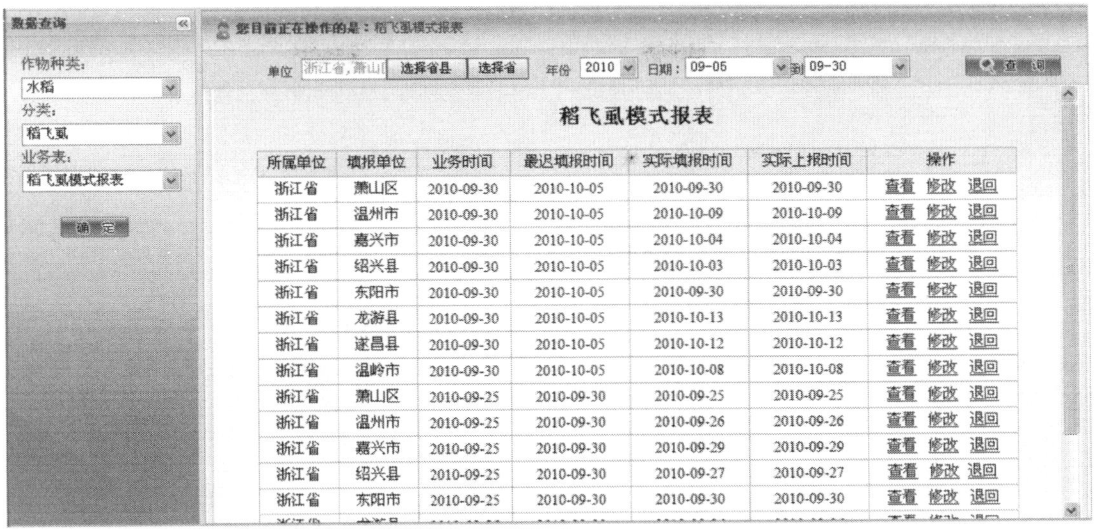

图 2 - 16　查询结果

2.2.2　查看报表数据

点击报表数据列表的［查看］按钮，查看该报表详细数据，如图 2 - 17。

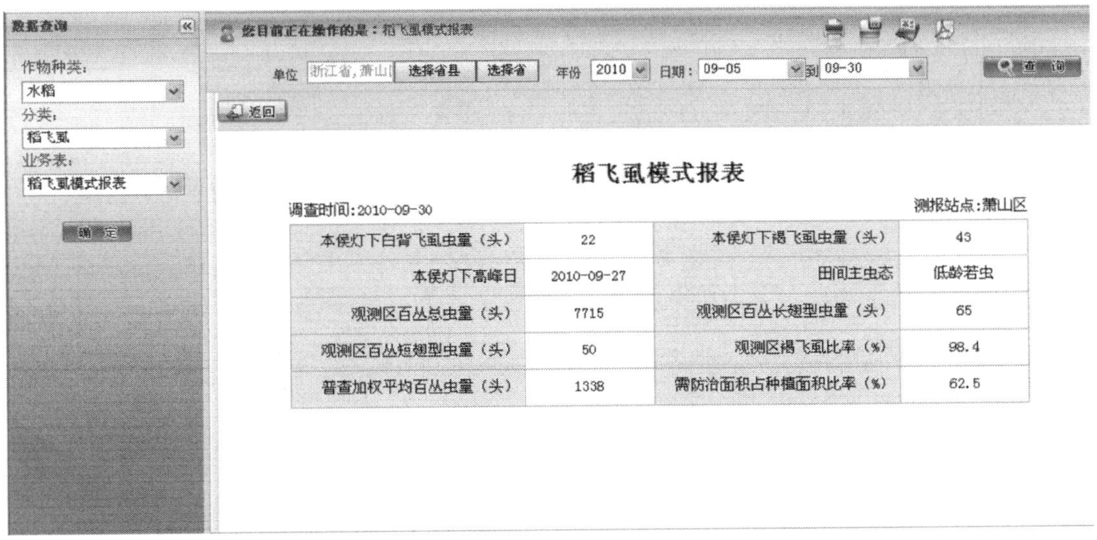

图 2 - 17　查看报表

2.2.3　修改报表数据

点击报表数据列表的［修改］按钮，修改此表的数据，如图 2 - 18。点击［保存并上报］按钮，保存数据并返回查询列表，点击［返回］按钮，退出修改，返回查询列表。

2.2.4　数据审核

此功能为市级及以上站点专有。点击［数据审核］切换到已上报数据的查询页面，如图 2 - 19。在该页面当前任务列表的顶部和最下方，可以翻页查看更多的数据填报任务；可选择年份、站点、报表名称 3 个条件，查询需要的报表任务信息。

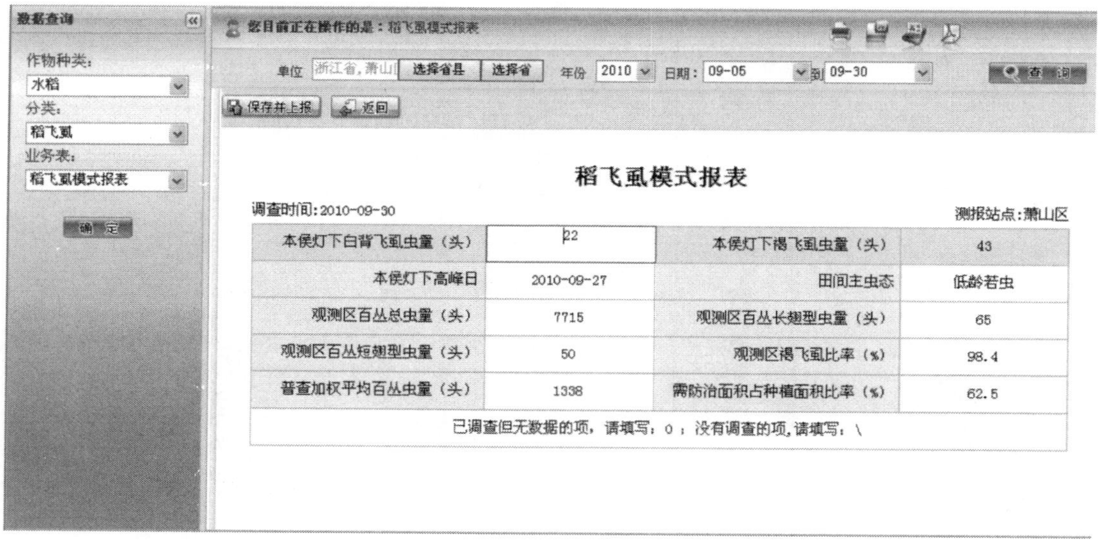

图 2-18　修改报表

图 2-19　数据审核

点击任务期次链接，可以查看报表明细，如点击黏虫蛾量诱测动态周报表的第 20 期，如图 2-20。

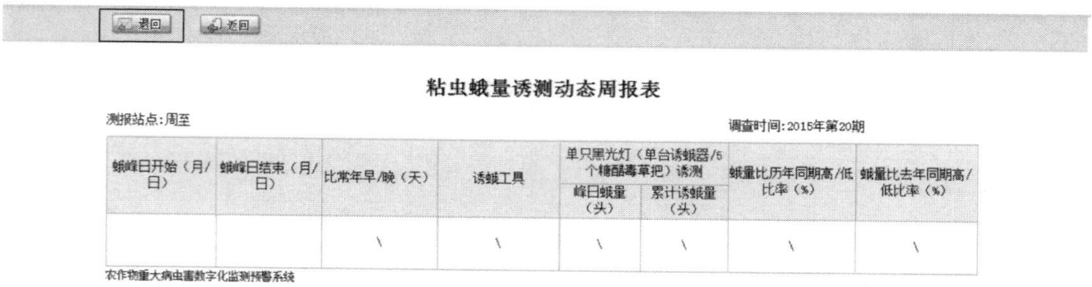

图 2-20　报表明细

如果数据有问题，可点击［退回］按钮将报表退回；如审核无问题，可点击［返回］按钮回到数据审核页面。

2.2.5　退回报表

此功能为业务报表填报单位的上级单位专有的功能。点击数据查询结果的报表数据列表的［退回］

按钮（图 2-16），即可将所选报表退回原填报单位。

2.3 监测数据分析

系统开发了专题分析、自定义分析、汇总分析、统计分析、多指标叠加分析等多种分析方法。分析类型分为同比、环比、比例等，展现类型分为柱状图、折线图、饼状图等。

2.3.1 专题分析

专题分析是将病虫监测数据分析中常用的分析指标进行固化，用户只需定义极少的分析条件就可以直接进行数据分析的功能。

点击功能菜单栏的［数据管理］→［数据分析］按钮，进入数据分析界面。主窗体分条件筛选区和数据显示区两大区域，如图 2-21。在条件筛选区域选择相应的数据分析方法。本系统共有 2 种不同的数据分析方法，分别是专题分析和自定义分析。根据不同的分析类型，条件筛选区会显示出不同的数据分析条件。

图 2-21 专题分析与自定义分析

根据病虫测报数据分析要求，系统共设计了 52 个专题。

选择分析类型为专题分析，依次选择作物种类和专题名称，点击［确定］按钮，数据显示区显示该专题的具体筛选条件，如图 2-22。

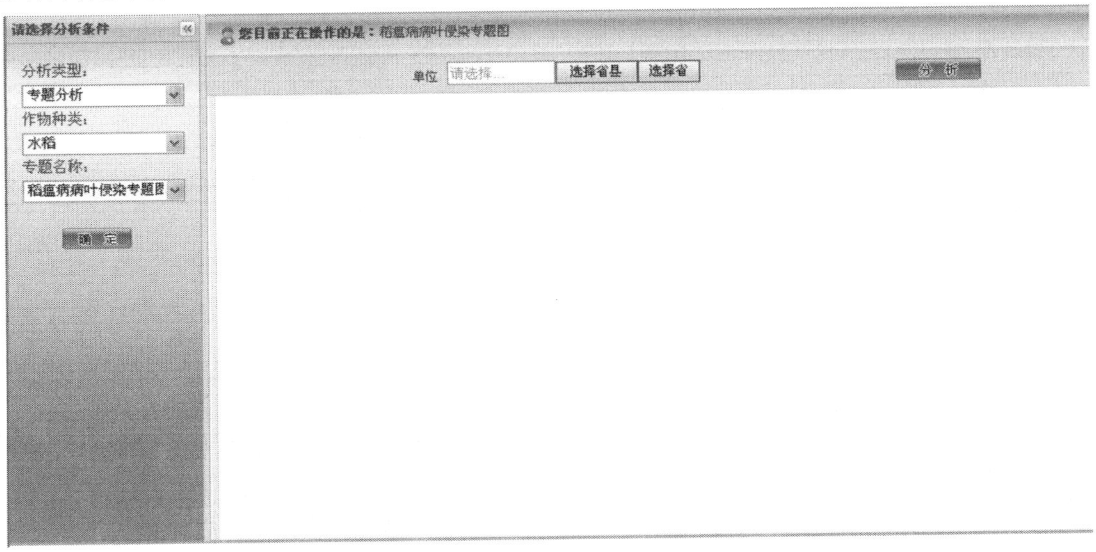

图 2-22 选择专题

专题分析每张专题图都提供“同一单位多个时间段”及“多个单位同一时间段”两种分析专题，以实现对同一单位不同时间监测数据的分析和对不同测报站点同一调查时间段的数据分析。报表筛选条件选择区域会根据选择分析单位的多少，动态显示分析时间是一个时间点还是一个时间段。“同一单位多个时间”如图 2-23，“多个单位同一时间”如图 2-24。

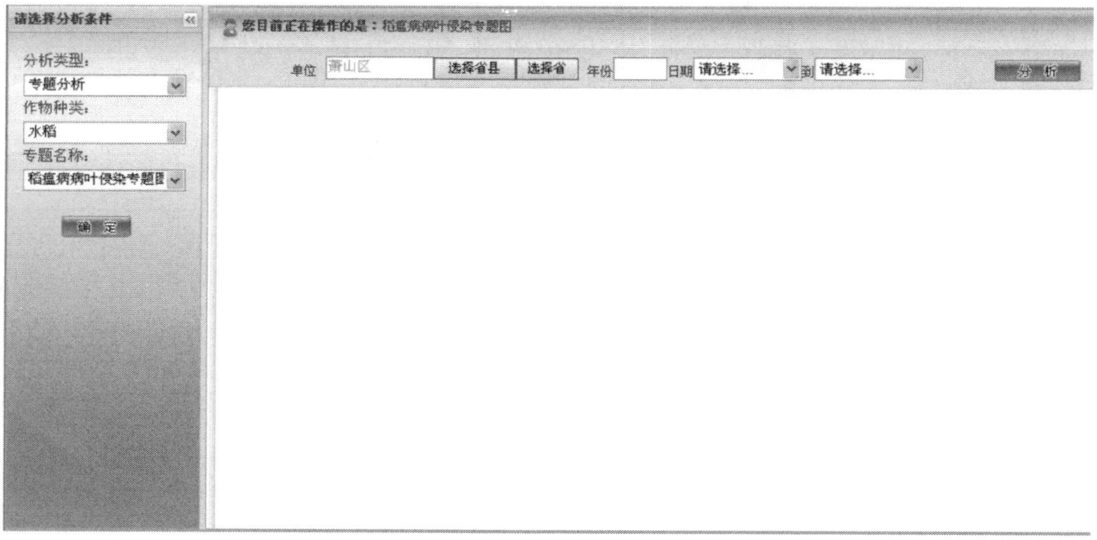

图 2-23　同一单位多个时间

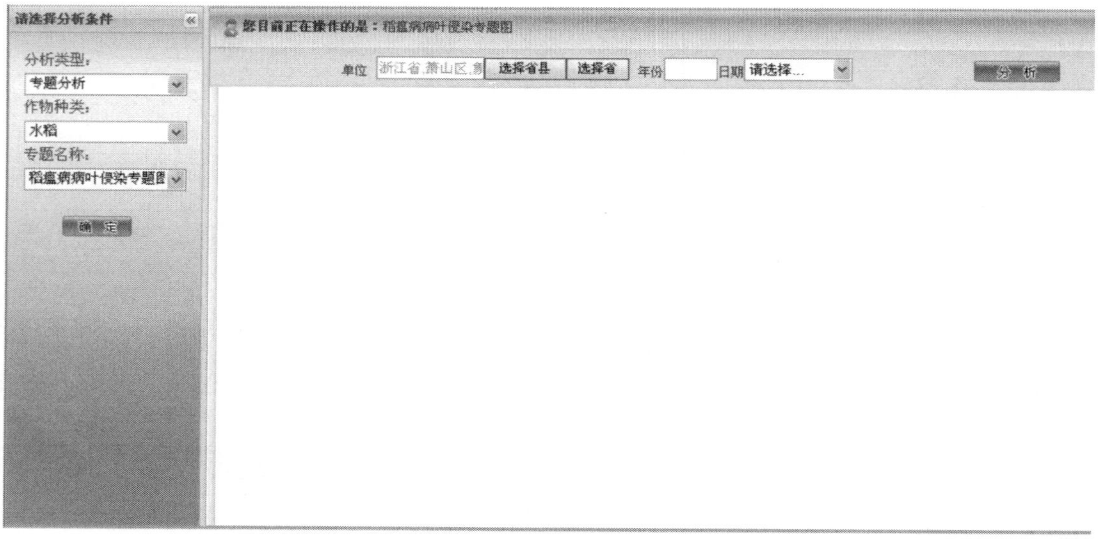

图 2-24　多个单位同一时间

选择完单位和时间后，点击［分析］按钮，可得到所需的专题图，如图 2-25。

2.3.2　自定义分析

自定义分析可以对某一站点，任意一张报表的数据各个字段进行各种自定义条件的分析。

选择分析类型为自定义分析，然后依次选择作物种类、分类和业务表，点击［确定］按钮，数据显示区显示该报表的具体筛选条件，如图 2-26。

自定义分析涉及的作物、病虫害和报表同表 2-1 至表 2-10，自定义分析方法要注意各分析条件的配合使用（表 2-12）。

首先选择待分析的单位，选择分析字段、分析类型（同比、环比、比例）、出图类型（柱状图、折线图、饼形图），输入或选择分析的年份，并选择分析日期。

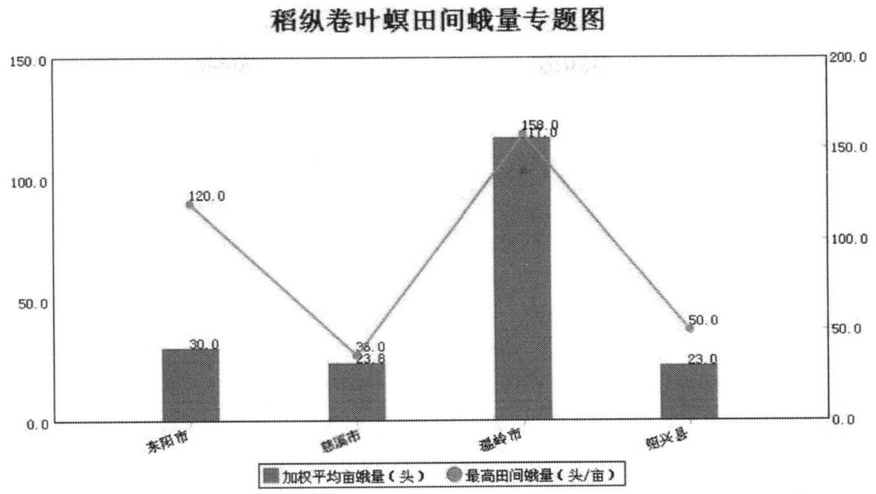

调查时间	测报站点	加权平均亩蛾量（头）	最高田间蛾量（头/亩）
2010-06-30	东阳市	30	120
2010-06-30	慈溪市	23.8	36
2010-06-30	温岭市	117	158
2010-06-30	绍兴县	23	50

图 2－25　专题分析结果

表 2－12　自定义分析条件选择

分析类型	单位/年份	日期	出图类型
同比	单站点＋多年 多站点＋单年	具体日期	柱状图、折线图
环比	单站点＋单年	日期区间	柱状图、折线图
比例	单站点＋多年 多站点＋单年	具体日期	饼形图

注：不能两个字段同时是多项的。

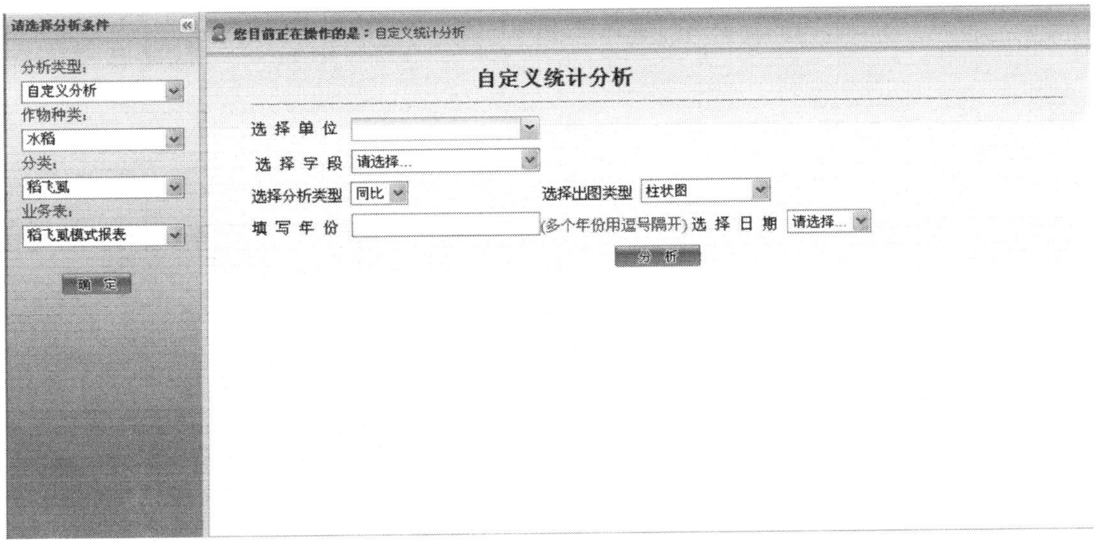

图 2－26　自定义分析

其中，分析类型选择为同比时，出图类型可选择柱状图、折线图，日期可选择单个日期，如图 2-27。

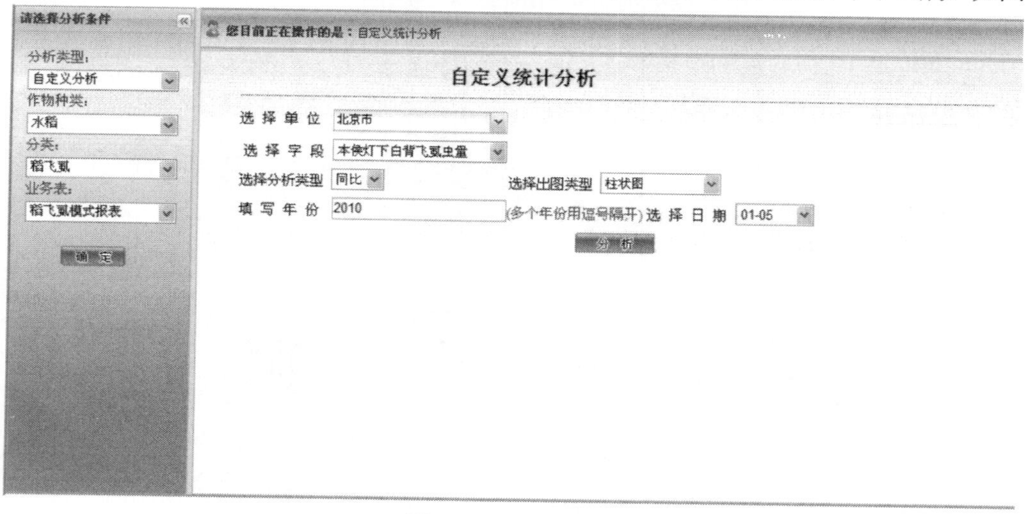

图 2-27 同比分析

分析类型选择为环比时，出图类型可选择柱状图、折线图，日期可选择日期区间，如图 2-28。

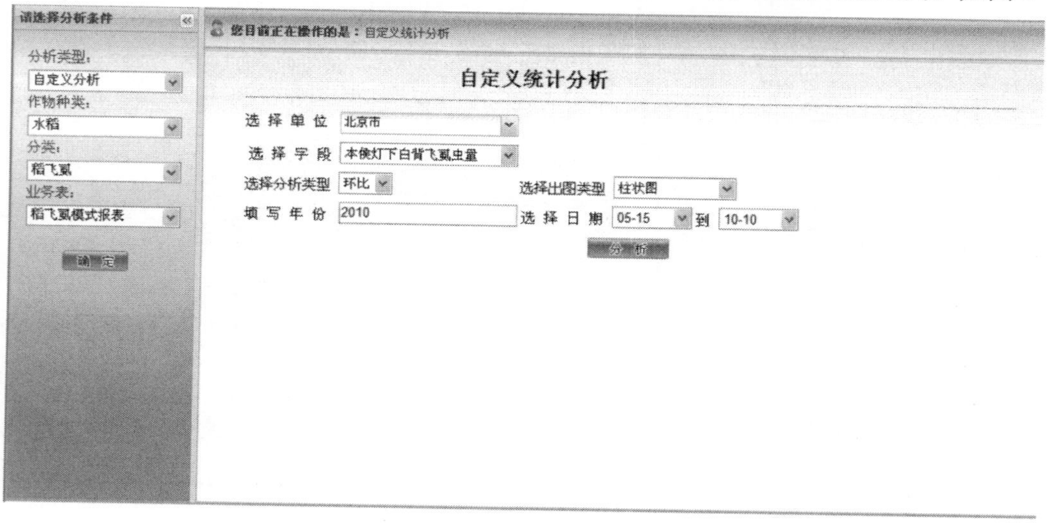

图 2-28 环比分析

分析类型选择为比例时，出图类型只能选择饼状图，日期可选择单个日期，如图 2-29。

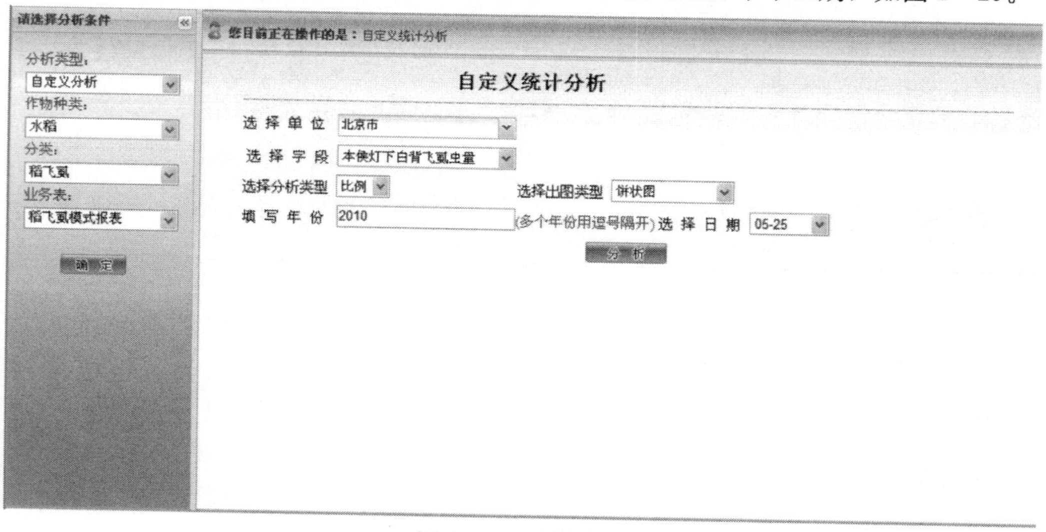

图 2-29 比例分析

选择完自定义分析条件后，点击［分析］按钮，可得到分析结果（图和数据），如图 2－30 至图2－32。

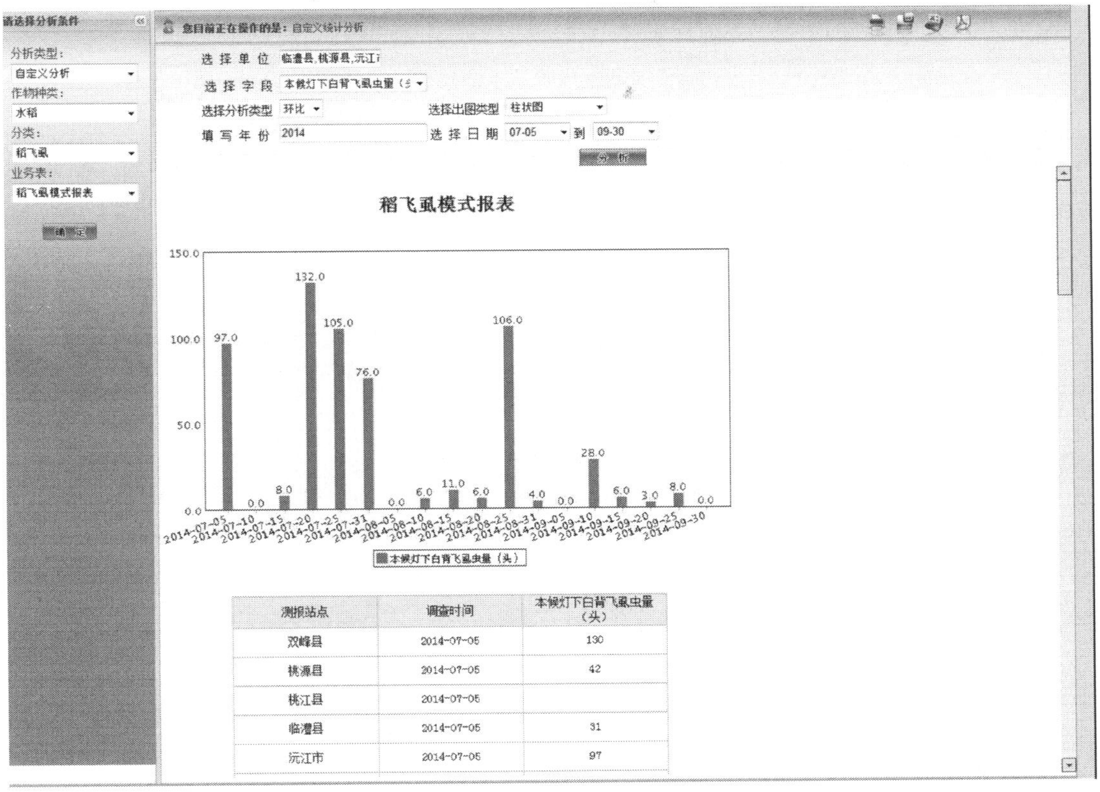

图 2－30　自定义分析结果——柱状图

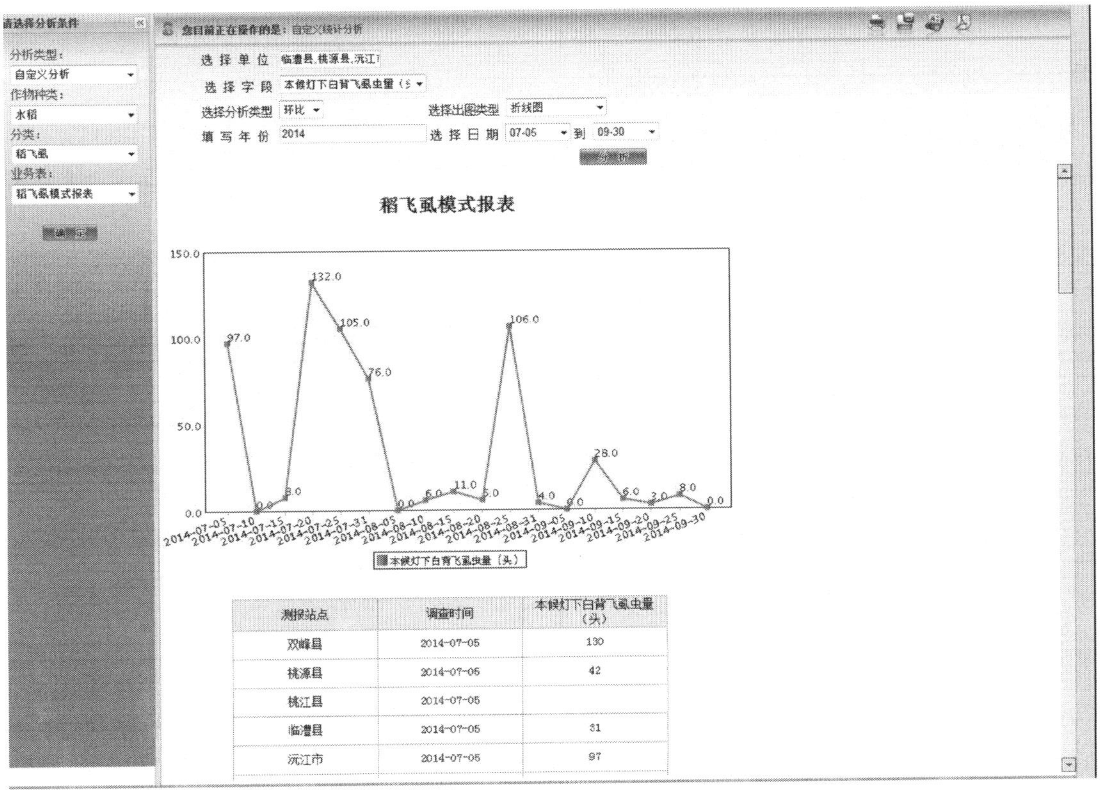

图 2－31　自定义分析结果——折线图

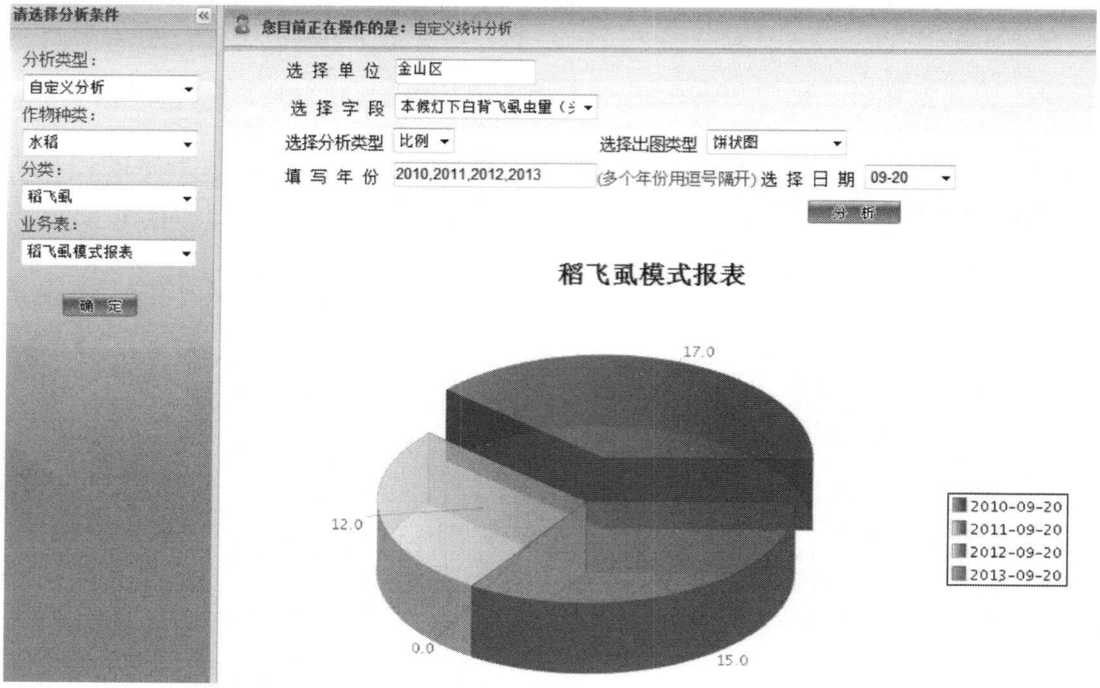

图 2－32 自定义分析结果——饼形图

2.3.3 数据汇总分析

汇总分析功能主要是用于各级植保站对本级或下级已经上报的监测数据进行汇总分析，可以汇总单个报表的某一时间或时间段内某站点或某些站点的数据，并可显示一些字段的求和、平均数、最大值、最小值等。汇总分析功能涉及的作物、病虫和报表同表 2－1。

点击功能菜单栏的［数据管理］→［数据汇总］按钮，进入数据汇总界面。主窗体分条件筛选区和数据显示区两大区域，如图 2－33。

图 2－33 数据汇总

依次选择作物种类、分类、业务表，点击［确定］按钮，数据显示区显示该报表的具体筛选条件，如图 2－34。

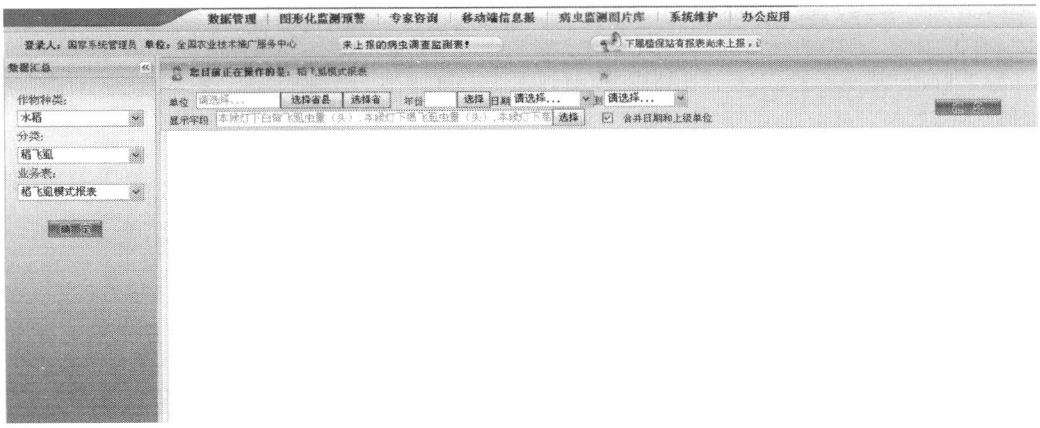

图 2-34 选择报表

选择单位、年份、日期、字段（可多选）后，点击［汇总］按钮，可得到详细的汇总信息，如图 2-35。

日期	上级单位	测报站点	发生面积	达标面积	防治面积	发生程度	0.2-0.4	0.5-1.0
2013	国家中心	广西壮族自治区	11.63	2.7	2.39	1	8.93	2.2
		海南省	2.24	0	0	0	2.24	0
		安徽省	62.7	29.2	34.1	2	33.9	19.9
		江苏省	53	21.1	50.6	2	31.9	14.46
		河南省	221.8	128.8	123.5	3	93.33	71.5
		山东省	384.1	327.2	327.2	3	125.41	185.65
		山西省	23.3	8.3	15.4	3	15	4.7
		河北省	251	145	145	3	106.5	111.5
		天津市	50	40	40	3	30	15
		陕西省	75	40.7	48.5	2	20.07	23.94
		辽宁省	10.2	5	5	2	10.2	0
	合计		1144.97	748.0	791.59		477.48	448.65

图 2-35 汇总报表

汇总时“显示字段”默认是该报表的所有字段，用户可自定义分析显示的字段，点击“显示字段”后面的［选择］按钮，弹出“显示字段筛选列表框”（图 2-36），选择所需的字段，点击［确定］按钮后，进行重新分析。

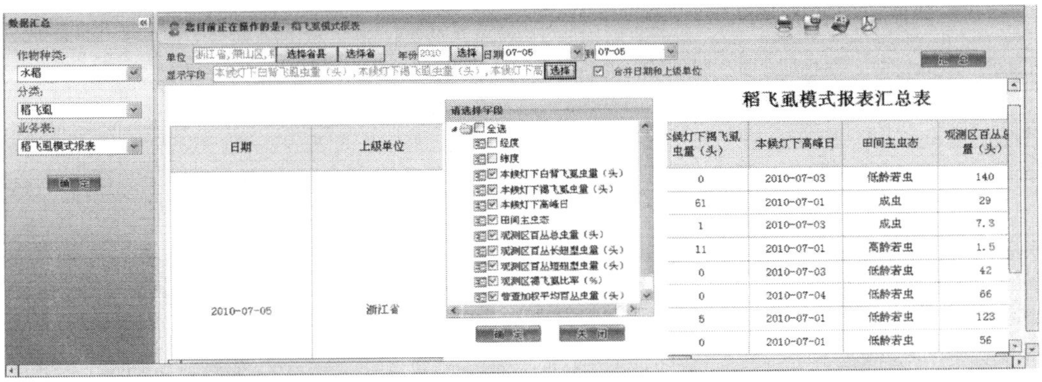

图 2-36 选择显示字段

为方便数据导出后分析，可取消“合并日期和上级单位”选项，结果如图 2－37。

日期	上级单位	测报站点	本候灯下白背飞虱虫量（头）	本候灯下褐飞虱虫量（头）	本候灯下高峰日	田间主虫态	观测区百丛总虫量（头）
2015-06-20	江苏省	高淳县	53	0	2015-06-16	成虫	2
2015-06-20	江苏省	宜兴市	94	0	2015-06-17	成虫	20
2015-06-20	江苏省	沛县	0	0	2015-06-16	\	0
2015-06-20	江苏省	邳州市	0	0	\	\	0
2015-06-20	江苏省	武进区	63	0	2015-06-18	成虫	\
2015-06-20	江苏省	张家港市	16	0	2015-06-19	成虫	5
2015-06-20	江苏省	海安县	0	0	2015-06-16	\	0
2015-06-20	江苏省	通州市	3	0	2015-06-17	\	0
2015-06-20	江苏省	赣榆县	0	0	\	\	0
2015-06-20	江苏省	洪泽县	0	0	\	\	0

图 2－37　逐条显示汇总结果

2.3.4　数据统计分析

对病虫监测数据与指定年份或历年发生情况进行比较分析是病虫测报最常用的分析方法。根据病虫测报的实际需要开发的数据统计分析功能，以表格形式展示全国及各省、区域站多点某时间的病虫情数据与近 2 年、近 3 年、近 5 年、近 10 年或指定年份的比较情况。

统计分析的指标可以是单个或多个分析指标，并可对分析指标选择“合计”或“平均值”两种计算方法进行比较分析。

点击功能菜单栏的［数据管理］→［病虫统计］按钮，进入病虫统计分析界面，如图 2－38。

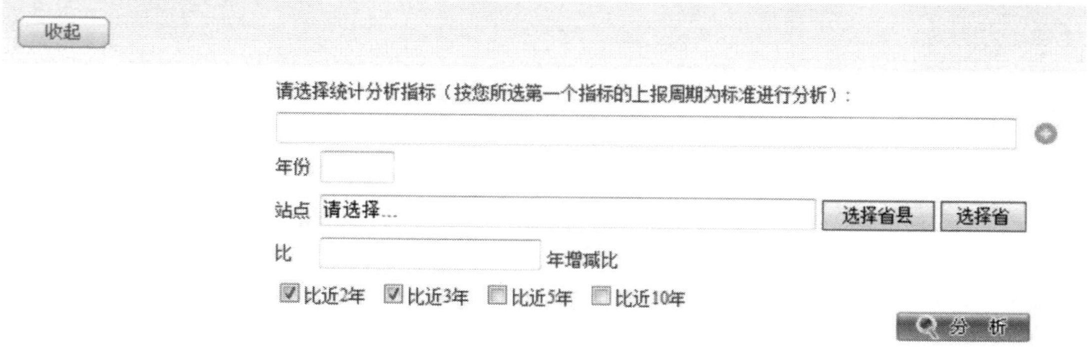

图 2－38　病虫统计分析

点击［请选择统计分析指标］输入框，系统会弹出选择分析指标页面（图 2－39），进行条件筛选，点击［确定］按钮，用户可依次选择分析条件（图 2－40、图 2－41）。

如需增减或取消分析指标，可点击分析指标输入框后的⊕或⊖，设置多个或取消某个分析指标。在病虫统计分析界面，点击［分析］按钮，即可显示查询结果，如图 2－42。分析结果可通过点击［导出 Excel］按钮导出成 Excel 表格。

图 2-39　选择分析指标

图 2-40　依次选择分析条件

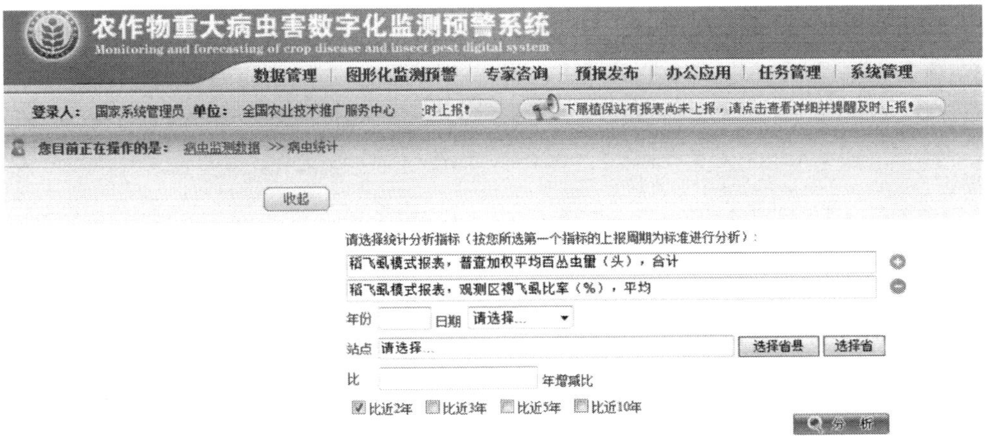

图 2-41　设置分析条件

导出 Excel

省	县	一代玉米螟平均百株活虫数(头)	二代玉米螟平均百株活虫数(头)	三代玉米螟平均百株活虫数(头)	玉米螟冬前越冬平均百秆活虫数(头/百秆)
安徽省	太和县	7.35	0.27	11.19	4.5
	蒙城县	2	0.6	4.8	59.1
	砀山县	0.6	1	1.1	64.7
	南谯区	3.8	14.2	11.3	66.7
	濉溪县	2.3	0.2	7	51
	灵璧县	3.2	0.12	9.33	41.35
	谯城区	12.5	5.6	11	69.6
	合计	44.45	37.06	-	-
	平均	-	-	7.85	66.99
	比2012年	75.00 %	13.50 %	1.73 %	164.25 %
	比近2年	75.41 %	13.58 %	1.76 %	64.67 %
湖北省	竹山县	3.3	6.8	27	24.12
	南漳	7	16	27	61.4
	潜江市	12.3	15.8	14.3	22.8
	建始县	46	45	46	14
	合计	94.5	109.8	-	-
	平均	-	-	25.26	22.99
	比2012年	-27.03 %	-16.18 %	110.50 %	-25.92 %

图 2-42　统计分析结果

2.3.5 多指标叠加分析

多指标叠加分析，也称 K 线图分析。它采用多色曲线实现在同一坐标系内进行病虫数据多项指标的叠加分析。通过对多种指标曲线交叉、背离等信息来分析病虫发生情况，同时可对比历史数据的交叉、背离信息来预测病虫发生的趋势和动态。本方法支持以下的展现和比较分析：

- 单一指标的历史同期比较；
- 不同指标的多年比较；
- 相同指标不同地域之间（含区县之间、区县与省市之间）的比较。

点击［数据管理］→［多指标叠加分析］，进入多指标叠加分析页面。此页面分为“选择指标”和“选择时间”两个区域，如图 2-43。

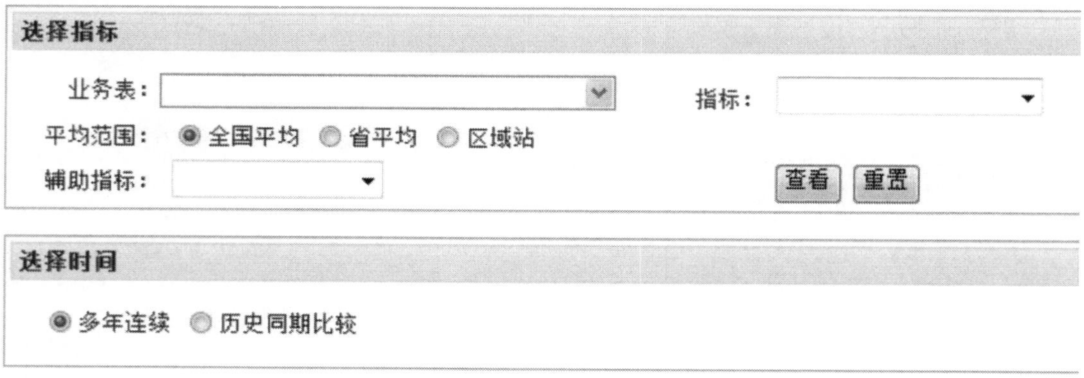

图 2-43　多指标叠加分析

在业务表中选择作物及作物下的业务表格，在指标框中选择表格的数据字段，然后选择平均范围，默认情况是数据的［全国平均］，假如选择［省平均］，后面是自动弹出选择省的下拉框，浙江省植物保护总站，选择［区站平均］，后面会自动弹出选择站点的下拉框，绍兴市。辅助指标指是否关联到气温、湿度和气压等天气状况值；在时间选择上分为多年连续和历史同期比较，默认状态是多年连续，当用户点击量［历史同期比较］的时候，系统会自动出现选择时间段的条框（图 2-44），选择好分析条件后，点击查看，操作区的下方就会展示分析数据，如图 2-45。

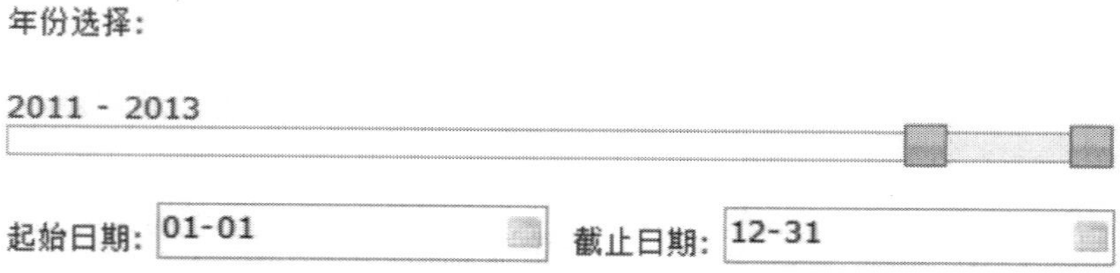

图 2-44　选择时间段

图 2-45 中，图例上方的滑动条可以选择要展示数据的时间段，图例上可以选择是否显示为 K 线（默认状态是显示为 K 线），还可以选择显示 2 年、5 年或者 10 年的均线情况。图中的气温、湿度和气压可以分别展示，默认状态是展示［气温］的折线。

当鼠标停留在 K 线图中，会自动弹出该点的数据信息，如加权平均数值、算数平均数值、最大值和最小值等，如图 2-46。

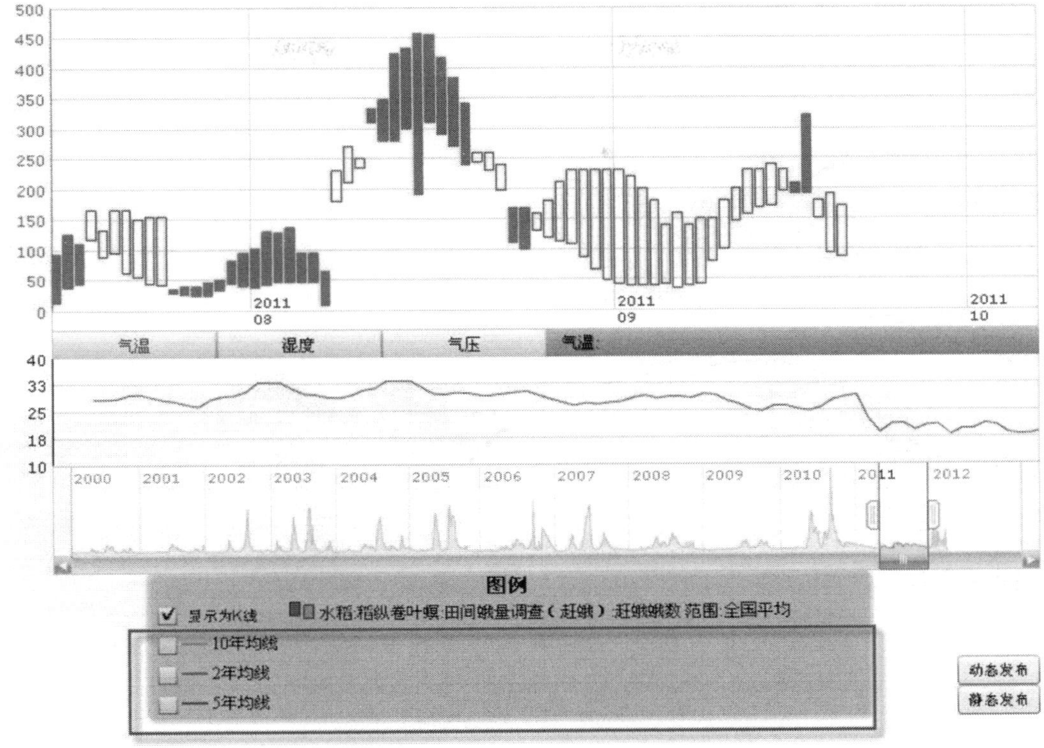

图 2-45 多指标叠加分析结果显示

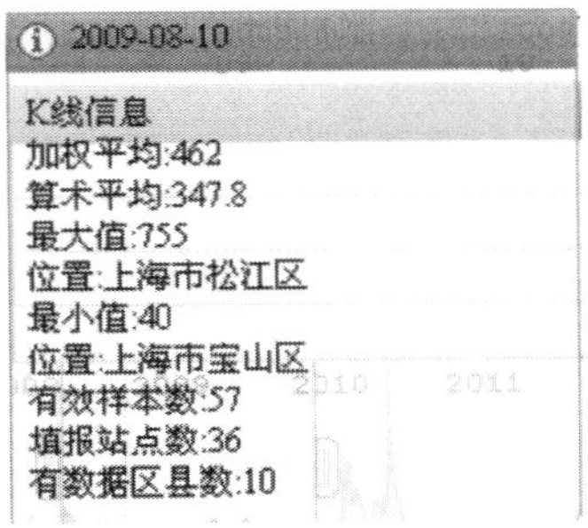

图 2-46 显示点具体信息

系统中还有关于"信息地雷"的功能展示，如在K线图上方会有类似信封的图标，点击会出现提示信息，如图 2-47。

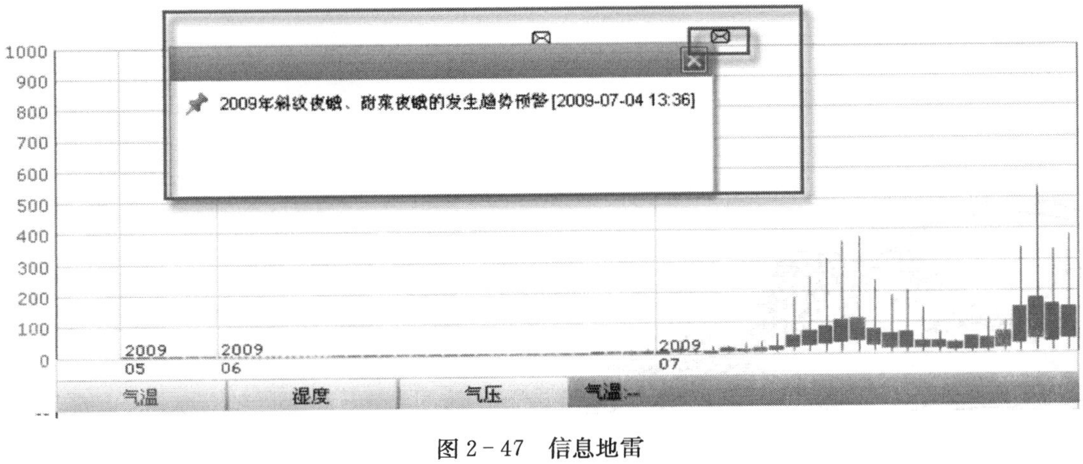

图 2-47 信息地雷

点击提示框中的信息条，系统会连接到该信息，能正常跳转到相对应的界面。此外，为了丰富展示信息，还可以在上述的展示数据上叠加数据。重新在业务表格、指标平均范围选择检索分析条件，点击 叠加 ，就可以在原来分析的基础上，再叠加出分析曲线，在图例下方会展示出该叠加曲线，如图2-48。

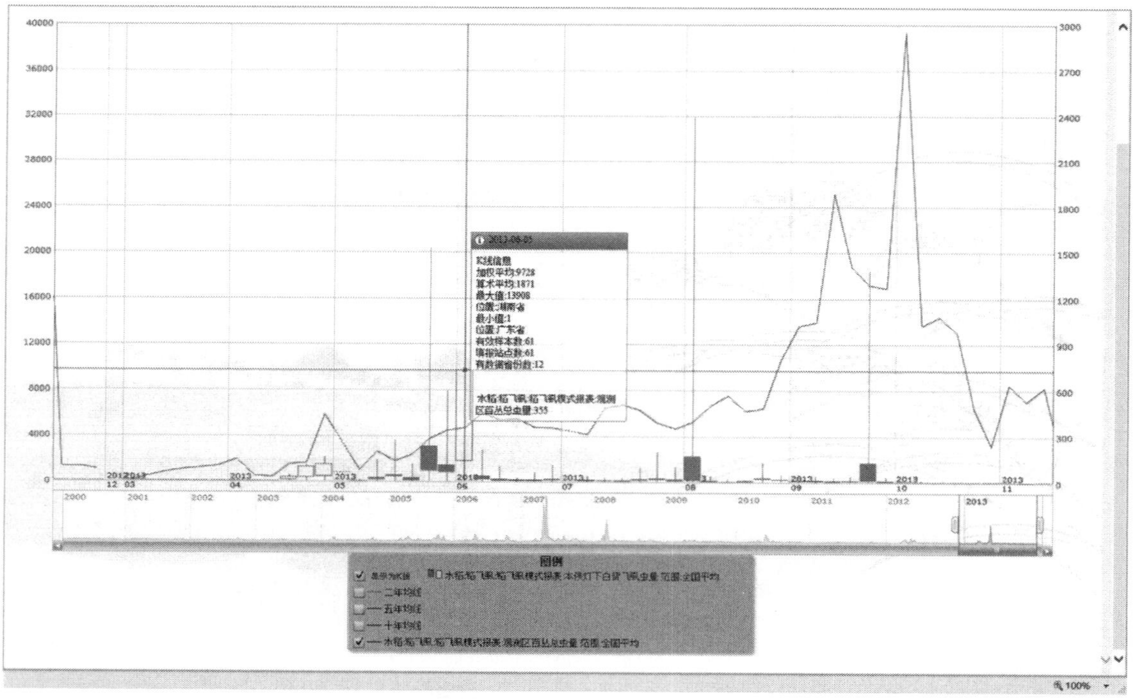

图 2-48　多指标叠加分析图例

在分析图的右下方，有［静态发布］和［动态发布］两个功能按钮，点击可以将用户的分析结果发布成自己的个人素材，保存到素材库，供编辑资料所用。

3 基于 webGIS 的病虫害监测预警

随着 GIS 技术的发展，该技术在农作物重大病虫害监测预警中发挥越来越重要的作用，得到广泛的应用。基于 webGIS 的病虫害监测预警也是本系统的重要功能。围绕病虫害监测预警，系统开发了地图基本操作、发生预警、专题分析、空间插值、动态推演、地图对比、自助绘图等功能，并以 arcGIS 或 FlexGIS 的形式展示。

webGIS 功能位于［图形化监测预警］功能菜单栏中，通过点击 GIS 监测预警或 Flex 插值分析可实现相关功能（图 3－1）。

图 3－1　图形化监测预警菜单

具体功能如下：

◇ 地图基本操作：包括地图导航、比例尺、图层控制、全屏显示、测量、截屏。

◇ 发生预警：包括预警展示、数据导出、等级保存、地图标题。

◇ 区域站展示：包括上报查询、站点分布、地图标题。

◇ 专题分析：包括自定义专题分析、地图标题。

◇ 插值分析：包括反距离权重插值、样条插值、地图标题。

◇ 动态推演：包括预警推演、插值推演、记录推演过程、地图标题。

◇ 地图对比：包括卷帘对比、注销卷帘。

◇ 自助（临时）绘图：包括导入 Excel、选择已有数据、分析、保存记录、导出图片、查询。

webGIS 监测预警功能基于 arcGIS 开发，由地图、导航栏、图层控制、功能栏和比例尺等 5 部分组成，如图 3－2。

3.1　地图基础操作

3.1.1　地图导航

地图导航是对地图图层的大小控制及视图控制，如图 3－3 所示，主要功能有：

◇ 向上平移。

◇ 向下平移。

◇ 向左平移。

◇ 向右平移。

◇ 全图。

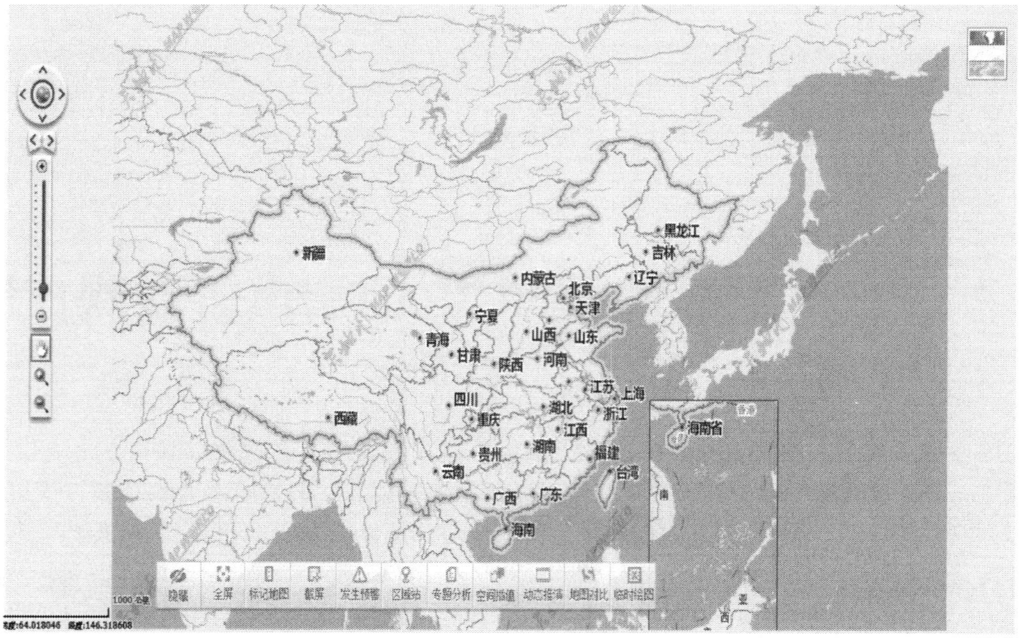

图 3－2　webGIS 监测预警

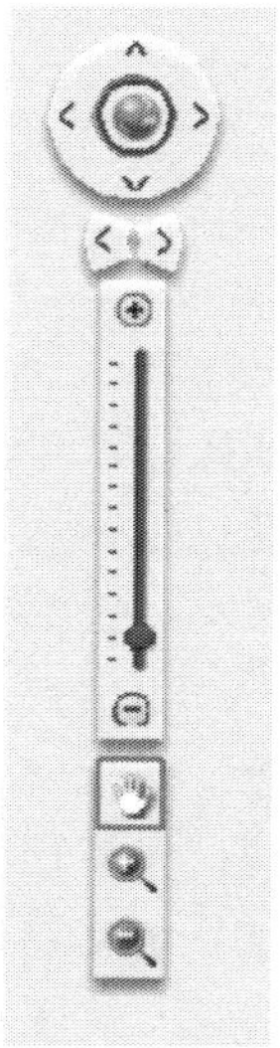

图 3－3　地图导航

◇ 前一视图。
◇ 后一视图。
◇ 放大。
◇ 缩小。
◇ 当前等级。
◇ 平移。
◇ 框选放大。
◇ 框选缩小。
◇ 向上平移：点击地图导航圆盘上的向上箭头，地图水平向上平移，地图大小比例不变
◇ 向下平移：点击地图导航圆盘上的向下箭头，地图水平向下平移，地图大小比例不变
◇ 向左平移：点击地图导航圆盘上的向左箭头，地图水平向左平移，地图大小比例不变。
◇ 向右平移：点击地图导航圆盘上的向右箭头，地图水平向右平移，地图大小比例不变。
◇ 全图：点击地图导航圆盘上的地球图标，地图缩放到初始大小。
◇ 前一视图：点击地图导航圆盘下的前一视图图标，地图后退到上一个视图状态，相当于浏览器的后退功能。
◇ 后一视图：点击地图导航圆盘下的后一视图图标，地图前进一个视图状态，相当于浏览器的前进功能。
◇ 放大：点击地图导航中鱼骨上的放大按钮，地图在当前视图范围内放大一个等级。
◇ 缩小：点击地图导航中鱼骨上的缩小按钮，地图在当前视图范围内缩小一个等级。
◇ 当前等级：地图导航中的鱼骨上的小黑点标示当前地图等级，点击鱼骨也可缩放地图到指定等级。

- ◇ 平移：点击平移按钮，鼠标切换成平移状态，按住鼠标左键可以拖动地图，配合鼠标滚轮放大缩小地图。
- ◇ 框选放大：点击框选放大按钮，鼠标切换到框选放大状态，即“十”字形状，在地图区域按鼠标左键拉框放大，注意：框越大，放大的等级越小。
- ◇ 框选缩小：点击框选缩小按钮，鼠标切换到框选缩小状态，即“十”字形状，在地图区域按鼠标左键拉框缩小，注意：框越大，缩小的等级越大。

3.1.2 比例尺

地图比例尺是指当前地图的缩放比例，如图 3－4，主要用于：

- ◇ 查看当前地图与实际的缩放比例。
- ◇ 获取鼠标移动点的经纬度。

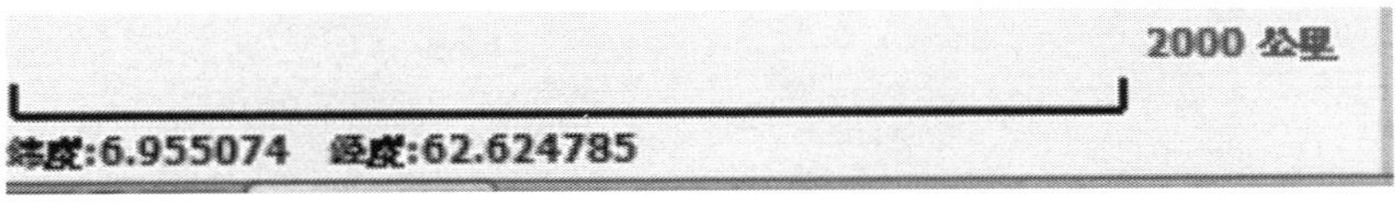

图 3－4　地图比例尺

比例尺：鼠标滚轮控制地图放大缩小，当前比例尺也会随之改变。

经纬度：移动鼠标，拾取当前鼠标位置的经纬度，与地图的放大缩小无关。

3.1.3 图层控制

图层控制用于控制矢量图层、天地图省市县图层、天地图二维地图图层、天地图二维影像图层、天地图影像高速路图层、天地图影像图层，主要功能如图 3－5。

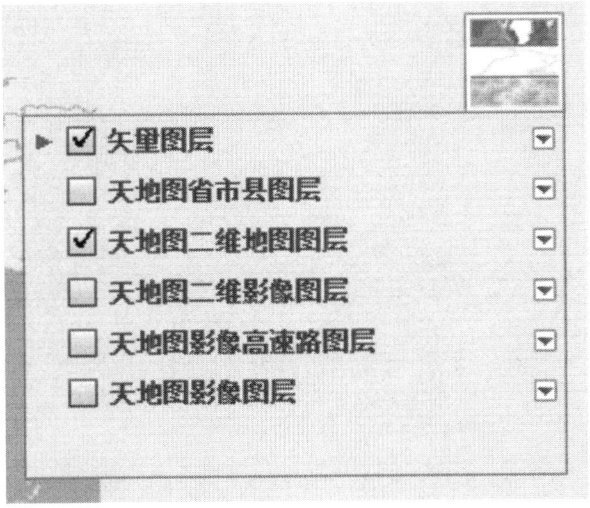

图 3－5　地图图层控制

矢量图层：勾选“矢量图层”前的复选框，显示矢量图层，如图 3－6。

图 3－6　矢量图层

天地图省、市、县图层：勾选“天地图省市县图层”前的复选框，显示省市县图层，如图3－7。

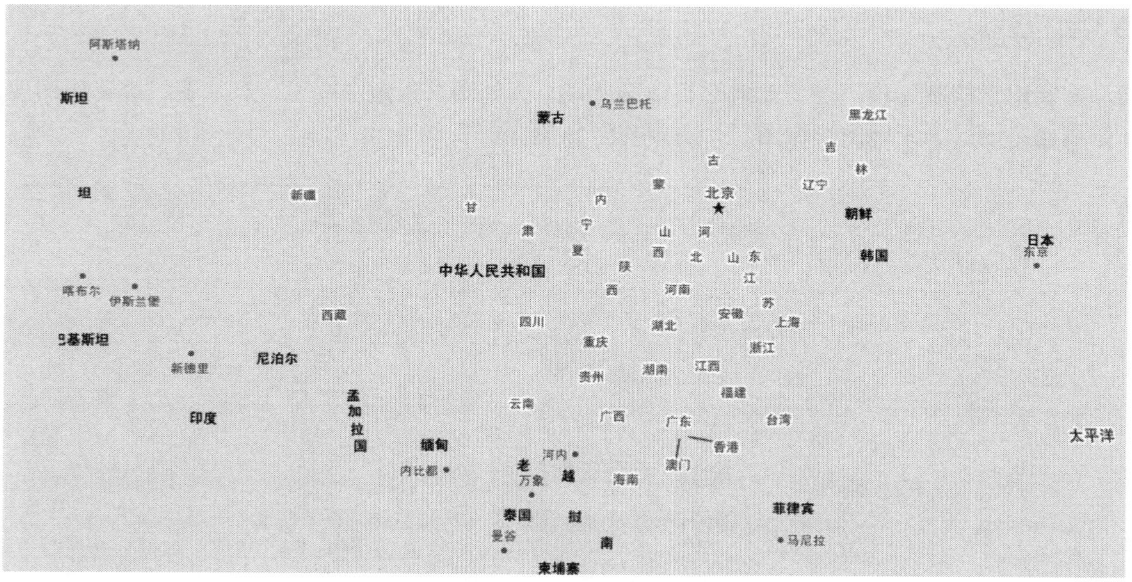

图 3－7　省、市、县图层

天地图二维地图图层：勾选“矢量图层”和“天地图二维地图图层”前的复选框，显示二维地图图层，如图 3－8。

天地图二维影像图层：勾选“矢量图层”和“天地图二维影像图层”前的复选框，显示的二维影像图层，如图 3－9。

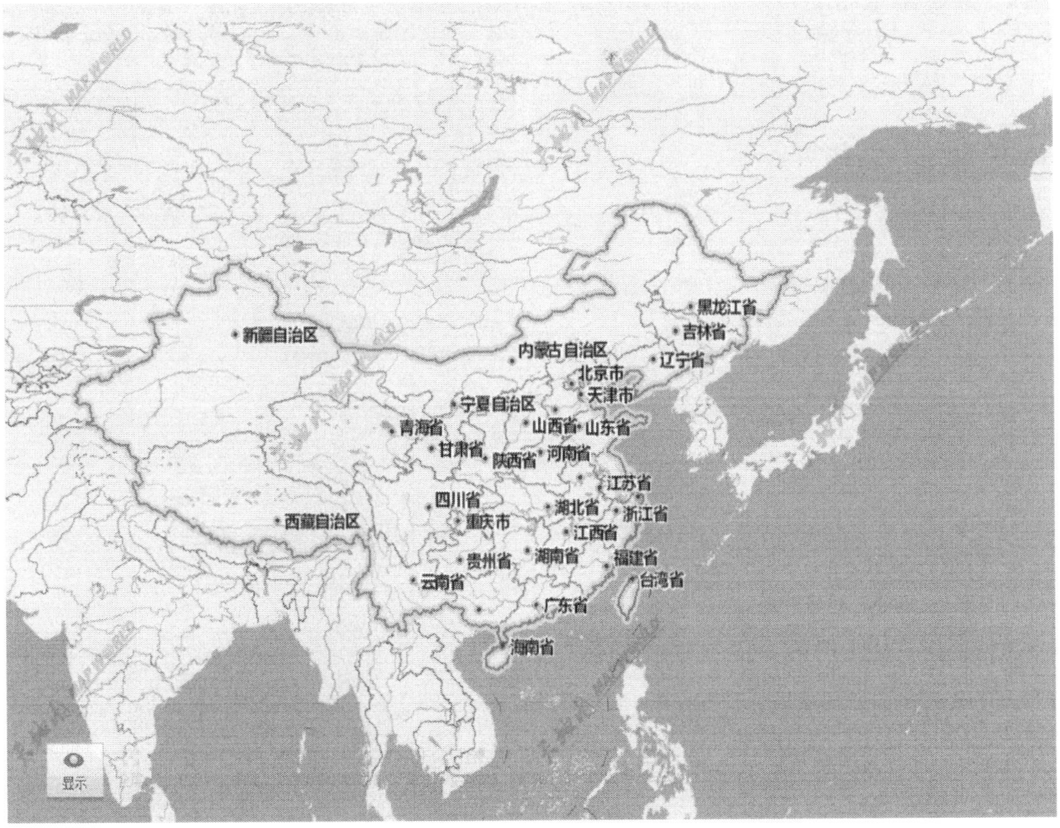

图 3－8　矢量图＋二维地图图层

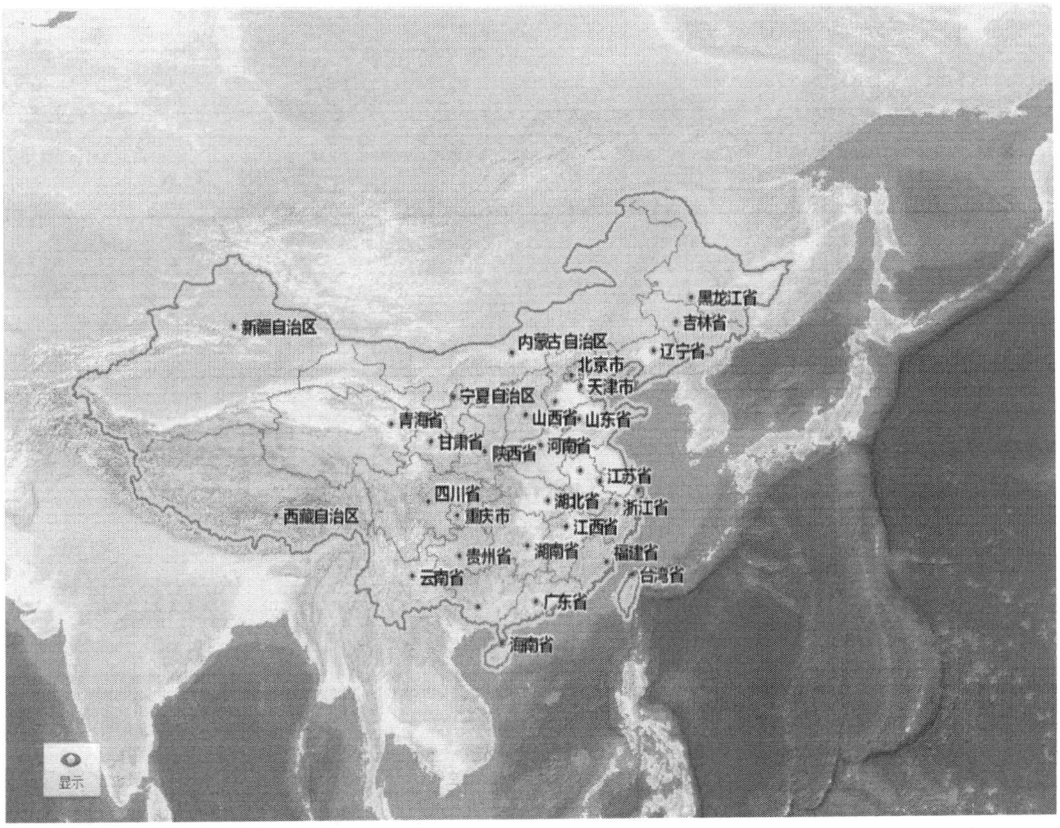

图 3－9　矢量图＋二维影像图层

天地图影像高速路图层：勾选“天地图影像高速路图层”前的复选框，显示高速路图层，如图3－10。

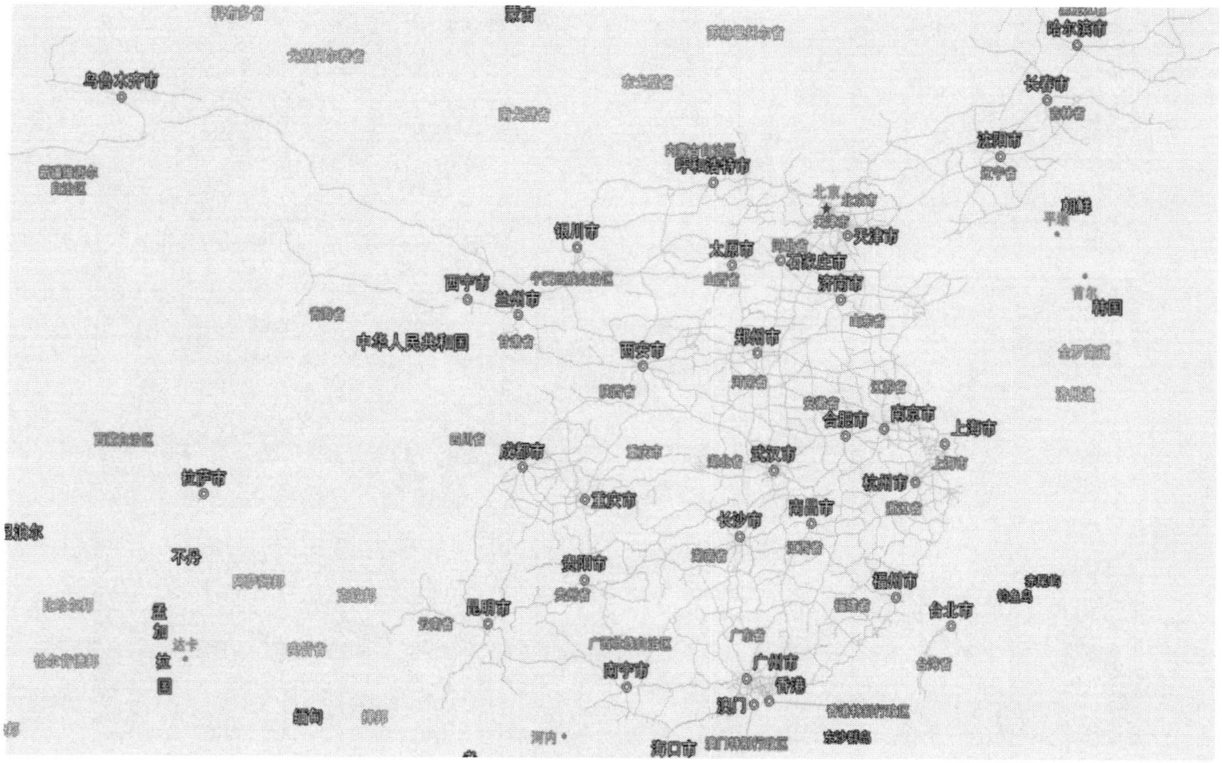

图3－10　高速路图层

天地图影像图层：勾选“矢量图层”和“天地图影像图层”前的复选框，显示的影像图层，如图3－11。

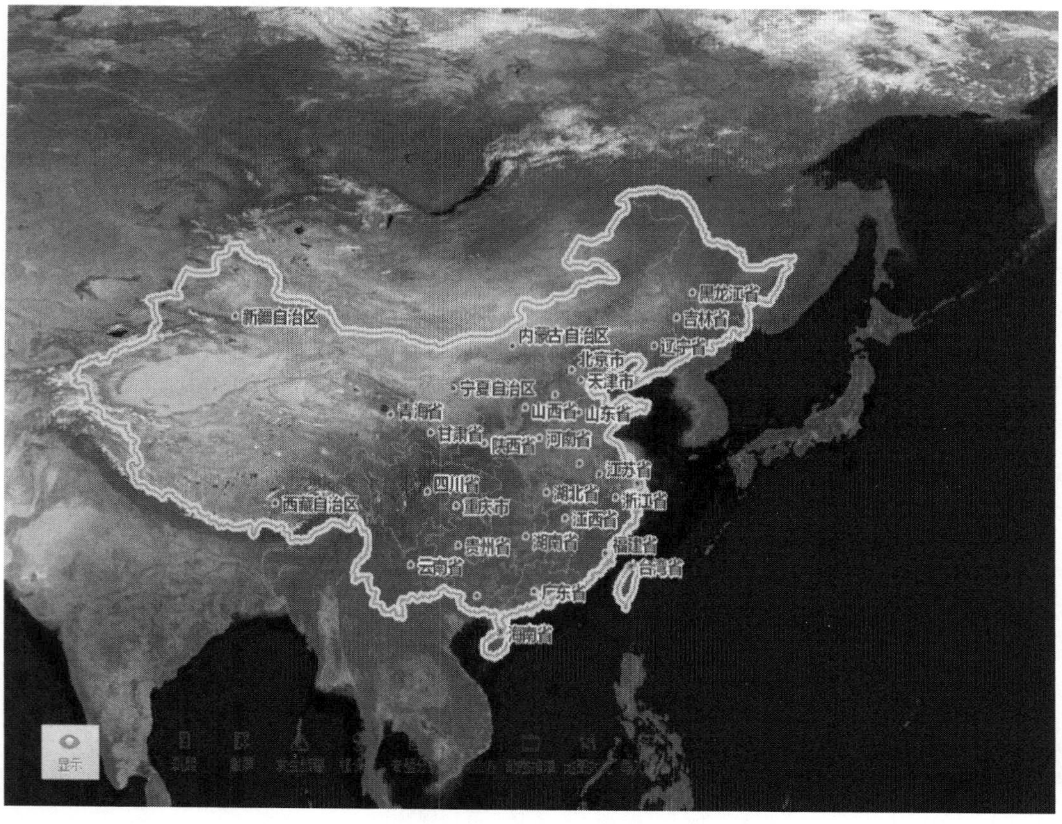

图3－11　矢量图＋影像图层

3.1.4 全屏

地图全屏展示是跳出浏览器整屏显示地图，更方便用户操作地图。

点击功能菜单栏的全屏图标，弹出全屏面板，如图 3-12；点击地图全屏按钮，实现全屏展示；点击退出全屏，或按键盘 ESC 键可退出全屏显示。

图 3-12　地图全屏

3.1.5 测距与绘图

测距功能主要是在地图上临时绘制点、线、面等标注，测量双点或多点间的距离，测量圆形、四边形及多边形等的面积。该功能也可配合截屏功能，保存地图上绘制的图形及测量的结果。

点击功能菜单栏的测距功能图标，弹出测量功能面板，如图 3-13。

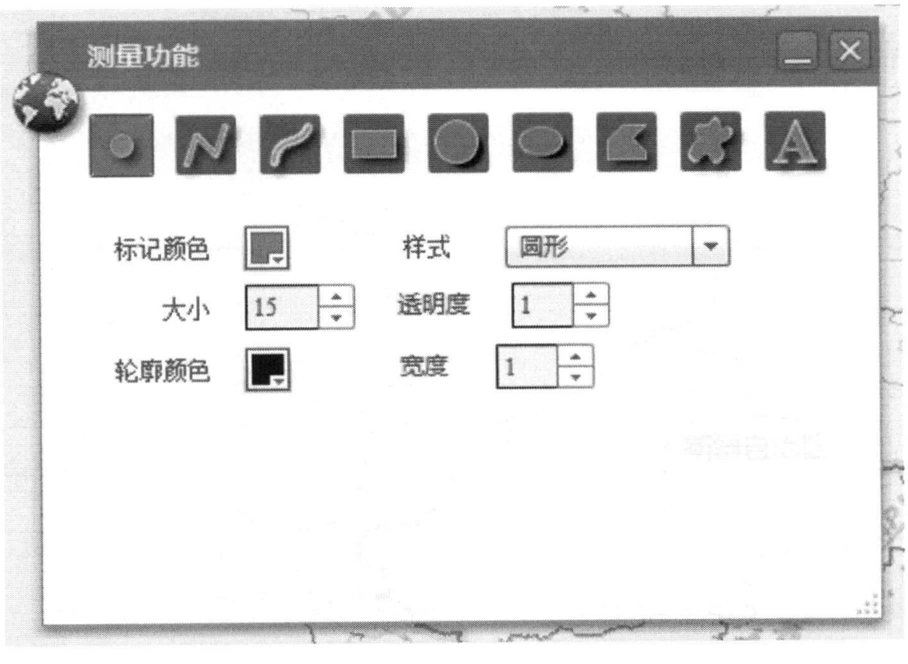

图 3-13　测量功能面板

3.1.5.1 绘制点

点击绘制点，面板切换到绘制点的条件设置，如图 3-14，选择绘制条件红框中的如标记、样式等，单击绘制点按钮，在地图上点击鼠标左键，及添加临时标注点，如图 3-15。

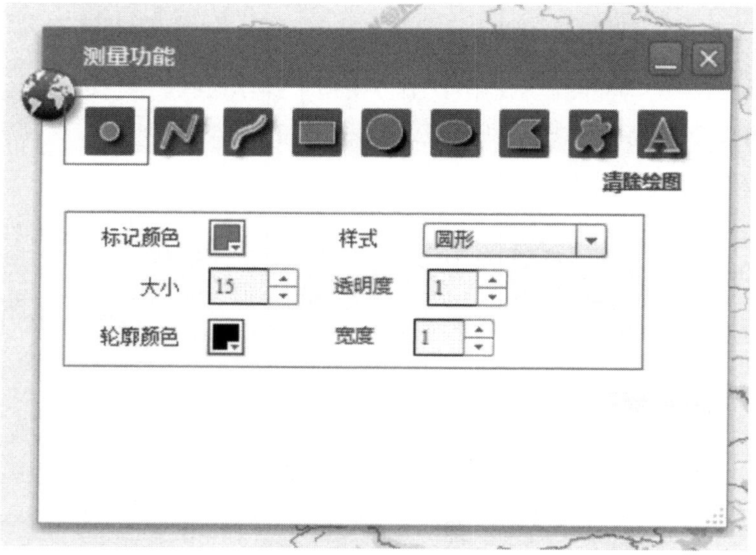

图 3－14　绘制点

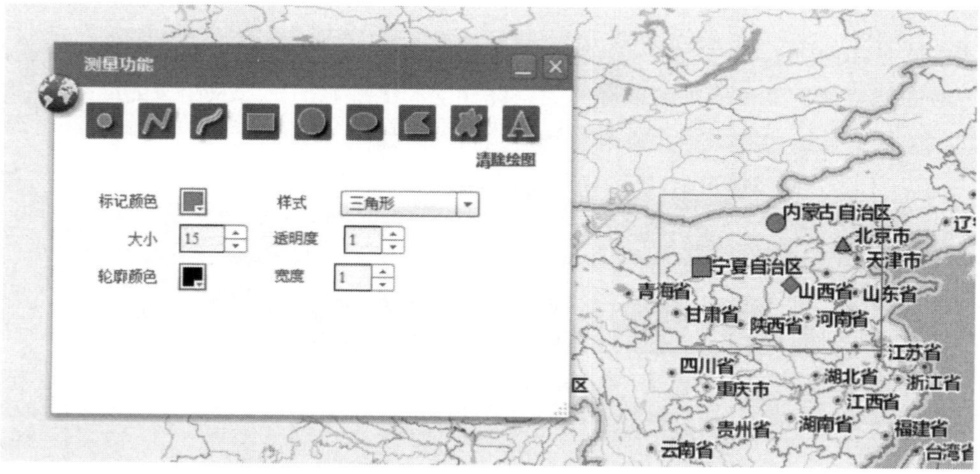

图 3－15　绘制点结果

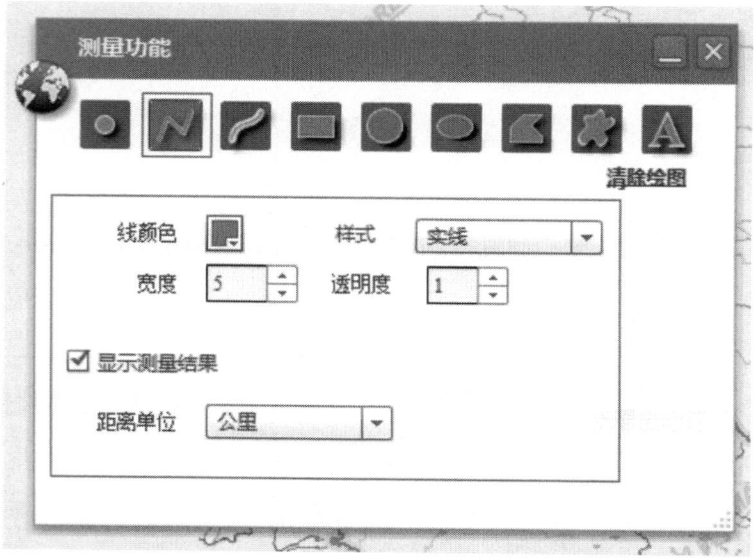

图 3－16　绘制线

3.1.5.2 绘制直线

点击绘制线，面板切换到绘制线的条件设置，如图 3－16，选择绘制条件红框中的如线颜色、样式等，单击绘制点按钮，在地图上点击鼠标左键，绘制线段，双击左键结束绘制，如果勾选了“显示测量结果”，地图即展现测量的结果，展现结果如图 3－17。

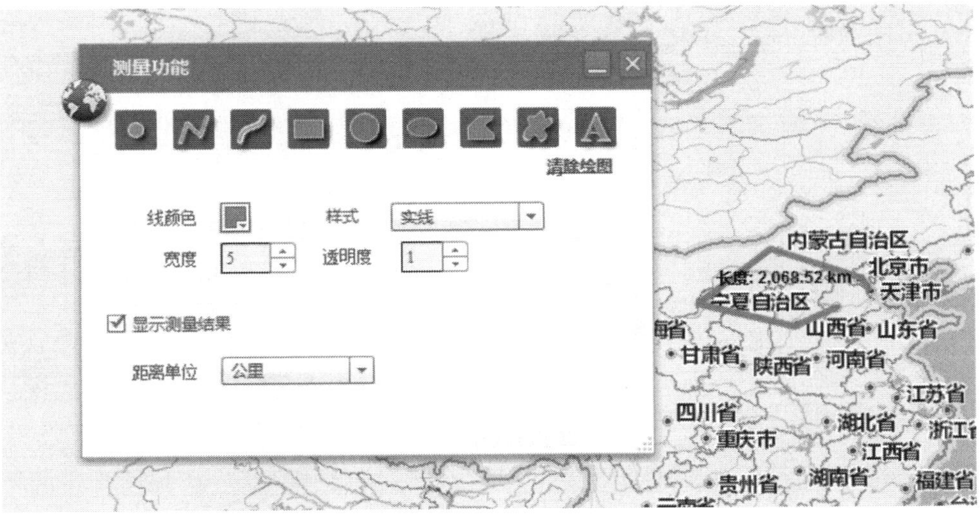

图 3－17 绘制线结果

3.1.5.3 绘制手绘线

点击绘制手绘线，面板切换到绘制手绘线的条件设置，如图 3－18，选择绘制条件红框中的如线颜色、样式等，单击绘制手绘线按钮，在地图上点击鼠标左键且不放开，拖动鼠标，绘制线，弹起鼠标左键结束绘制，如果勾选了“显示测量结果”，地图即展现测量的结果，展现结果如图3－19。

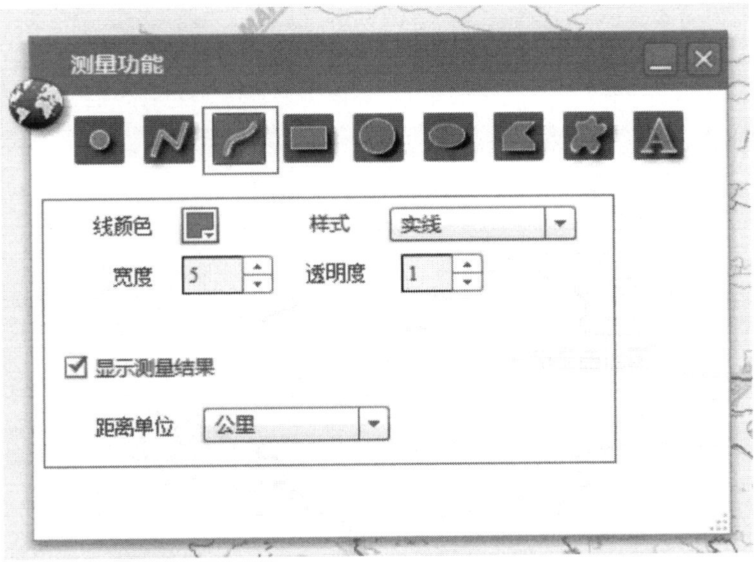

图 3－18 绘制手绘线

3.1.5.4 绘制矩形

点击绘制矩形，面板切换到绘制矩形的条件设置，如图 3－20，选择绘制条件红框中的如填充颜色、样式等，单击绘制矩形按钮，在地图上按击鼠标左键拉框，弹起鼠标左键结束绘制，如果勾选了“显示测量结果”，地图即展现测量的结果，展现结果如图 3－21。

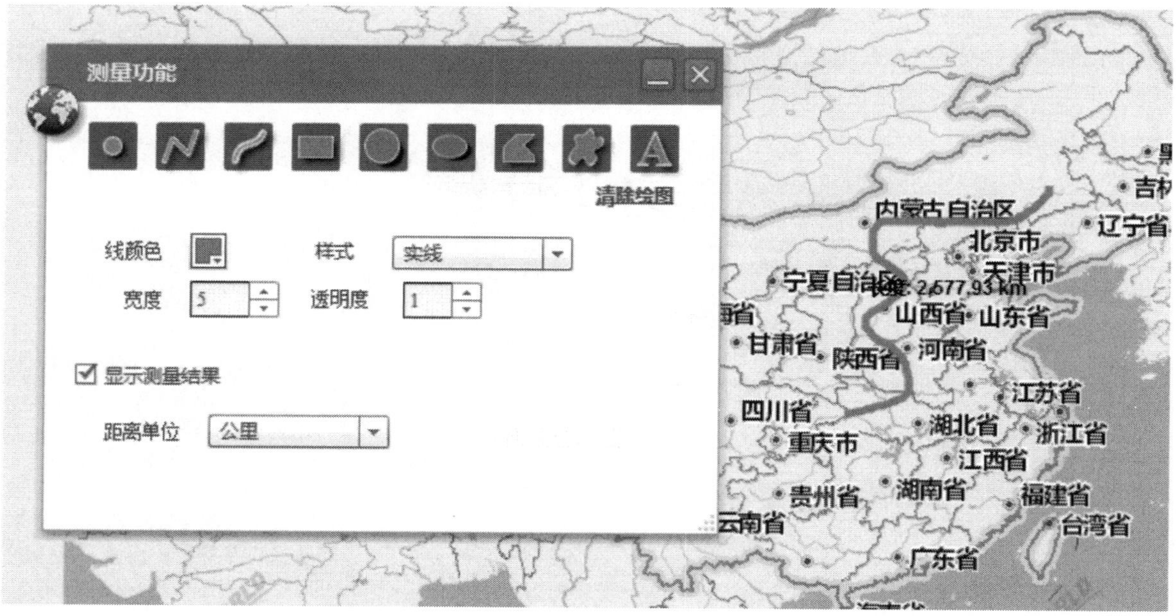

图 3－19　手绘线结果

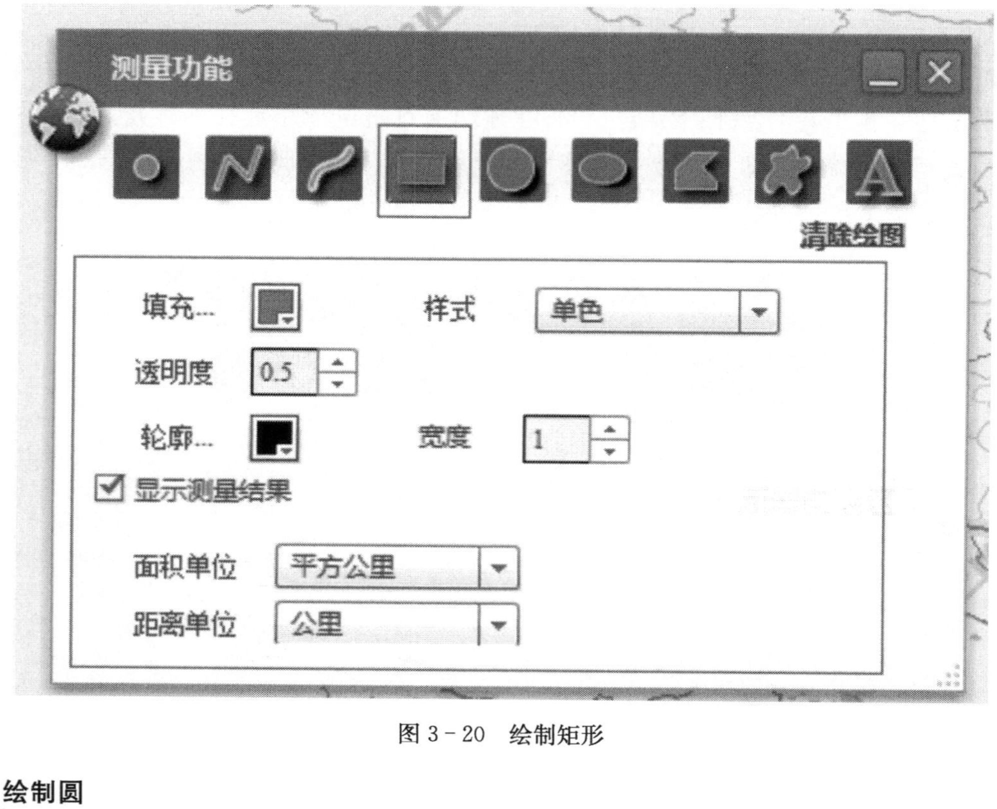

图 3－20　绘制矩形

3.1.5.5　绘制圆

点击绘制圆形，面板切换到绘制圆形的条件设置，如图 3－22，选择绘制条件红框中的如填充颜色、样式等，单击绘制圆形按钮，在地图上按击鼠标左键拉框，弹起鼠标左键结束绘制，如果勾选了“显示测量结果”，地图即展现测量的结果，展现结果如图 3－23。

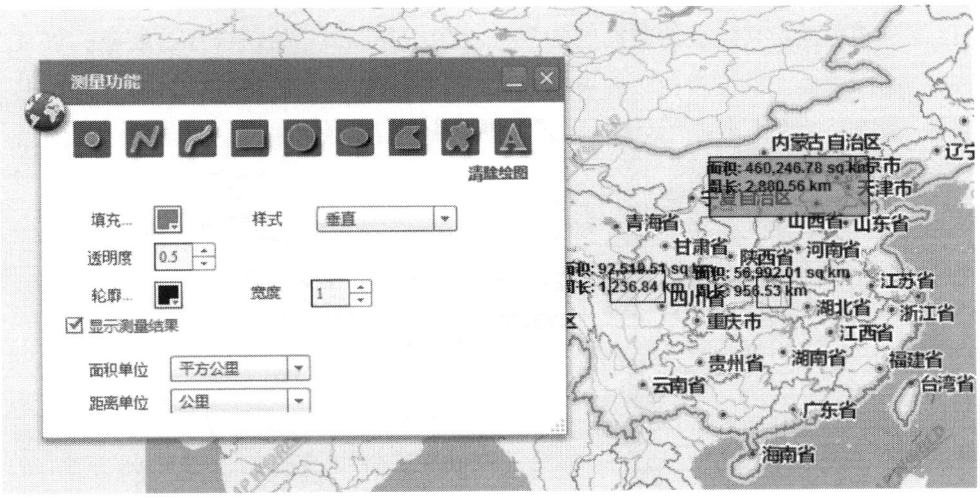

图 3-21　绘制矩形结果

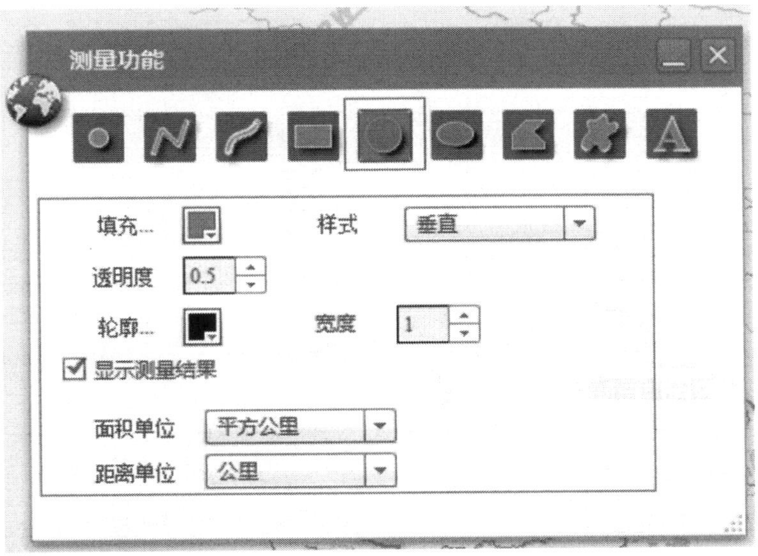

图 3-22　绘制圆形

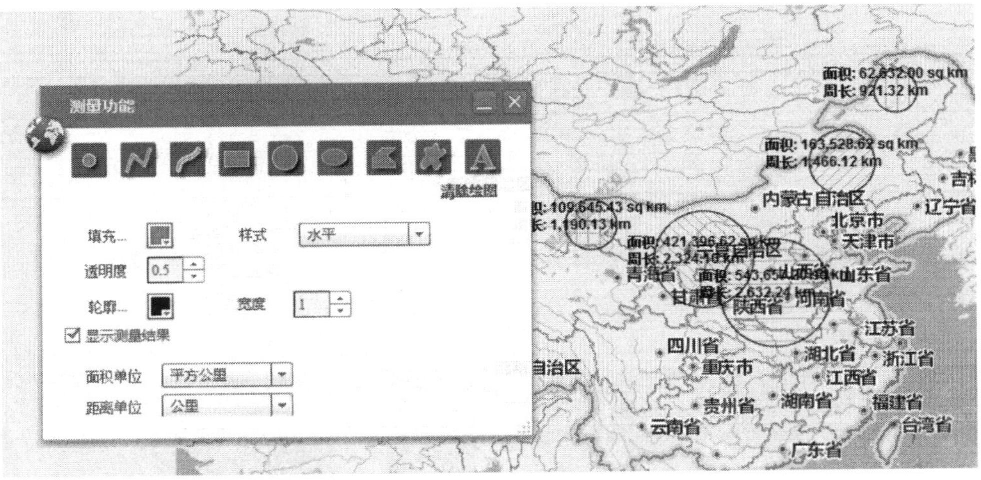

图 3-23　绘制圆形结果

3.1.5.6 绘制椭圆

点击绘制椭圆，面板切换到绘制椭圆的条件设置，如图 3－24，选择绘制条件红框中的如填充颜色、样式等，单击绘制椭圆按钮，在地图上按击鼠标左键拉框，弹起鼠标左键结束绘制，如果勾选了“显示测量结果”，地图即展现测量的结果，展现结果如图 3－25。

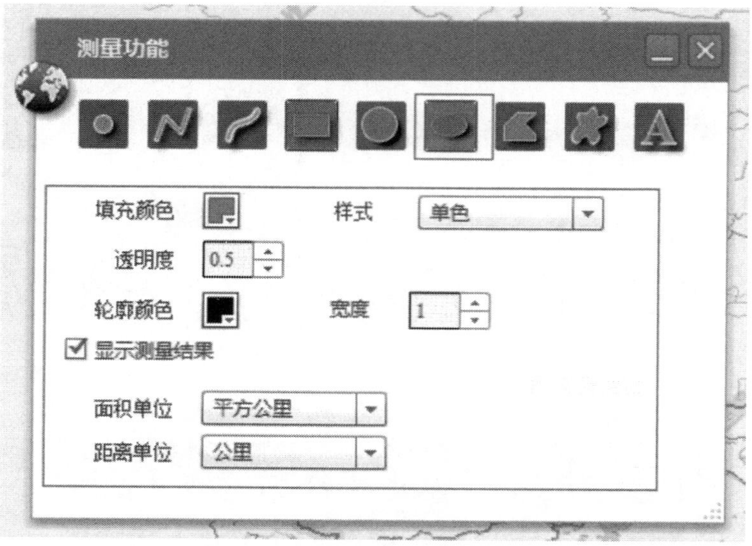

图 3－24　绘制椭圆

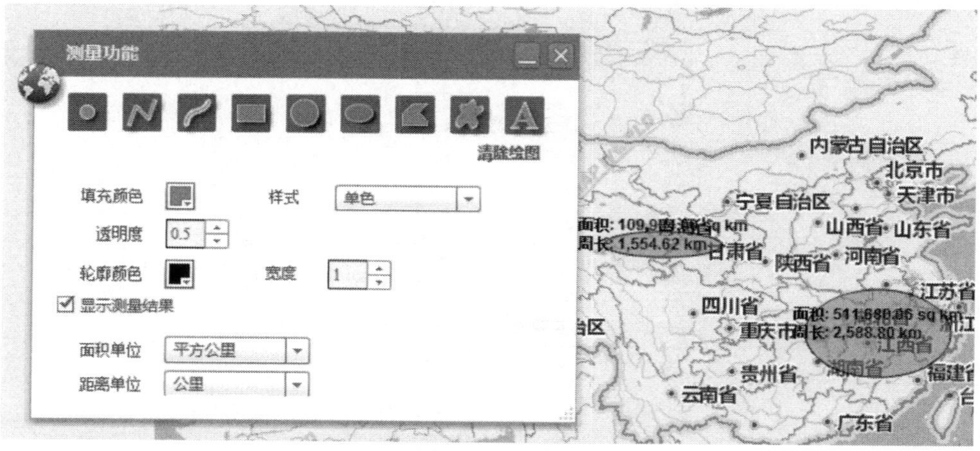

图 3－25　绘制椭圆结果

3.1.5.7 绘制多边形

点击绘制多边形，面板切换到绘制多边形的条件设置，如图 3－26，选择绘制条件红框中的如填充颜色、样式等，单击绘制多边形按钮，在地图上按击鼠标左键，继续单击左键，绘制多边形，双击左键结束绘制，如果勾选了“显示测量结果”，地图即展现测量的结果，展现结果如图 3－27。

3.1.5.8 绘制手绘多边形

点击绘制手绘多边形，面板切换到绘制手绘多边形的条件设置，如图 3－28，选择绘制条件红框中的如填充颜色、样式等，单击绘制手绘多边形按钮，在地图上按击鼠标左键，按着左键不放开，拖动鼠标，绘制手绘多边形，双击左键结束绘制，如果勾选了“显示测量结果”，地图即展现测量的结果，展现结果如图 3－29。

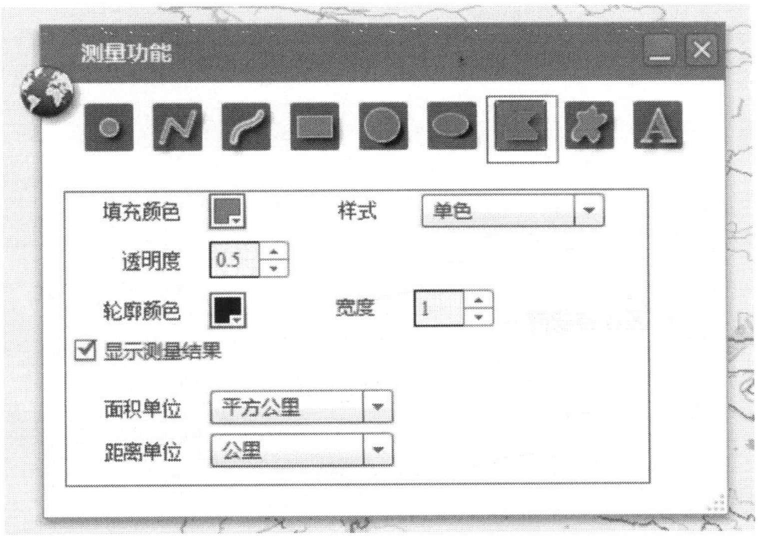

图 3-26　绘制多边形

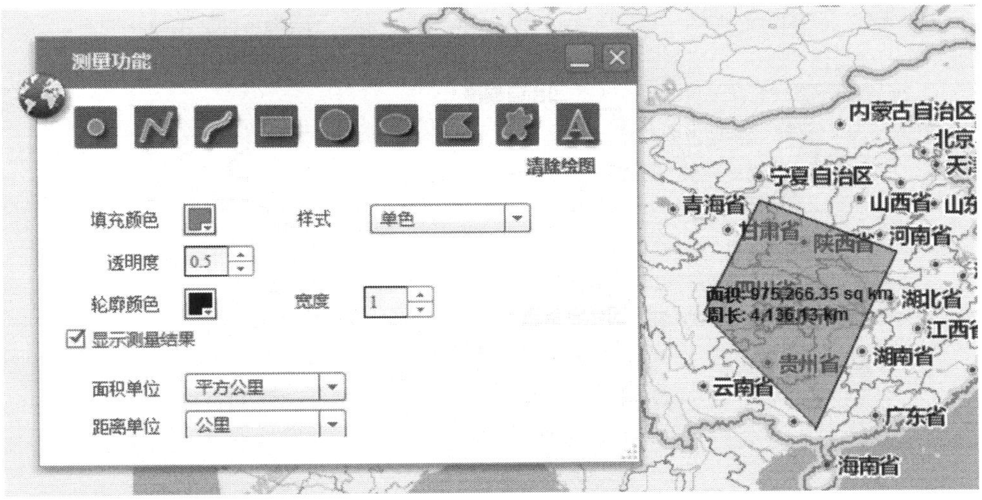

图 3-27　绘制多边形结果

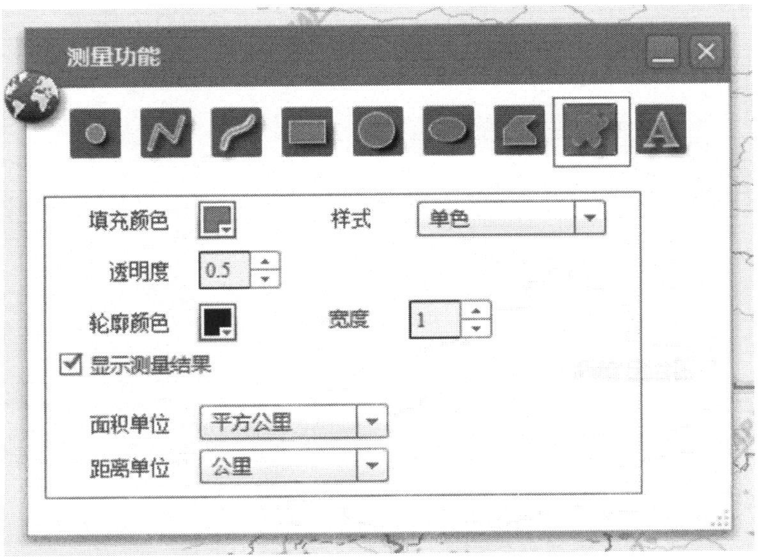

图 3-28　绘制手绘多边形

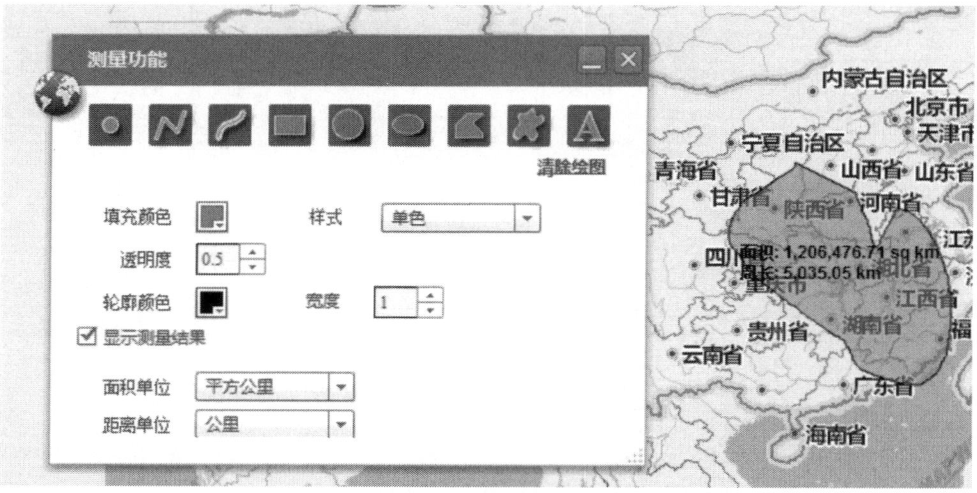

图 3－29　绘制手绘多边形结果

3.1.5.9　添加文本

点击添加文本，面板切换到添加文本的条件设置，如图 3－30，选择绘制条件红框中的如填充颜色、样式等，单击添加文本，在地图上按击鼠标左键，添加文本内容，展现结果如图 3－31。

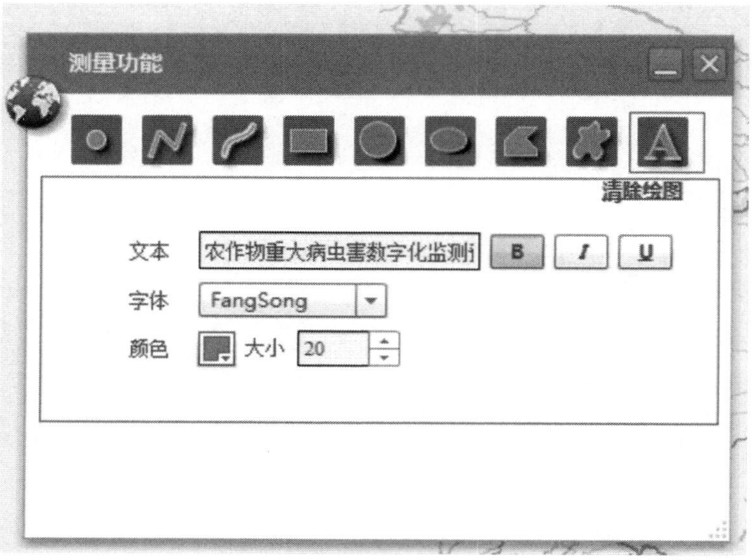

图 3－30　添加文本

图 3－31　添加文本结果

3.1.5.10 清除绘图

点击清除绘图，清除地图上的临时绘制的图像，如图 3－32，选择“确定”删除地图上的所有临时绘制的图像，选择“取消”则不做处理，结果如图 3－33。

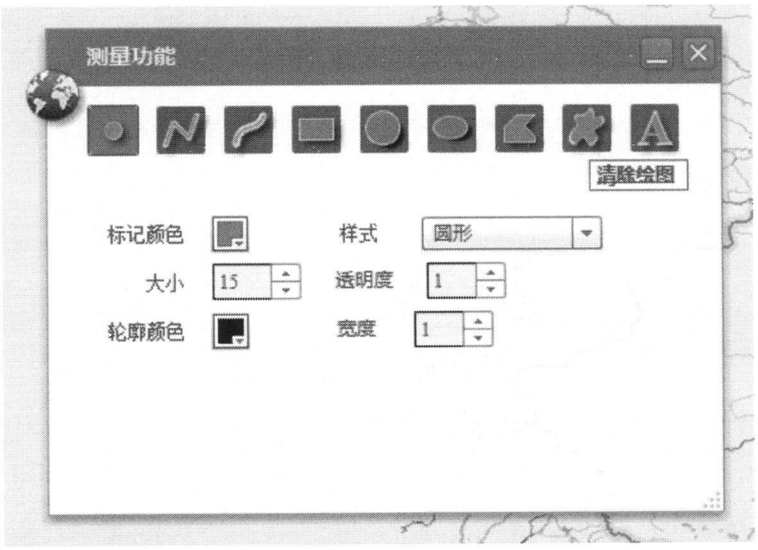

图 3－32 清除绘图

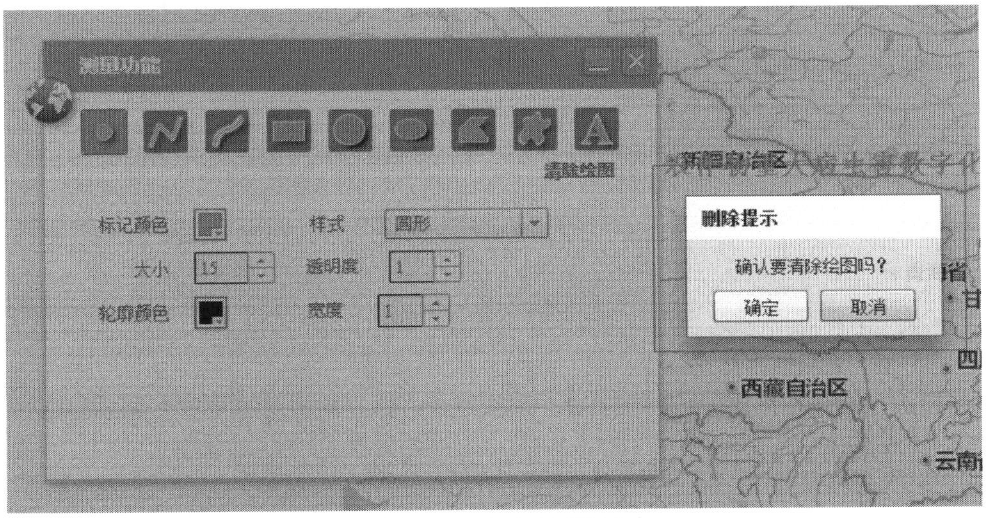

图 3－33 清除绘图结果

3.1.6 截屏

截屏功能主要是用于截取目前所显示的天地图地图、国家矢量图层、标注图层，如测量标注、发生预警展示、区域站展示、专题分析展示、空间插值展示、动态推演展示、地图对比展示、临时绘图等，以及地图标题和当前图例四部分截屏，如图 3－34。

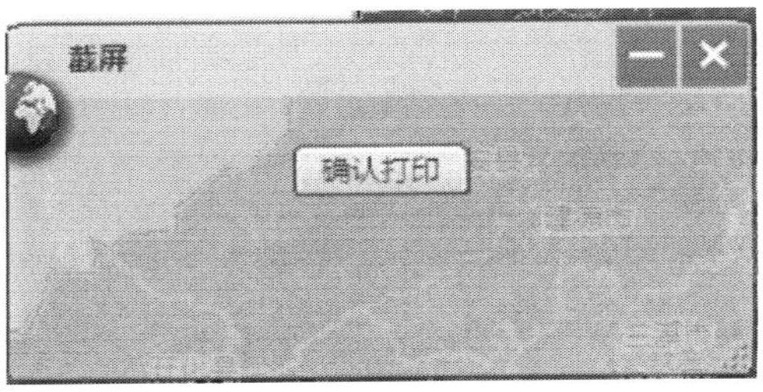

图 3－34 截屏功能面板

点击功能菜单栏的截屏菜单，弹出截屏面板，如图3-34，点击［确认打印］按钮，选择保存位置，“保存”即可，默认保存的地图图片为png格式（图3-35、图3-36）。

图3-35　截屏保存

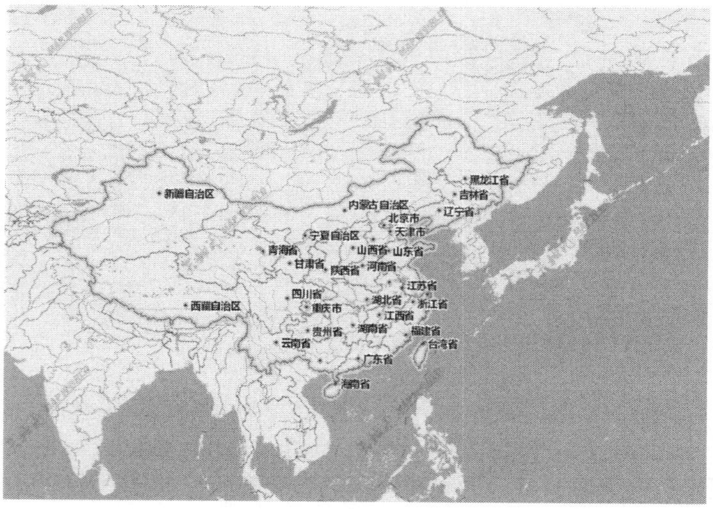

图3-36　截屏效果

3.2　发生预警

发生预警展示模块主要是用于在地图上按照一定的分级标准，将某张业务报表的某项数据以点图的形式展示在地图上（图3-37）。用户可以为发生预警地图添加标题，或截屏保存地图。

图 3－37　发生预警展示

3.2.1　预警展示

点击功能菜单栏的按钮，弹出发生预警面板（图 3－38）。

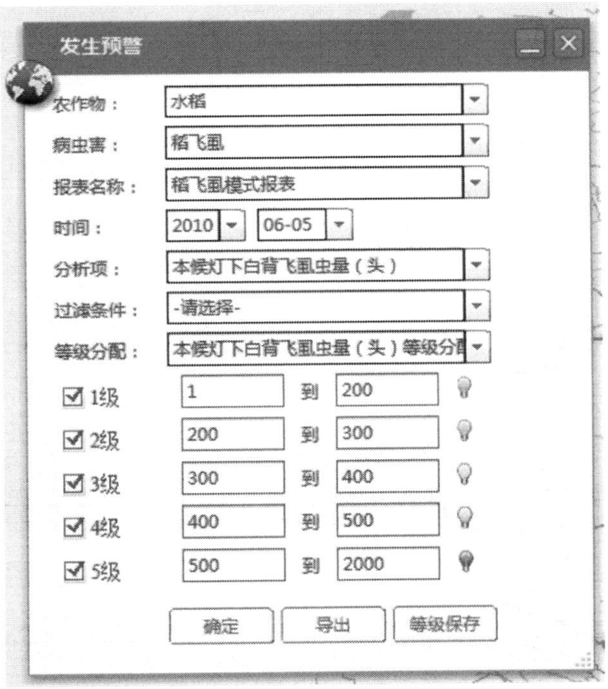

图 3－38　发生预警分析条件设置

分析条件设置说明：

◇ 分析项：分析项可以和等级关联，如果用户设置了分析项等级并保存到标准库，则下次用户选择到该分析项时，会默认使用已设置保存的等级标准，等级设置与保存见 3.2.2。

◇ 等级分配：等级分配的图标、名称等都是由 GIS 功能配置添加的，等级图标的样式和说明均可以修改更换（详见 8.10）；等级分配的数值默认是 GIS 功能配置中已设置好的，也支持用户自己修改。

◇ 标注点详情：单击某个标示点，可显示该点名称、分析项名称、经度、纬度、等级及缩放到当前操作。

◇ 地图标题：地图标题默认是分析项名称＋时间，用户可修改地图标题，点击地图标题名称，出现闪烁光标时可修改，此标题为临时标题，主要为配合截屏保存地图使用。

◇ 图例：图例是根据用户选择的等级分配数值展示的，并允许用户根据需要进行修改。

3.2.2 等级设置与保存

等级设置与保存是将选中分析项与选中等级关联保存到等级标准库中，下次再选择此分析项时等级默认选中直接加载出来。

打开发生预警面板，选完各项内容后，点“等级保存”按钮，即该分析项和该等级成功保存到标准库，下次再选择该分析项时，等级分配也一同被加载出来，省去了再选择“等级分配”的操作，如图 3－39。

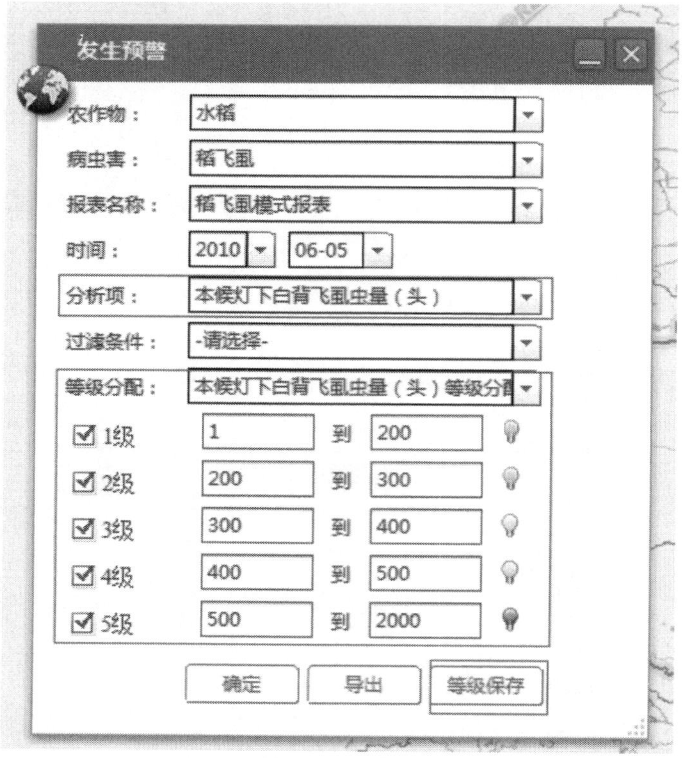

图 3－39　等级保存

3.3 专题分析

专题分析展示模块主要是对固定农作物固定专题名称进行分析展示，专题名称可以在主系统中配置。

点击功能菜单栏的专题分析按钮，弹出专题分析面板，如图 3－40。

图 3－40　专题分析面板

专题分析查询的结果如图 3-41，展示图窗口右上角的 ☒ 关闭。

图 3-41　专题分析展示

3.4　空间插值

空间插值是依据区域有限采样站点的数据，通过科学的插值方法展示区域内的病虫害发生情况（图 3-42）。具体的插值方法是反距离权重法（IDW）和克里金插值方法。IDW 的基本思路是插值目标离观察点实际值越近则权重越大，受该观察点的影响越大；克里金插值与 IDW 插值的区别在于权重的选择，IDW 仅仅将距离的倒数作为权重，而克里金则考虑到了空间相关性的问题。它首先将每两个点进行配对，这样就能产生一个自变量为两点之间距离的函数。

图 3-42　空间插值展示

根据农作物种类、病虫害种类、业务表、分析字段、时间、插值方式（支持反距离权重、样条插值）、等级分配（自定义数据范围）等多条件查询。

主要分析条件设置说明：

◇ 分析项：分析项可以和等级关联，如果用户设置了分析项等级保存到标准库，则下次用户选择到该分析项时，默认该分析项的等级也相应被选择好，具体步骤见 3.2.2 等级设置与保存。

◇ 等级分配：等级分配的图标、名称等都是由 GIS 功能配置中添加的，这些图标的样式及等级的说明都可以修改更换；等级分配的数值默认是 GIS 功能配置中已设置好的，也支持用户自己修改。

◇ 地图标题：地图标题默认是选择的分析项名称加时间，也支持用户自己修改。

◇ 清除：清除页面中的插值效果。

点击功能菜单栏的空间插值按钮，弹出空间插值面板，如图 3－43。

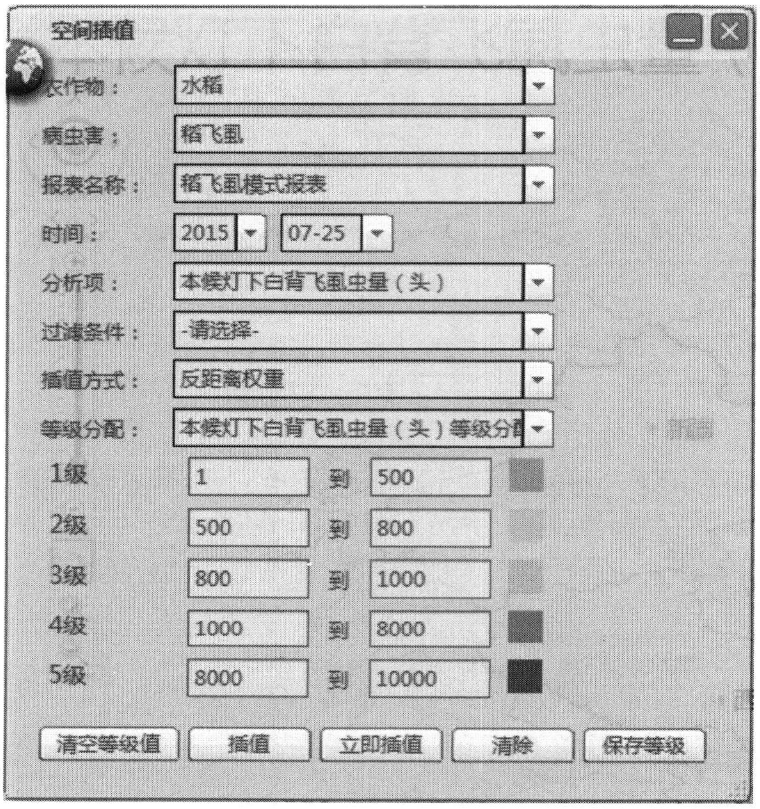

图 3－43　空间插值设置面板

空间插值查询的结果如图 3－42 所示，单击空间插值窗口右上角的 ✕ 关闭。

➢ 根据不同病虫害，分级展示该病虫害在某一时期的插值范围。

➢ 数据范围分为默认和自定义两种。在用户不做特别添加等级或修改数据范围时，系统按照默认值进行查询显示。自定义数据范围分为等级范围和等级级数控制，比如默认 1～100 为一级，共 5 级。自定义可更改为 1～1 000 为一级，共 N 级。

➢ 数据范围的配色方案为默认配色方案。

3.5　动态推演

动态推演是将一段时间内的病虫发生数据按设定的推演类型自动播放（图 3－44），出图方式分为预警点图和插值图两种，推演结果可导出为 GIF 图片。

点击功能菜单栏的动态推演按钮，弹出动态推演面板，如图 3－45。

图 3-44　动态推演展示

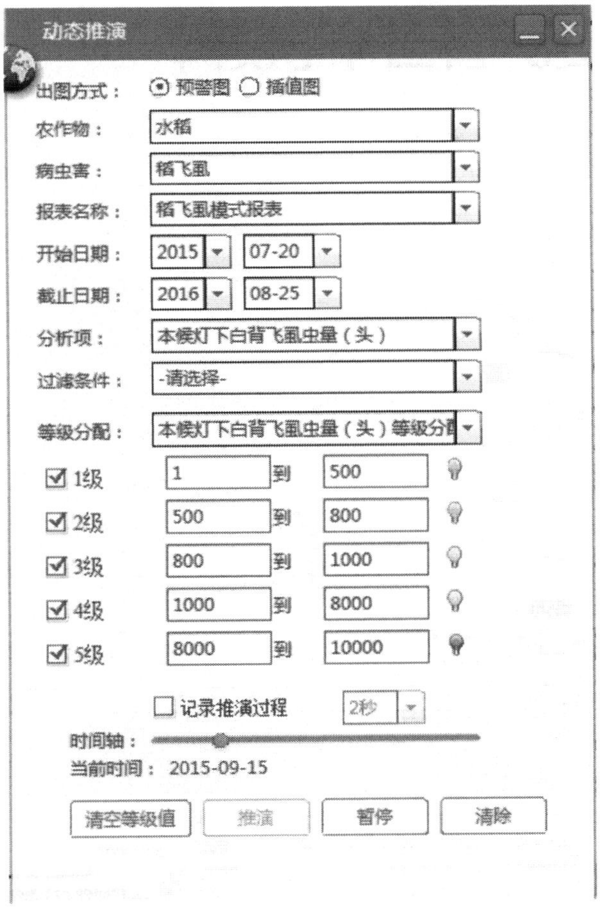

图 3-45　动态推演——预警图设置面板

3.5.1　预警推演

预警推演展示是根据各个站点的发生值进行的地图分析自动展示（图 3-46）。

分析条件设置说明：

◇ 日期选项：用户自己选择开始日期和截止日期。

◇ 分析项：分析项可以和等级关联，如果用户设置了分析项等级保存到标准库，则下次用户选择到该分析项时，默认该分析项的等级也相应被选择好，具体步骤见 3.2.2 等级设置与保存。

◇ 等级分配：等级分配的图标、名称等都是由 GIS 功能配置中添加的，这些图标的样式及等级的说明都可以修改更换；等级分配的数值默认是 GIS 功能配置中已设置好的，也支持用户自己修改。

◇ 记录推演过程：默认为不记录推演过程，如果您需要将推演过程导出成 GIF 图片，则勾选“记录推演过程”，在播放完成之后，系统会自动弹出图片已生成提示，点击查看之后会在浏览器中打开新的窗口播放 GIF 图片。

◇ 时间轴：时间轴是随着播放时间自动滑动的，轴上的圆点滑块是当前时间。

◇ 推演操作：播放、暂停、继续、清除推演结果。

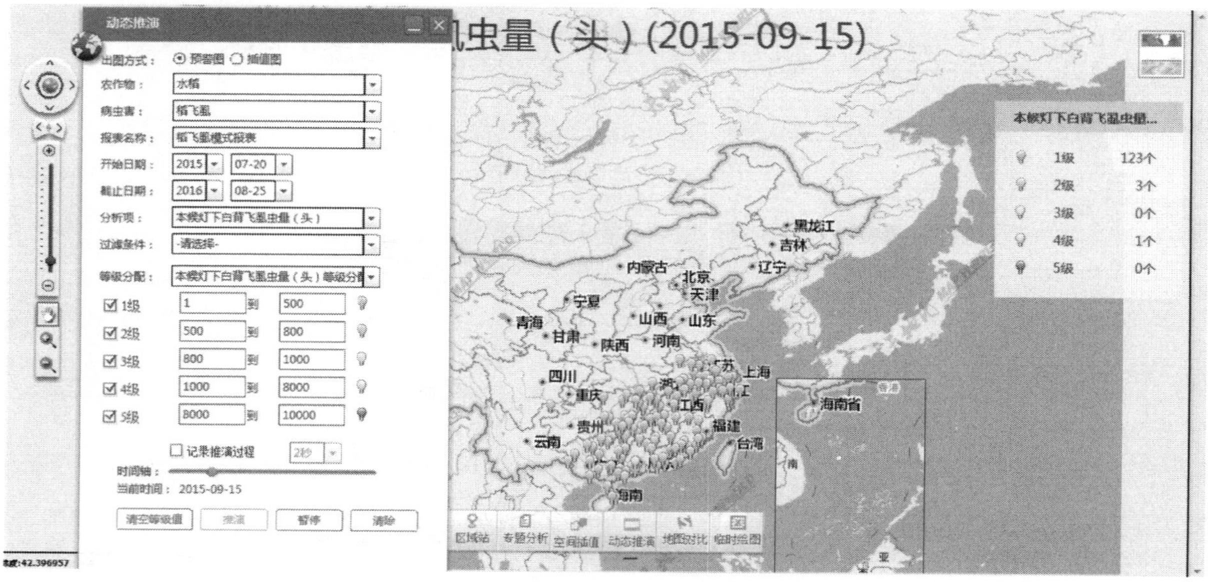

图 3－46　动态推演——预警展示结果

3.5.2　插值推演

插值推演展示是根据各个站点的发生值进行的地图分析自动展示。

分析条件设置说明：

◇ 日期选项：用户自己选择推演时间段。

◇ 分析项：分析项可以和等级关联，如果用户设置了分析项等级保存到标准库，则下次用户选择到该分析项时，默认该分析项的等级也相应被选择好，具体步骤见 3.2.2 等级设置与保存。

◇ 等级分配：等级分配的图标、名称等都是由 GIS 功能配置中添加的，这些图标的样式及等级的说明都可以修改更换；等级分配的数值默认是 GIS 功能配置中已设置好的，也支持用户自己修改。

◇ 记录推演过程：默认为不记录推演过程，如果您需要将推演过程导出成 GIF 图片，则勾选“记录推演过程”，在播放完成之后，系统会自动弹出图片已生成提示，点击查看之后会在浏览器中打开新的窗口播放 GIF 图片。

◇ 插值方式：反距离权重、样条插值。

◇ 时间轴：时间轴是随着播放时间自动滑动的，轴上的圆点滑块是当前时间。

◇ 推演操作：播放、暂停、继续、清除推演结果。

点击功能菜单栏的按钮，弹出动态推演面板，如图 3－47。

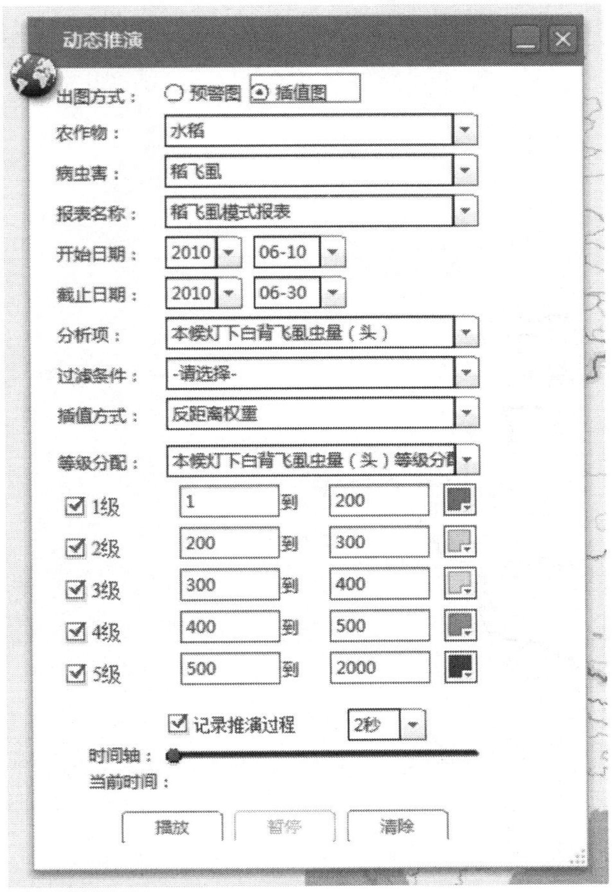

图 3－47　动态推演——插值图面板

3.5.3　记录推演过程

记录推演过程是将动态推演导出 GIF 图片。默认为不记录推演过程，如需要将推演过程导出成 GIF 图片，则勾选“记录推演过程”，在播放完成之后，系统会自动弹出图片已生成提示，点击查看之后会在浏览器中打开新的窗口播放 GIF 图片。

第一步：勾选推演面板中的“记录推演过程”（图 3－47）。

第二步：等待推演播放完毕，系统自动弹出 GIF 图片已生成提示，如图 3－48。

第三步：点击查看后会在浏览器中打开一个新的窗口播放 GIF 图片。

3.6　地图对比

地图对比是将选择的两个时间段的数据分为上图和下图放到同一个页面，通过卷帘对比的方式查看两个时间段的数据差异，可从上、下、左、右及其 45°角分别进行卷帘对比，如图 3－49。

地图对比展示是根据选择两个不同时间段的各个站点的发生值进行的地图分析，进入卷帘对比模式后，用户可以在地图中从各个方向拖动鼠标来查看两个时间段的数据差异，来达到对比效果。

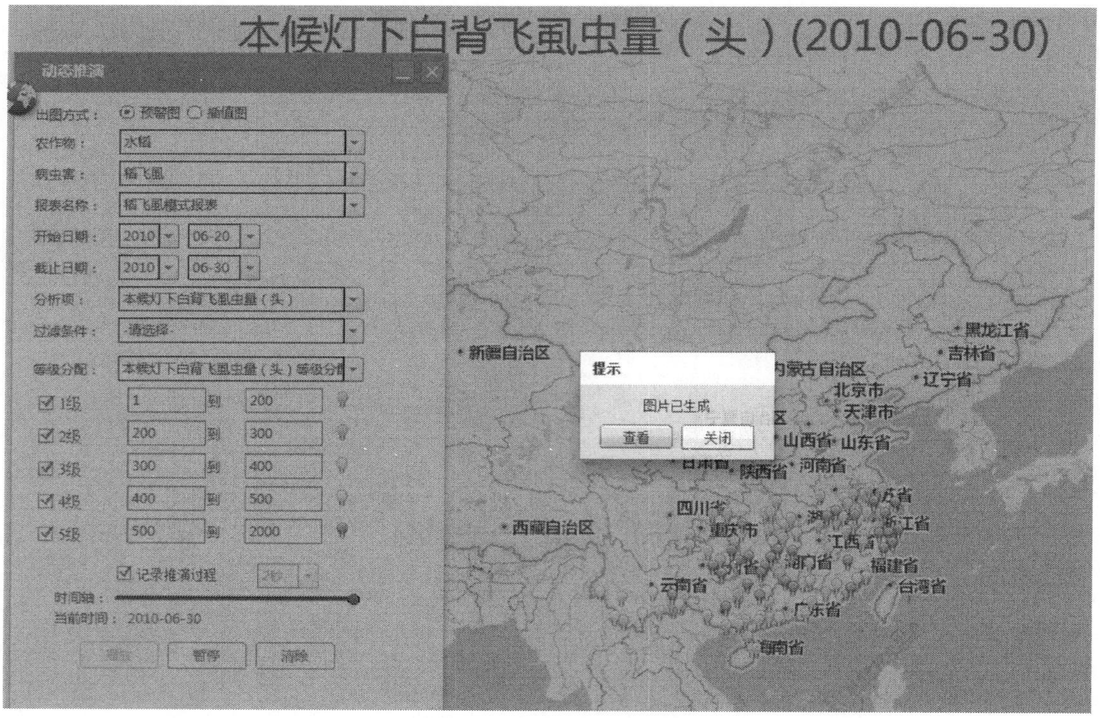

图 3－48 GIF 图片生成提示

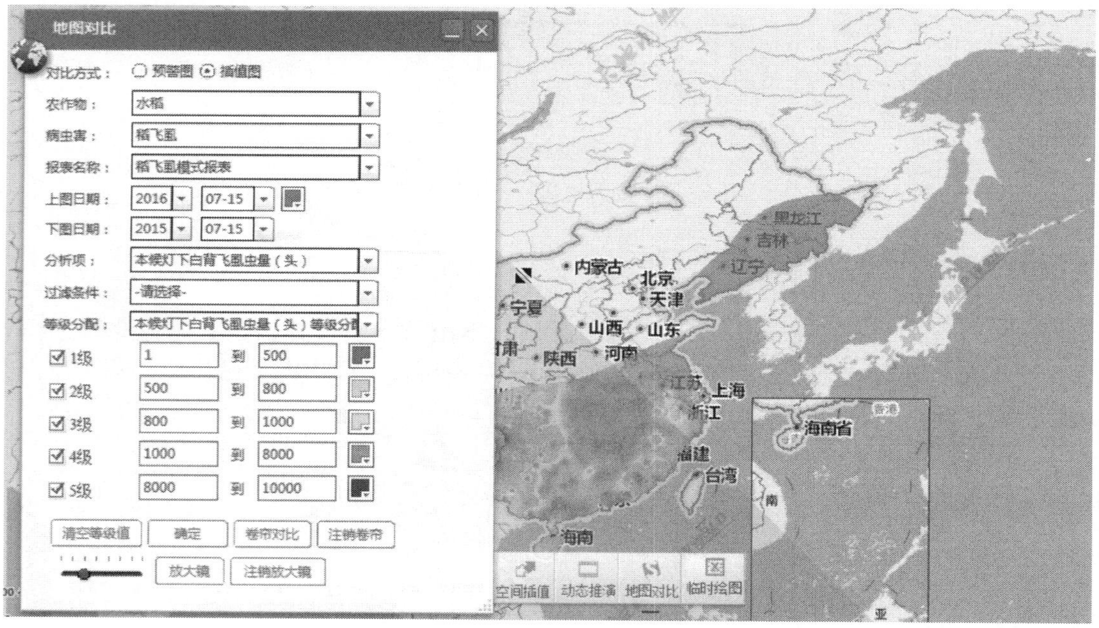

图 3－49 地图对比展示

分析条件设置说明：

◇ 日期选项：用户自己选择上图日期和下图日期。

◇ 分析项：分析项可以和等级关联，如果用户设置了分析项等级保存到标准库，则下次用户选择到该分析项时，默认该分析项的等级也相应被选择好，具体步骤见 3.2.2 等级设置与保存。

◇ 等级分配：等级分配的图标、名称等都是由 GIS 功能配置中添加的，这些图标的样式及等级的说明都可以修改更换；等级分配的数值默认是 GIS 功能配置中已设置好的，也支持用户自己修改。

◇ 卷帘对比：点击“卷帘对比”，可以点击鼠标左键向上、向下、向左及向右拖动，就可以看到上图和下图的各个站点的变化。

◇ 注销卷帘：退出卷帘对比模式。

点击功能菜单栏的 按钮，弹出地图对比面板，如图 3－50。

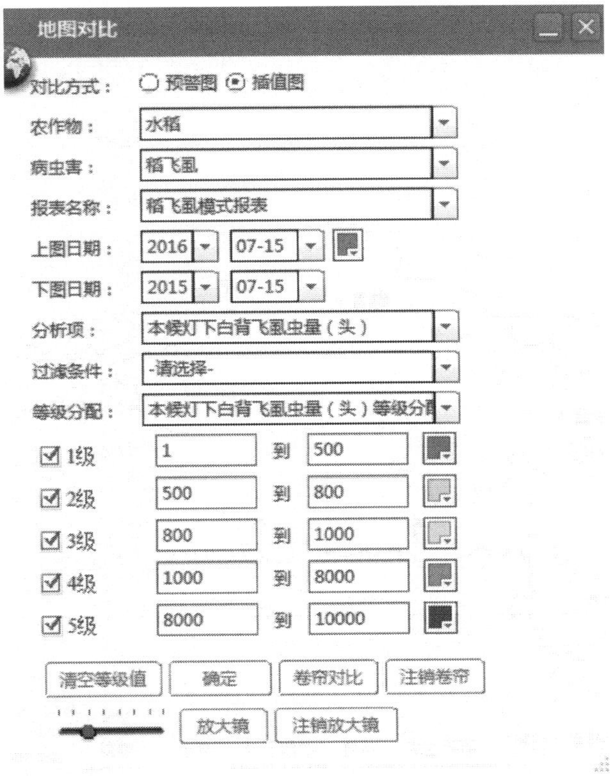

图 3－50　地图对比设置面板

3.7　临时（自助）绘图

为方便用户自助绘图，系统开发了临时绘图功能，用户只需按照一定的模板准备需要绘图的数据，应用系统临时绘图功能即可在线绘制出所要的点图或插值图。

用户选择 后可以将不同的模板下载到本地，填上数据之后可以选择该文件进行导入操作，导入成功后根据需要选择“预警图”或者“插值图”分析方式进行分析操作，如图 3－51，用户可以将分析数据保存到数据库中，以便再次绘图。用户选择“选择已有数据”后，可以通过查询功能查看要操作的数据，对查到的数据可以进行下载、删除、分析、保存记录和导出图片操作。

3.7.1　导入 Excel

用户可以将模板下载到本地，准备数据后选择该文件进行导入操作，导入成功后选择“预警图”或者“插值图”分析方式进行分析操作（图 3－52）。

◇ 模板：供用户选择不同作物模板下载到本地进行数据填写操作。

◇ 导入数据：选择需要进行导入操作的文件。

◇ 分析：可以将导入的数据分析到页面进行展示。

◇ 保存记录：将分析展示的数据以及对等级分配操作的数据保存入数据库。

◇ 导出图片：将分析后的页面展示结果以图片的形式导出。

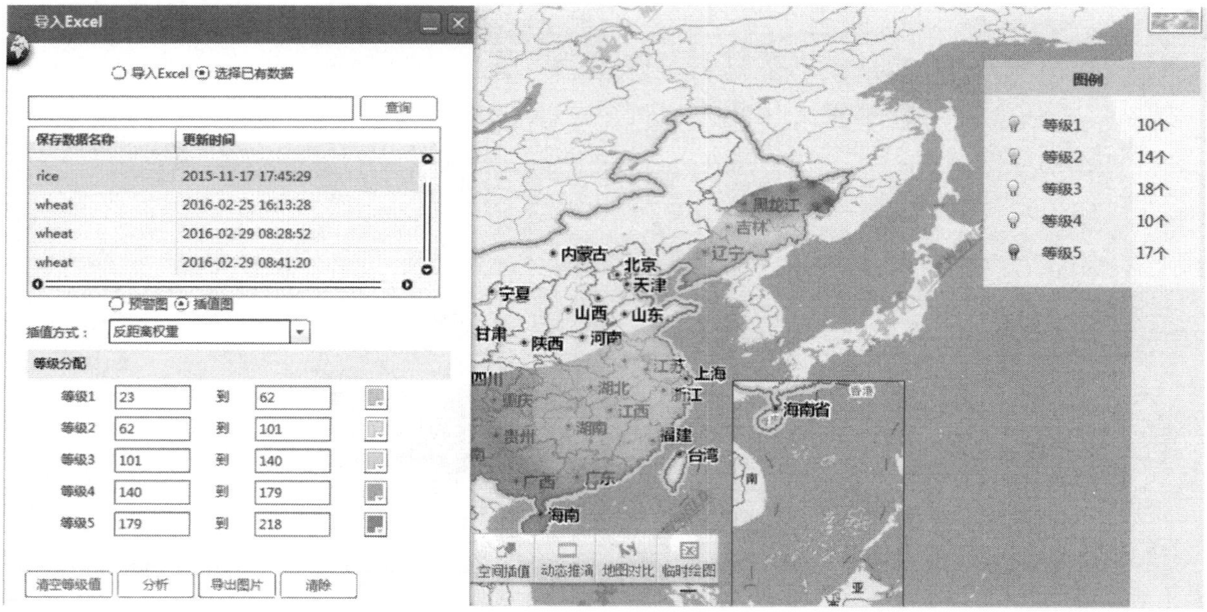

图 3－51　临时绘图展示

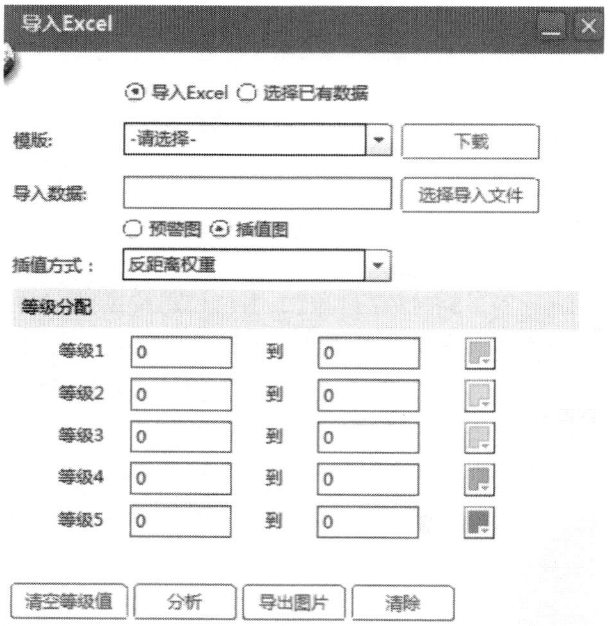

图 3－52　导入 Excel

3.7.2　选择已有数据

用户可以在查询栏中进行模糊查询，对查询到的数据可以进行下载、删除、分析、保存记录和导出图片操作（图 3－53）。

◇ 查询：在此栏中用户可以进行模糊和精确查询数据。

◇ 下载：将选择的数据下载到本地。

◇ 删除：将选择的数据删除。

◇ 分析：选择查询到的数据分析展示到页面。

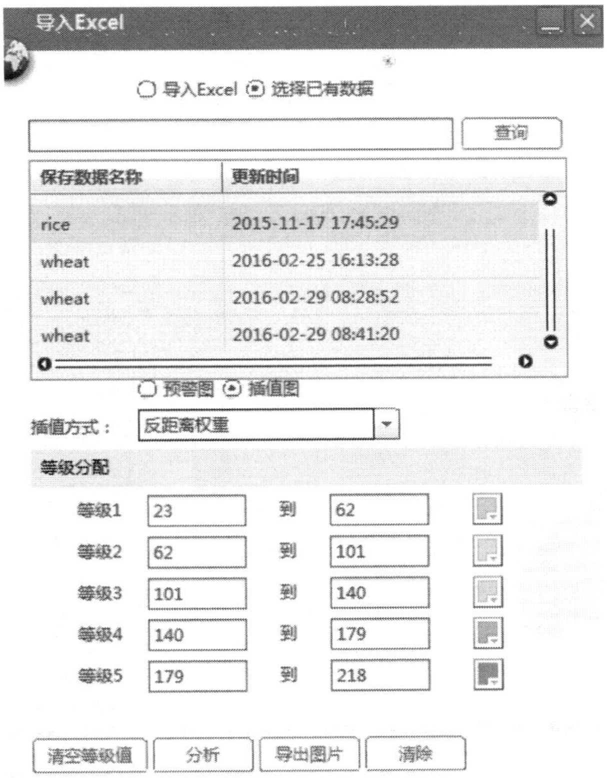

图 3-53 临时绘图面板

◇ 保存记录：如果对查询到的数据进行了修改，可以进行保存操作。

◇ 导出图片：将分析后的页面展示结果以图片的形式导出。

3.8 区域站展示

区域站展示模块主要是展示各个站点的上报情况及各监测站点分布情况，整体功能如图 3-54。

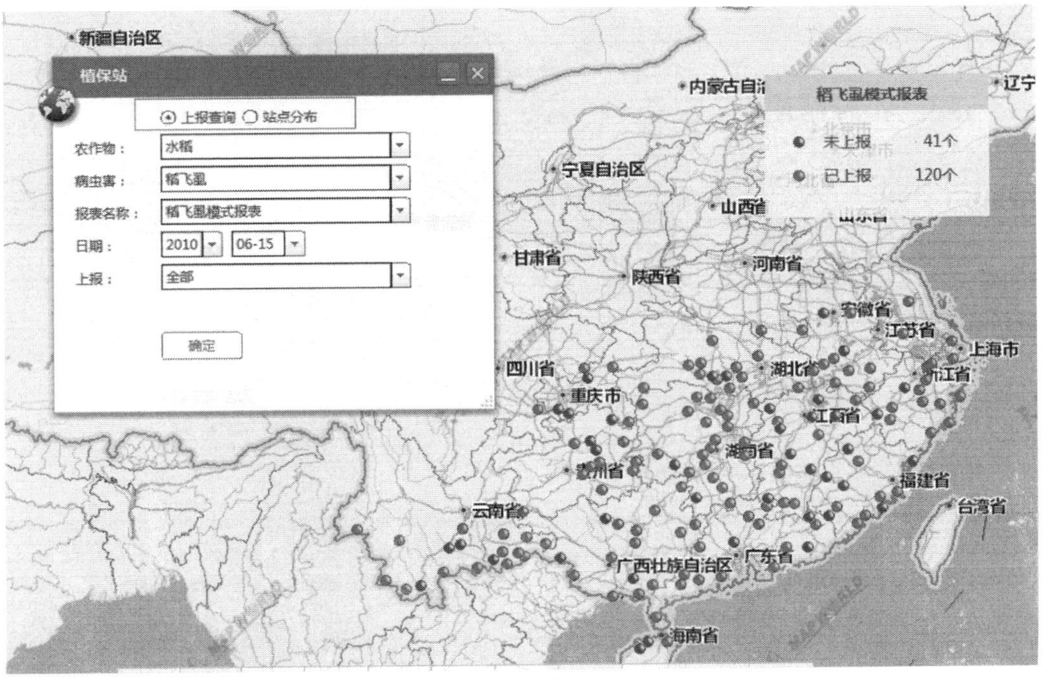

图 3-54 区域站展示

3.8.1 上报查询

主要用于查询各个站点的数据报表上报情况。

◇ 站点分类：站点分类和“已上报”“未上报”图标关联，可以从GIS图标管理后台控制。

◇ 时间选项说明：支持用户自己选择时间段。

点击功能菜单栏的 区域站 按钮，弹出区域站分析面板，如图3-55。

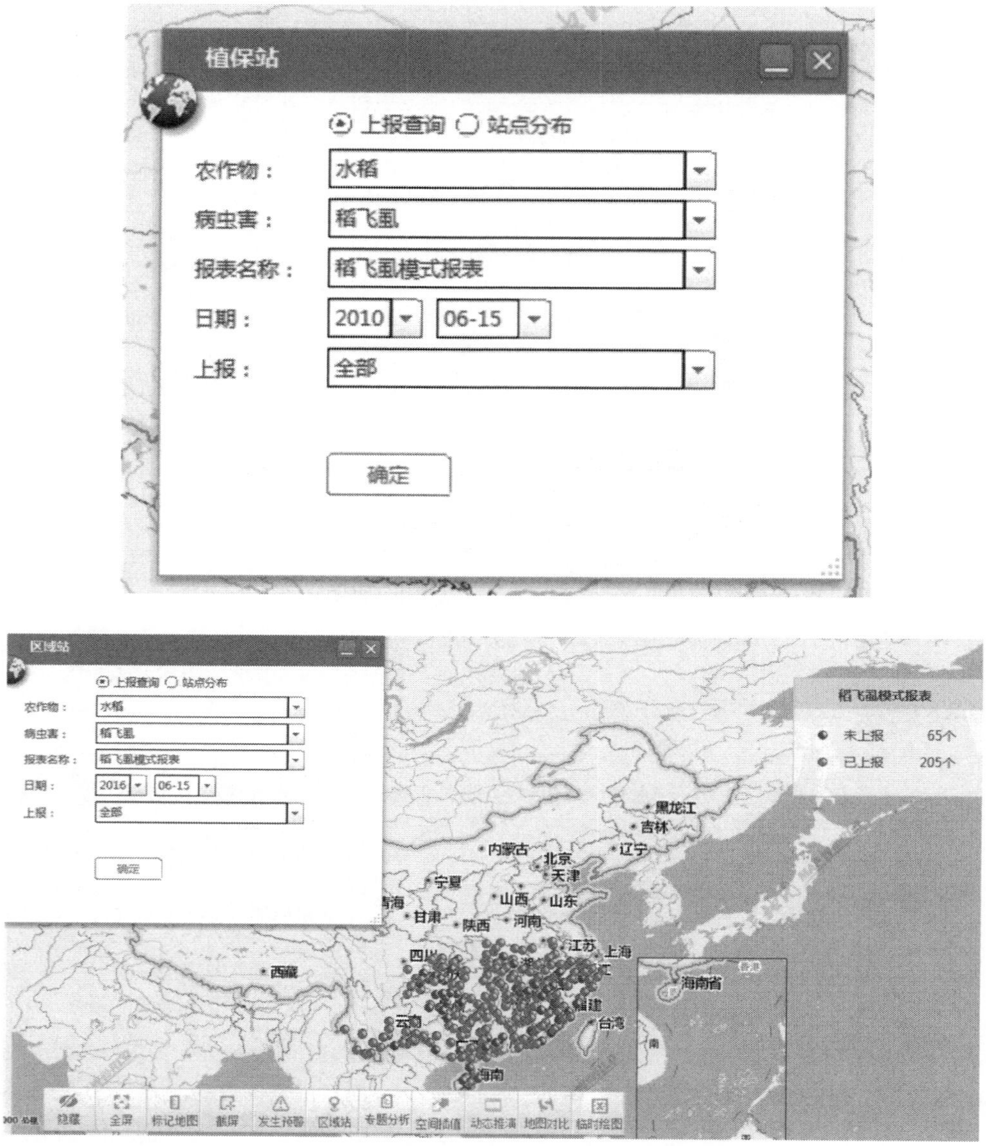

图3-55 区域站展示——上报查询

3.8.2 站点分布

主要用于各个农作物分类的区域站分布查询展示（图3-56、图3-57）。

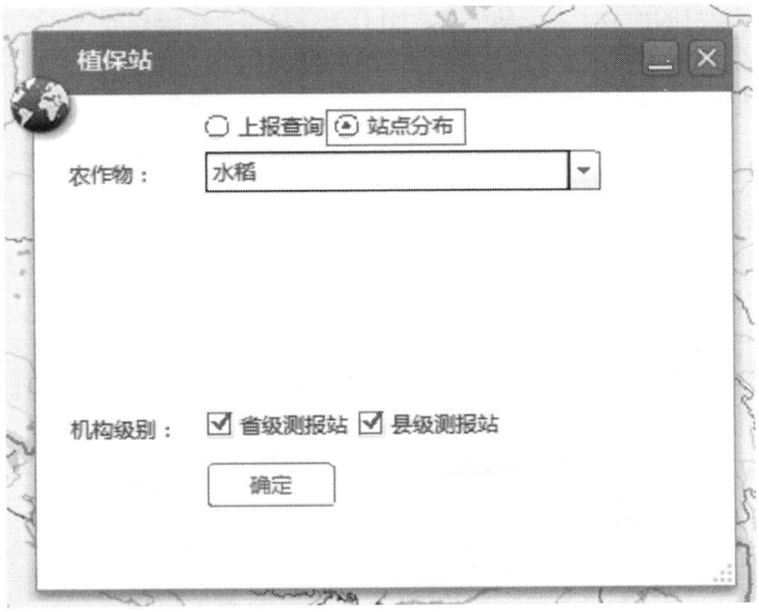

图 3-56 区域站展示——站点分布设置面板

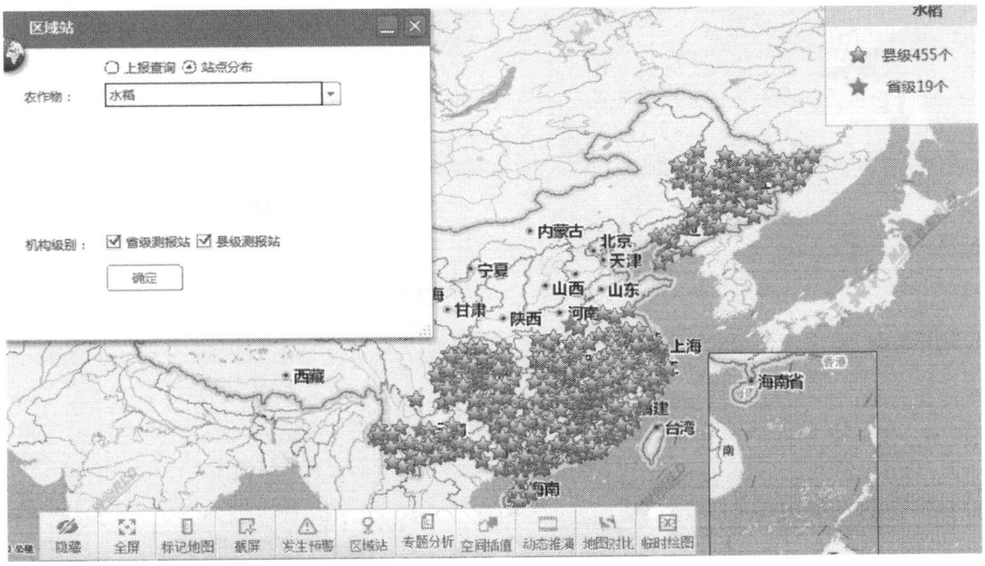

图 3-57 植保站展示——站点分布展示

3.9 Flex 插值分析

在地图上以区域着色的方式清晰地展示出各个地区病虫害的发生情况。需要依次选择农作物、表格分类、表格、表格字段、期数以及过滤条件（根据所选表的不同，决定是否需要过滤条件），系统提供省平均和单点两种方式进行查询。

查询结果默认以等值面的方式展现，系统还提供了其他的展现方式，包括等值线、等值线面、区域填充。单点查询结果无区域填充的展现方式。

用户可通过手动修改颜色控制条的值来修改查询结果的展示效果，也可将查询结果导出成图片保存至本地，供以后查看。

◇ 省平均：以省为单位，对省内所有站点上报数据取平均值。

◇ 单点：取所有站点的上报数据。

◇ 等值面：将所有地点的值域分为 5 级，以插值算法计算每一个位置的值，对相同值的点显示为相同颜色的展现方法。

◇ 等值线：将所有地点的值域分为 5 级，以插值算法计算符合各级边界的点，将数据相同的点连成的曲线。

◇ 等值线面：相当于等值线与等值面的叠加。

◇ 区域填充：按照省平均算法计算省的值后，可以得到某省某指标的值，根据该指标的值计算该省在五级中应该属于哪一级，并将该区域的地域填充该单一颜色。

点击菜单［图形化监测预警］→［Flex 插值分析］，进入地图分析界面，如图 3－58。

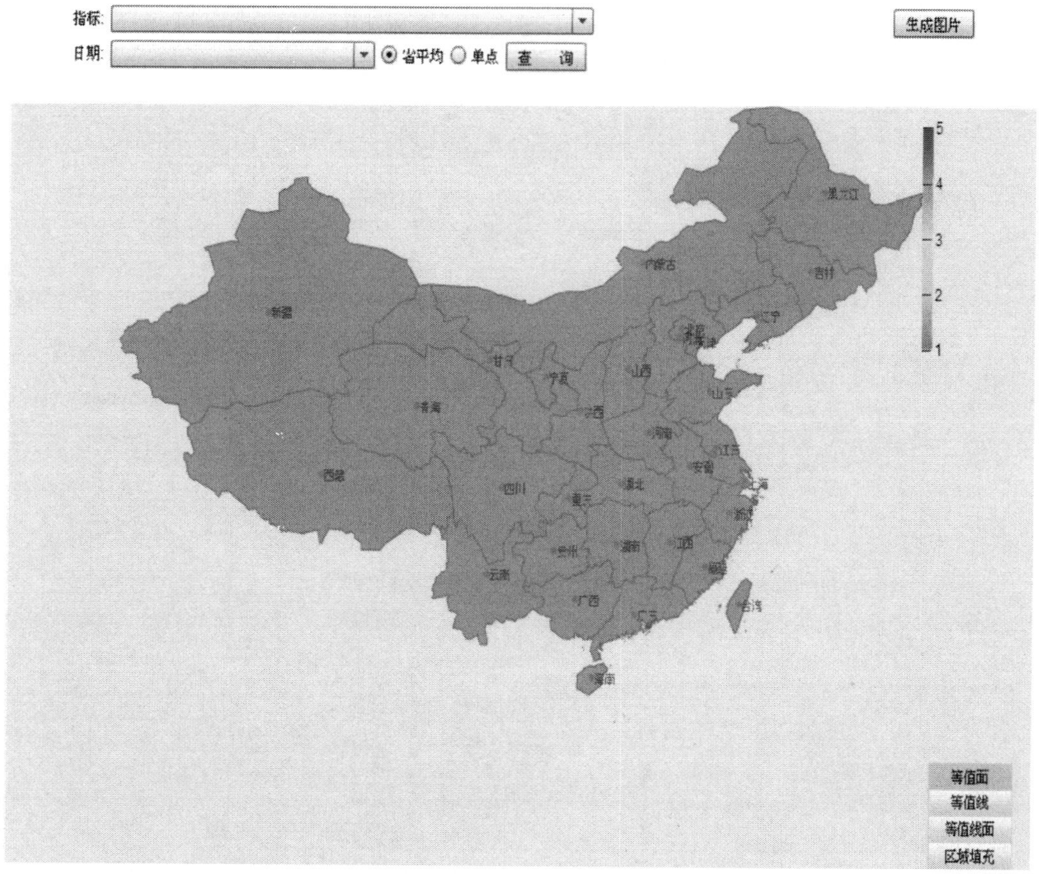

图 3－58　地图分析

3.9.1　查询

选择好统计指标和统计日期后，选择省平均并点击查询按钮，省平均的插值结果即可展现在地图上，如图 3－59。

选择好统计指标和统计日期后，选择单点并点击查询按钮，单点的插值结果即可展现在地图上，如图 3－60。

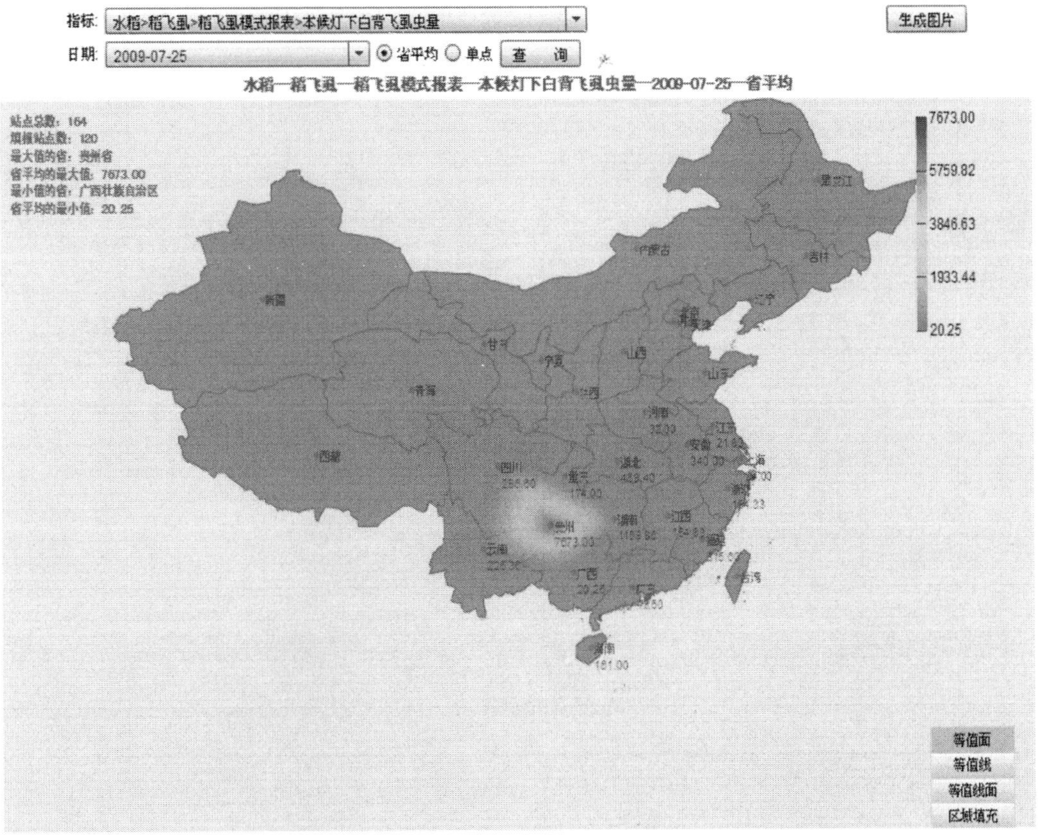

图 3-59　省平均插值结果

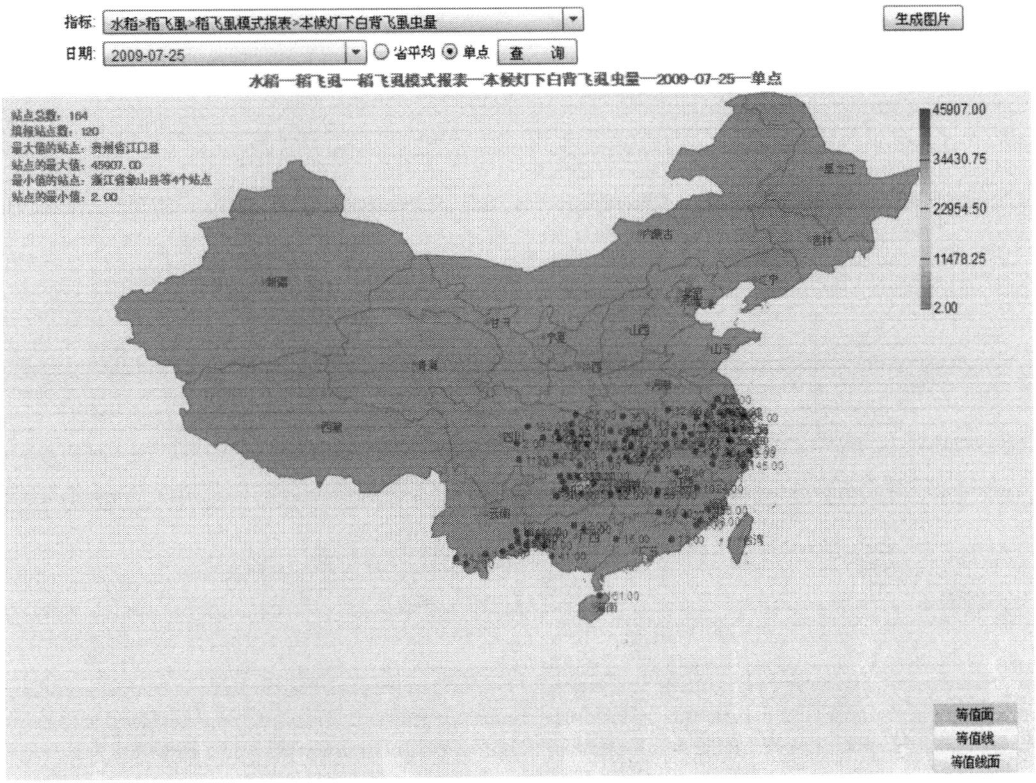

图 3-60　单点插值结果

点击等值线、等值线面、区域填充按钮可实现插值结果不同展现方式的切换，如图 3－61 至图 3－63。

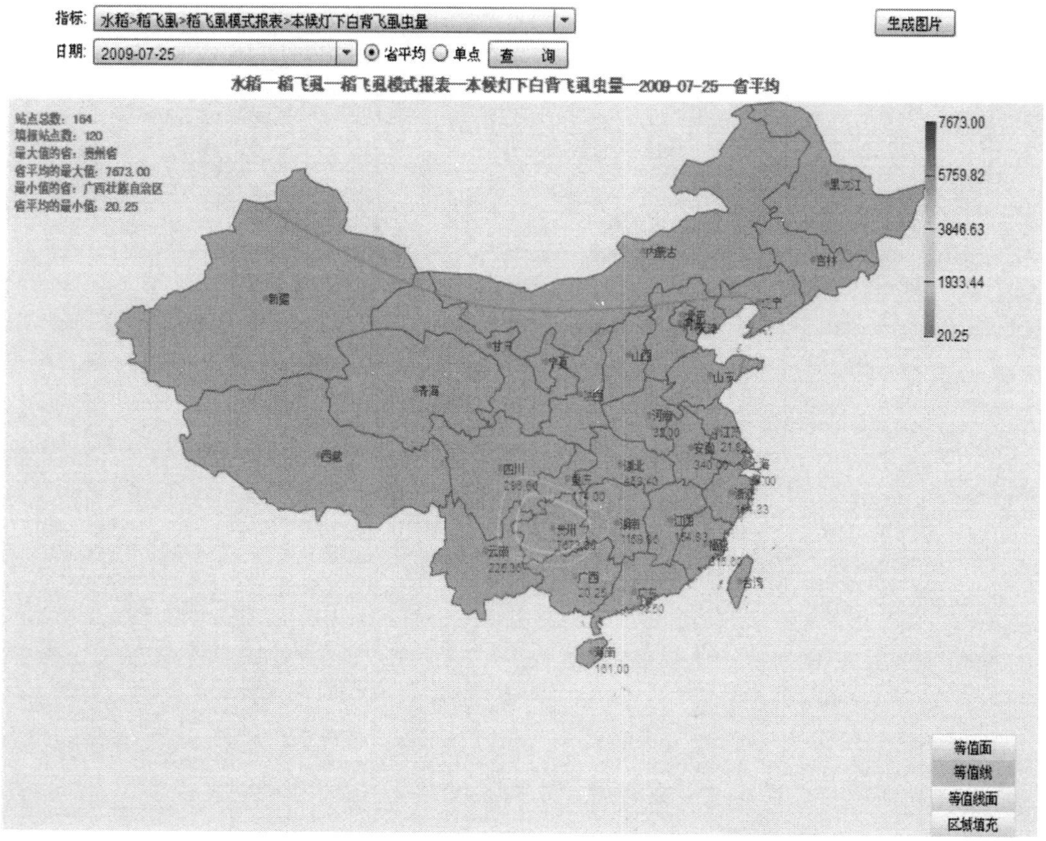

图 3－61　等值线

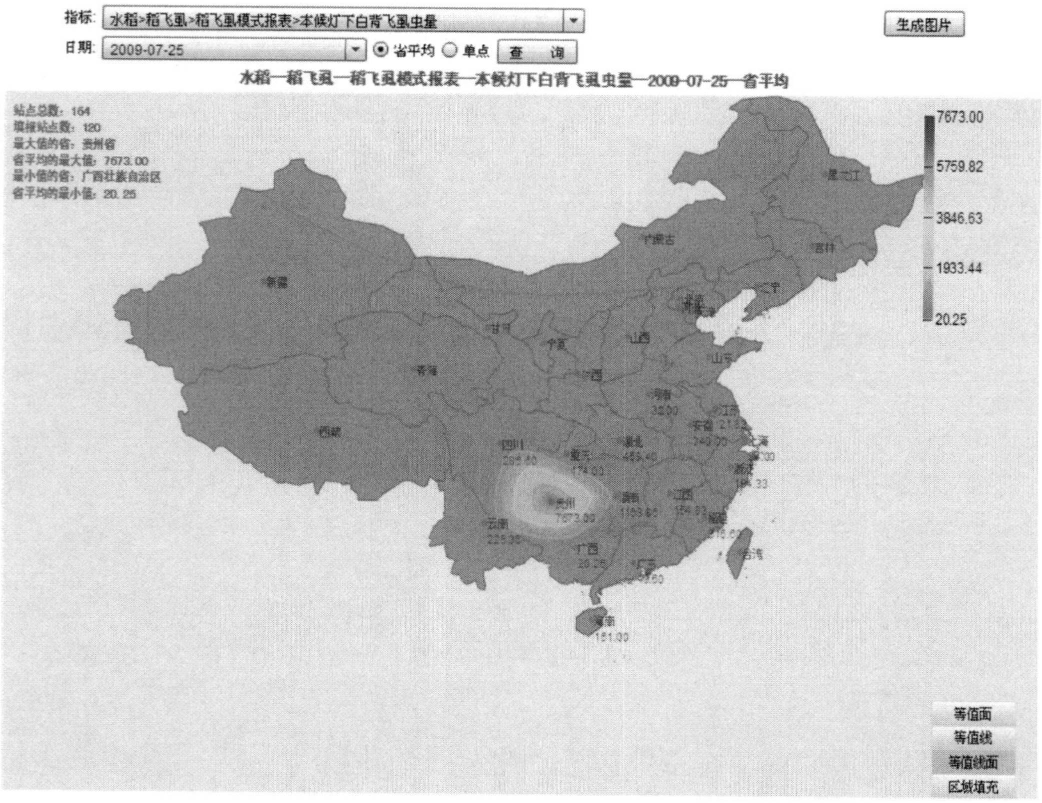

图 3－62　等值线面

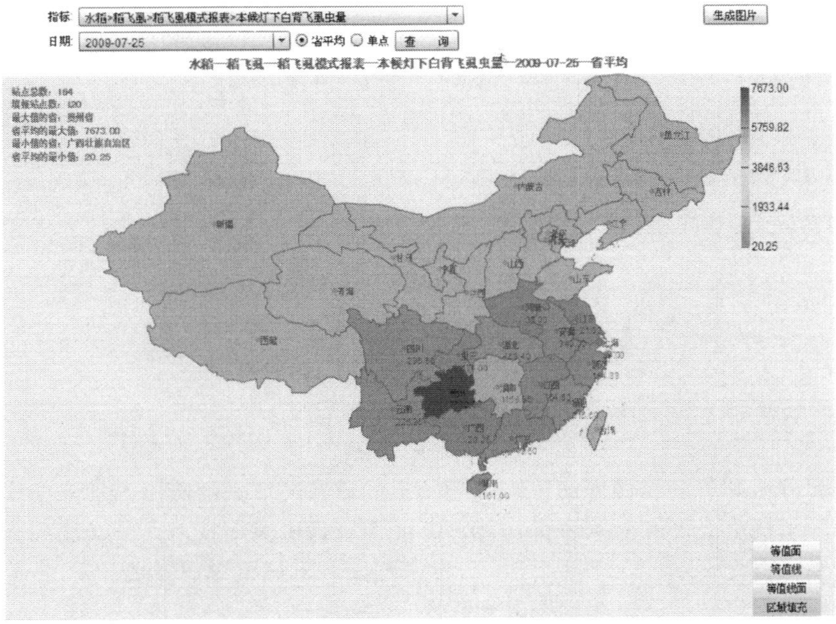

图 3-63 区域填充

3.9.2 统计信息

查询结果页面的左上角会列出全国的汇总信息，鼠标移动到某个省上方会弹出该省的汇总信息，如图 3-64、图 3-55。

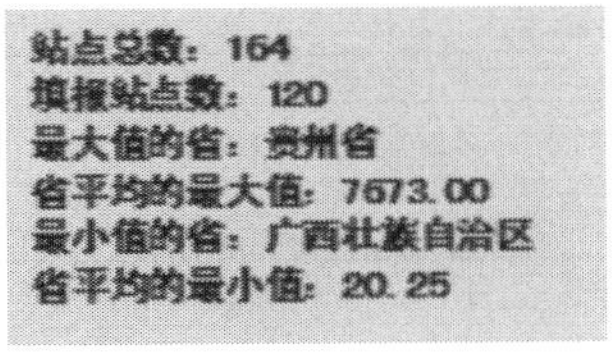

图 3-64 全国汇总

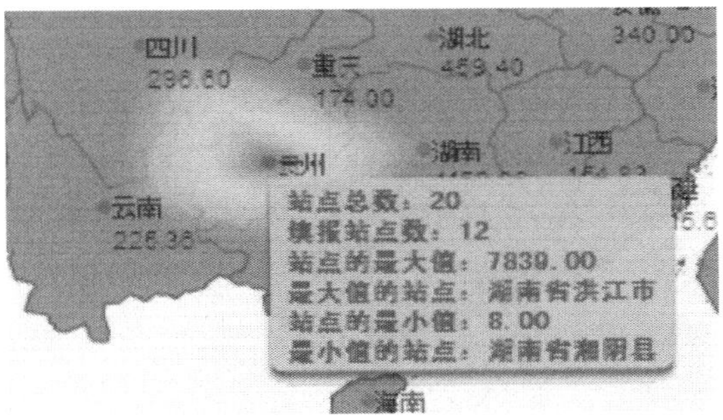

图 3-65 全省汇总

3.9.3 颜色标尺

查询结果页面的右上角为涂色的颜色标尺，查询结果的最大值和最小值之间平均分成 5 份，分别对应标尺颜色的临界值，点击标尺上对应的值可手动调整其大小来修改展现效果，如图 3-66、图 3-67。

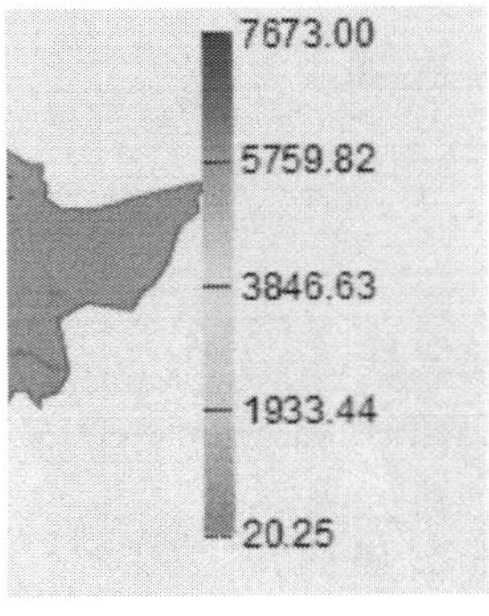

图 3-66 颜色标尺

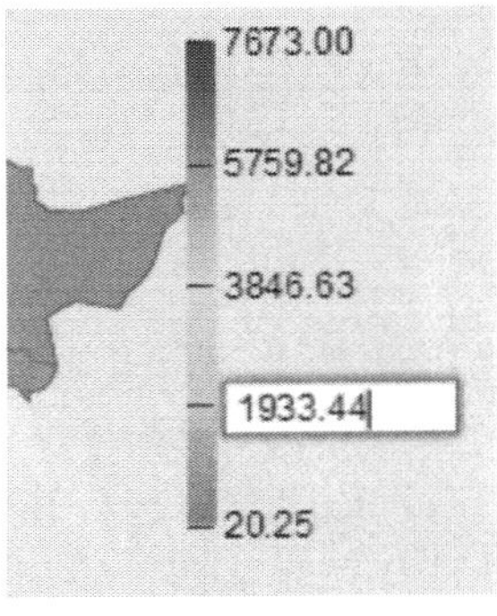

图 3-67 修改颜色标尺值

4 网络会商与专家咨询

病虫害趋势会商分析和咨询是做好病虫害预测预报的重要环节。随着国家加强会议管理，为不影响病虫会商，系统开发了网络会商和专家咨询功能，方便各级病虫测报技术人员交流和会商。

移动鼠标到［专家咨询］功能菜单栏上时，［专家咨询］下拉菜单自动弹出，主要包括 4 大功能模块，分别为网络会商、专家咨询、远程诊断和知识库，如图 4 - 1。

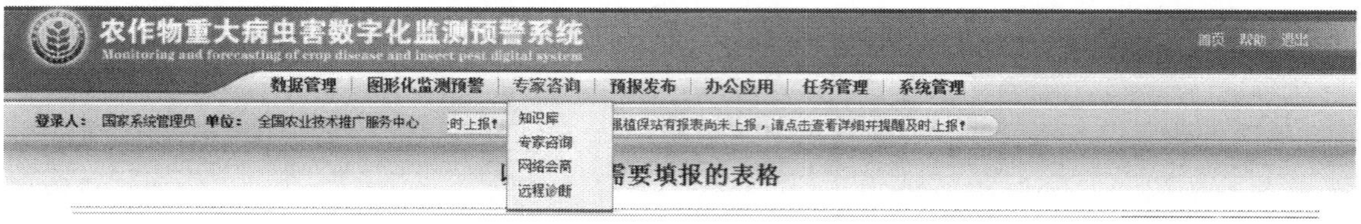

图 4 - 1　专家咨询菜单展示

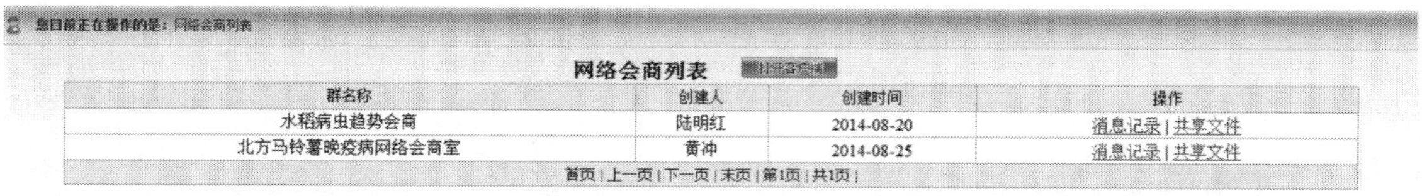

您目前正在操作的是：网络会商列表

网络会商列表

群名称	创建人	创建时间	操作
水稻病虫趋势会商	陆明红	2014-08-20	消息记录 | 共享文件
北方马铃薯晚疫病网络会商室	黄冲	2014-08-25	消息记录 | 共享文件

首页 | 上一页 | 下一页 | 末页 | 第1页 | 共1页 |

图 4 - 2　网络会商列表

4.1　网络会商

病虫害网络会商系统基于 Internet 的 B/S 结构开发，是全国各级植保机构开展农作物病虫害发生趋势网络会商的重要平台。用户需要在个人电脑或手机上安装客户端软件，凭用户名和密码登录并使用该系统。

使用网络会商的用户可直接打开网络会商客户端软件进行登录，也可通过数字化系统，点击菜单［专家咨询］→［网络会商］，图 4 - 2 界面的［打开客户端］按钮，会跳转到网络会商的登录界面，如图 4 - 3。首次登录的用户输入用户名和密码后，点击登录就会成功登录网络会商系统。

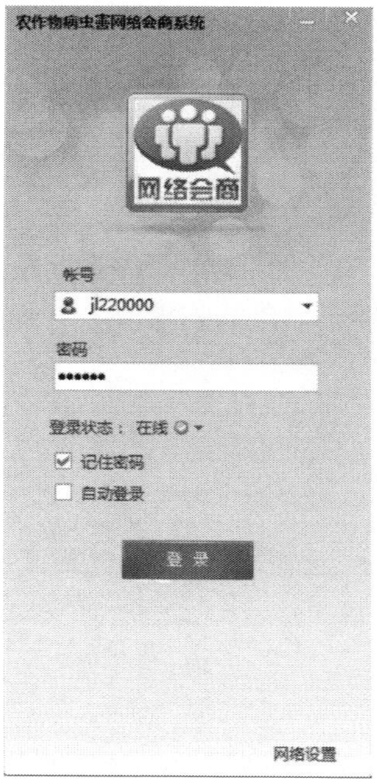

图 4 - 3　登录界面

4.1.1　系统安装与网络设置

开展网络会商需要预装病虫害网络会商客户端软件，可从［专家咨询］→［网络会商］下载安装程序，双击，按提示进行安装。网络会商软件安装后需要进行网络设置。运行客户端软件后，选择登录界面右下角的［网络设置］，在［登录服务器］一栏中设置协议为“UDP”，服务器地址输入“111.207.172.3”（图 4 - 4）。

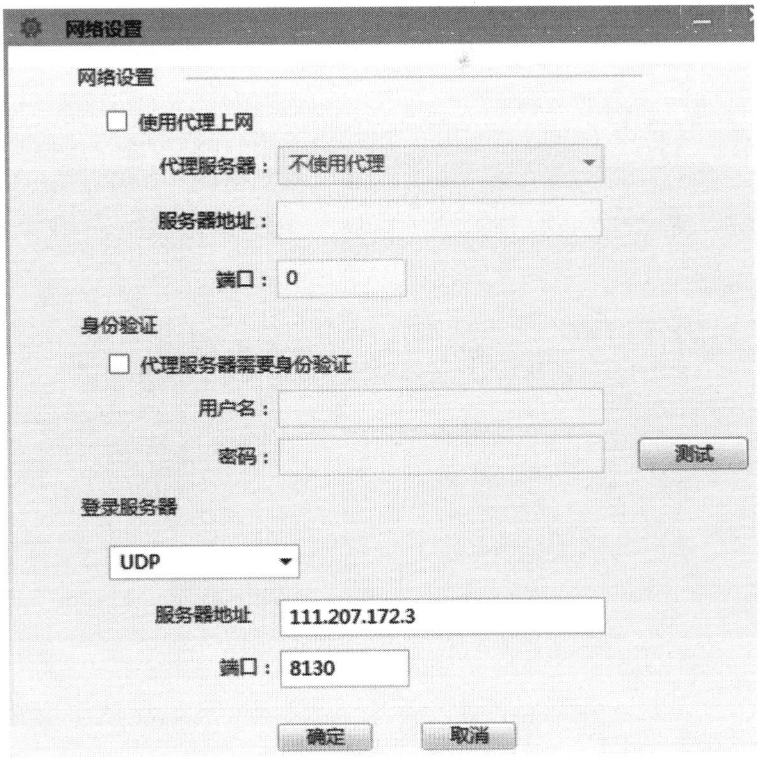

图 4-4　网络会商软件网络设置

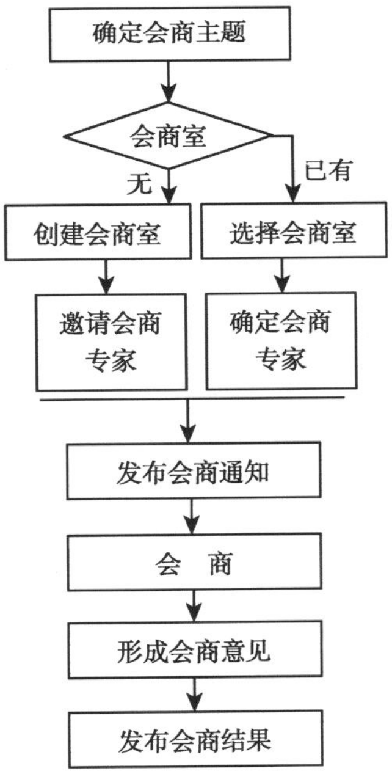

图 4-5　病虫网络会商流程

该系统的功能主要围绕病虫害发生趋势网络会商过程进行开发。整个网络会商流程主要包括创建网络会商室、邀请会商专家、开展会商、会商结果归档管理和情报发布等环节（图 4-5）。

4.1.2　建立会商室

利用病虫害网络会商系统可以根据会商需要创建不同的网络会商室，并在该会商室内部发布有关通知公告，如通知会商时间、会商主题、会商要求等。网络会商室建立后，会商组织者即可邀请需要参加网络会商的测报技术人员及有关专家参加会商。

4.1.2.1　创建会商室

切换第 3 个页签（群/讨论组），点击（创建群），如图 4-6。

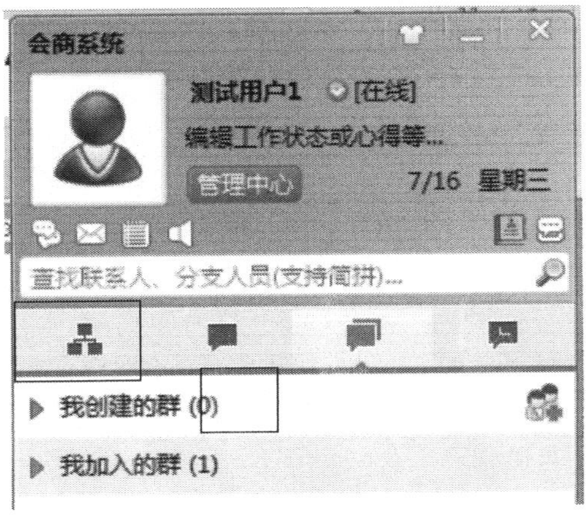

图 4-6　会商室

输入会商室的基本信息，点击［提交］，如图 4－7。

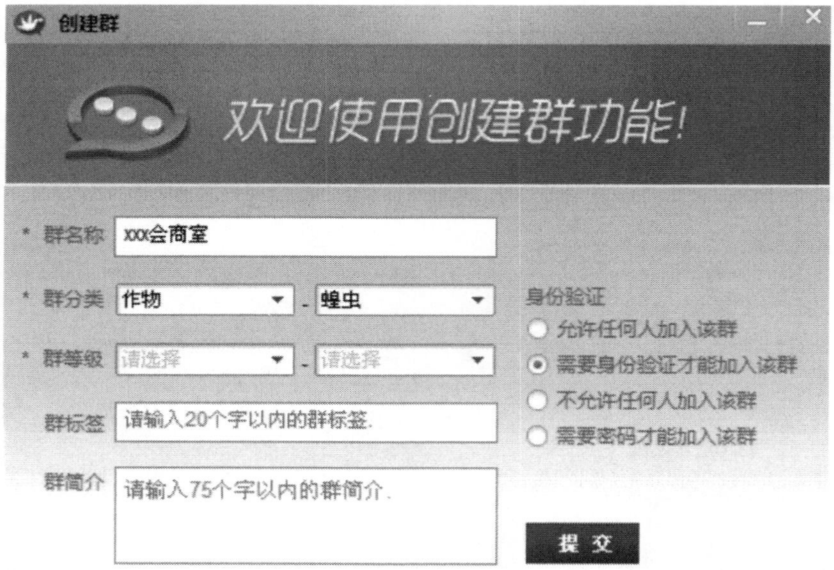

图 4－7　创建会商室

4.1.2.2　添加或邀请会商人员

打开刚刚创建好的会商室（图 4－8），点击  添加或邀请会商人员（图 4－9）。

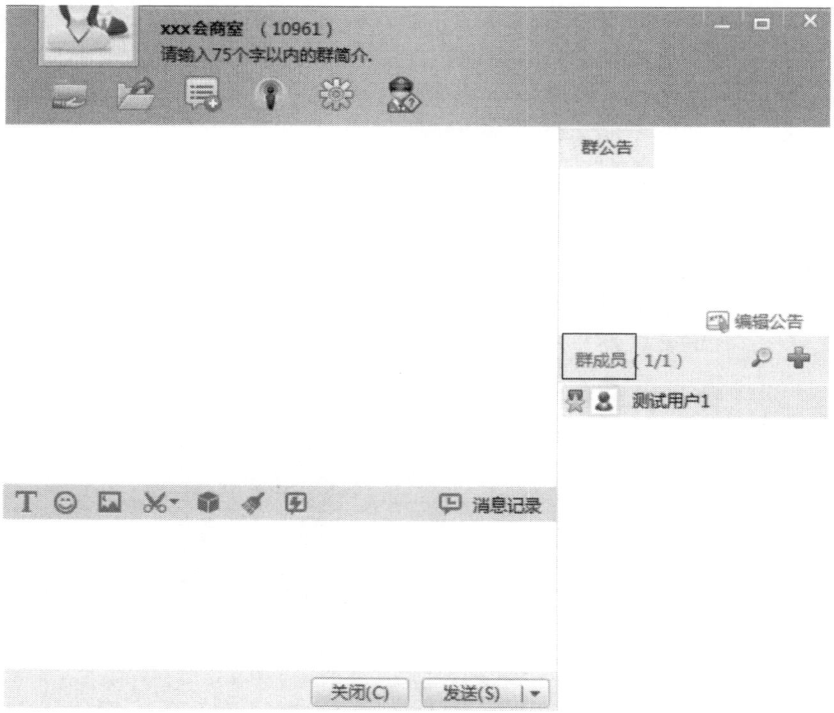

图 4－8　会商室主界面

4.1.2.3　发布会商通知

在某会商室通过编辑群公告，提前发布网络会商通知，明确会商时间、主题和主要会商流程等（图 4－10）。

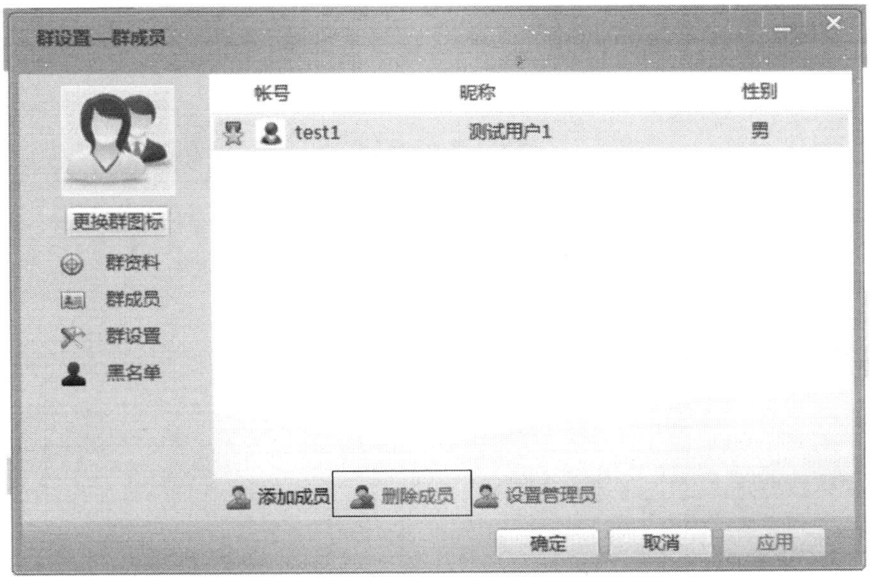

图 4－9 管理会商室与会人员

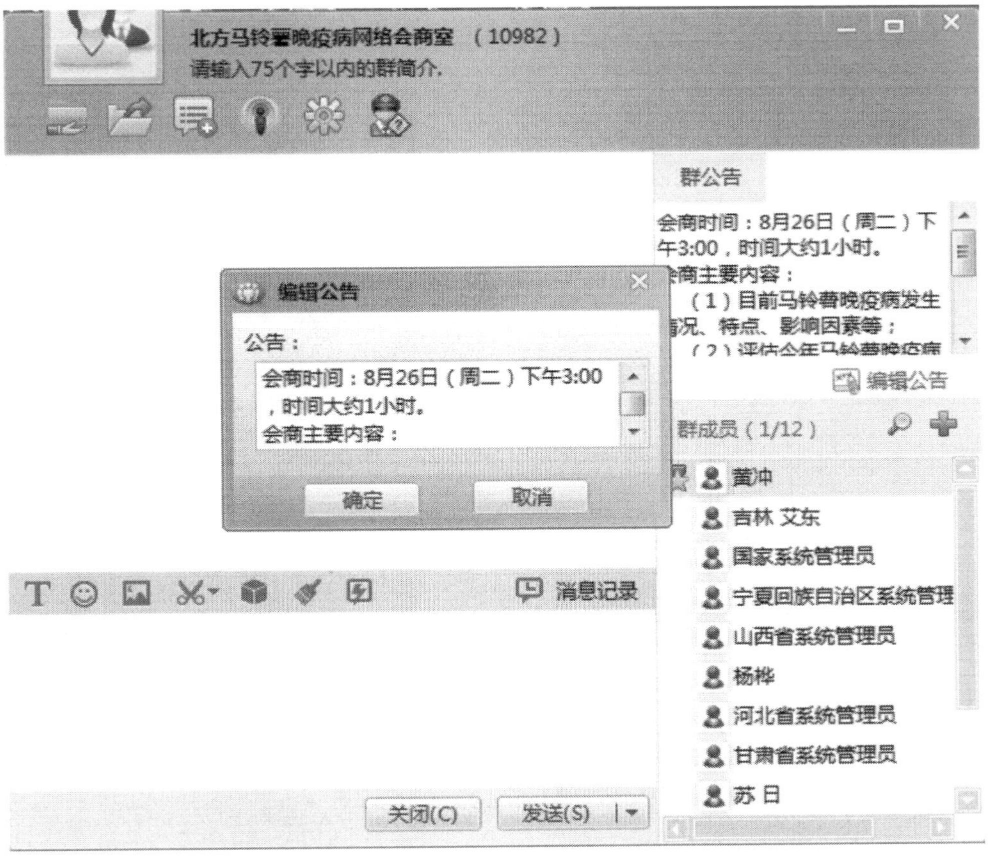

图 4－10 发布网络会商通知

4.1.3 网络会商

会商发言

该系统网络会商功能支持多人同时在线交流，交流的信息包括文字、图片等。参与会商的测报技术人员或专家可以根据组织者的引导和会商的主题，随时发表意见，开展会商。

选择发送群消息，弹出群聊天界面，如图 4－11。在聊天窗体的右下侧是群成员列表，选中成员，右键菜单可以查看成员的资料，也可以和成员列表中的成员单聊，如图 4－12。在右栏还有查找功能，当群中成员较多时，方便用户快速找到需要找的人员。

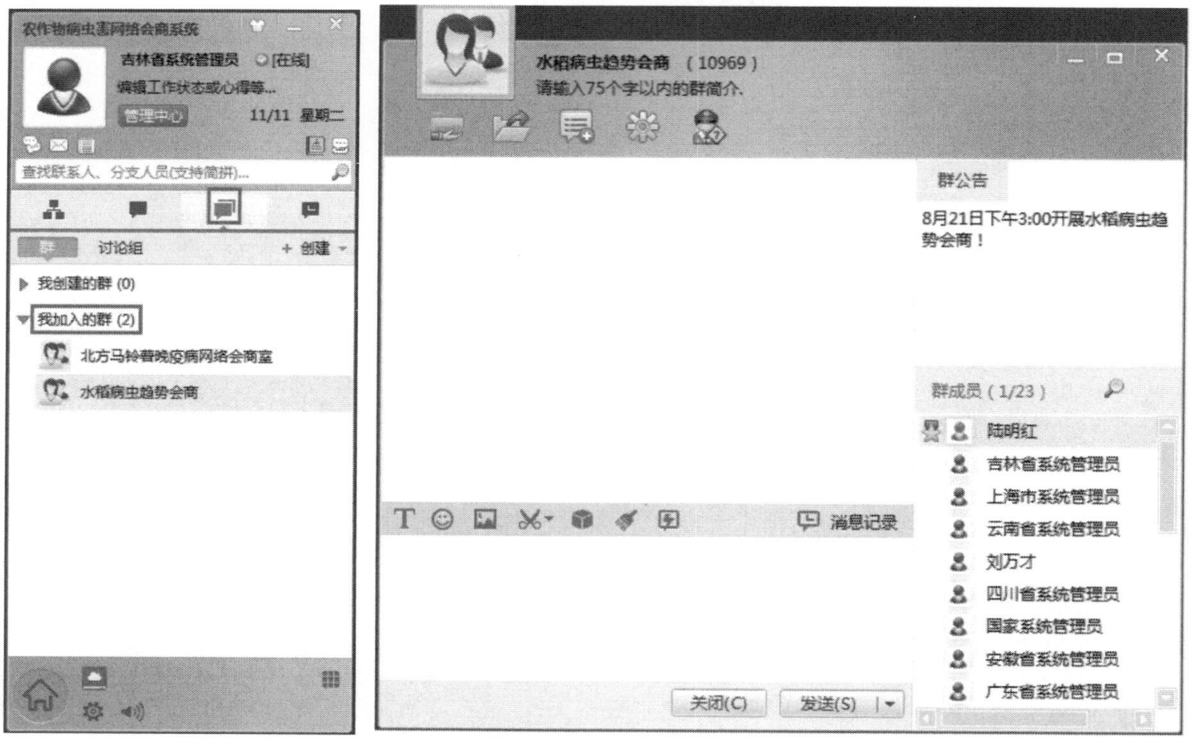

图 4－11　发送群消息

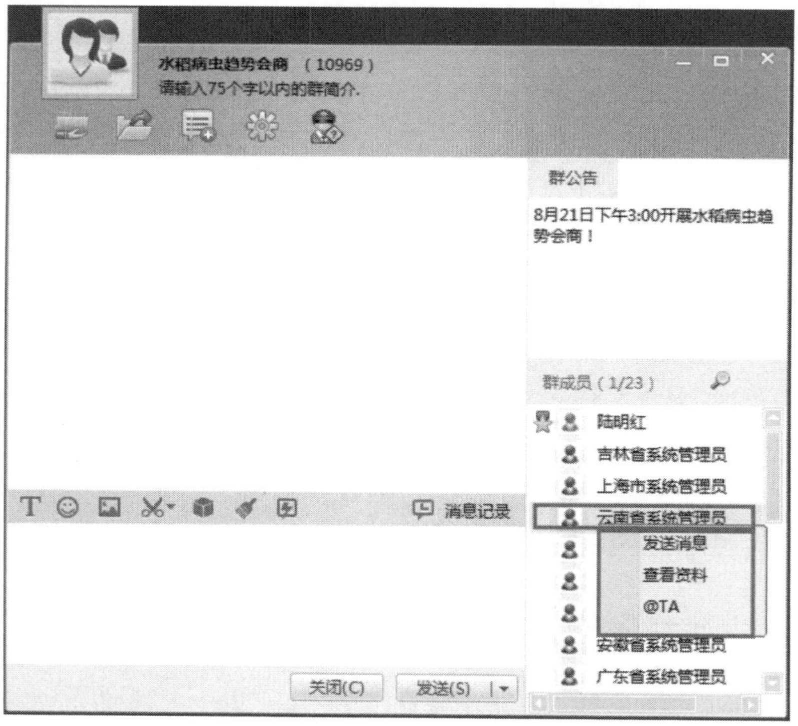

图 4－12　群内成员单聊

4.1.4 会商记录

消息记录与共享文件

网络会商系统与全国农作物重大病虫害数字化监测预警系统对接，全部会商过程及会商记录，包括讨论发言、文件、图片等都将被保存在后者系统的服务器上，并进行分类管理，便于查阅和分析比较。

用户点击界面中［消息记录］按钮，显示该群组的所有聊天记录，如图 4－13。可以通过成员、关键字和时间查询聊天记录。点击［导出 Word］按钮，可以把聊天记录导出保存到本地。

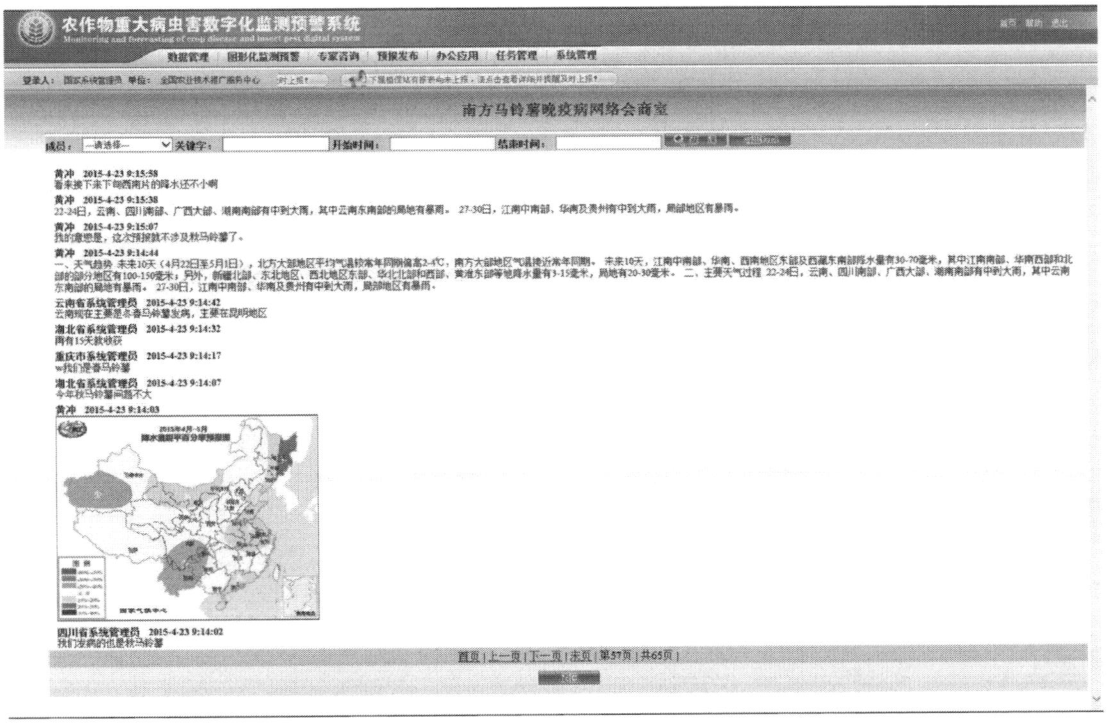

图 4－13 群消息记录

用户点击界面中［共享文件］按钮，显示网络会商群共享文件列表，如图 4－14。单击［群硬盘］按钮，可以下载上传的共享文件，如图 4－15。

图 4－14 网络会商群共享文件列表

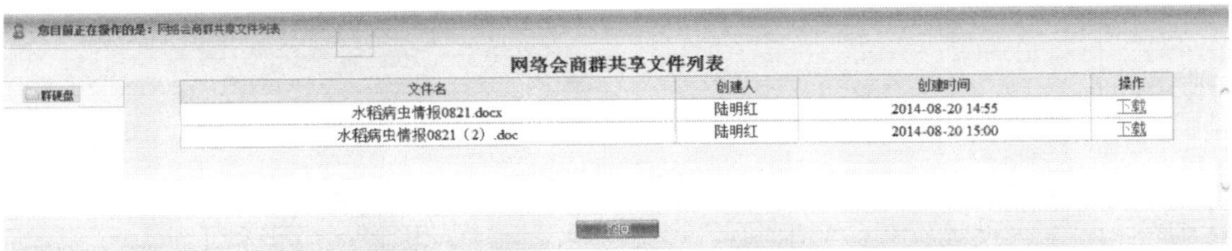

图 4－15 共享文件明细列表

点击界面左上（群共享）按钮，右侧括展出文档管理界面，如图 4－16。

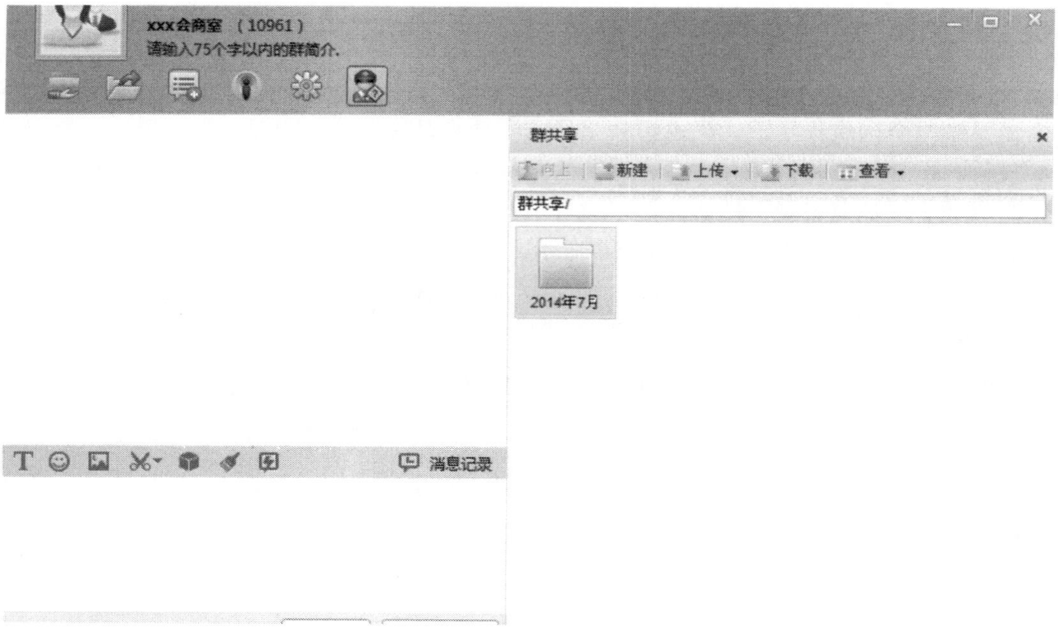

图 4 - 16　文件共享

4.2　专家咨询

4.2.1　在线咨询

提供向农业专家进行咨询的平台，能够向专家进行咨询，以及查看本周提供咨询服务的专家。

◇ 离线咨询。

◇ 在线咨询。

◇ 本周专家在线。

点击菜单［专家咨询］→［在线咨询］，进入在线咨询界面，如图 4 - 17。

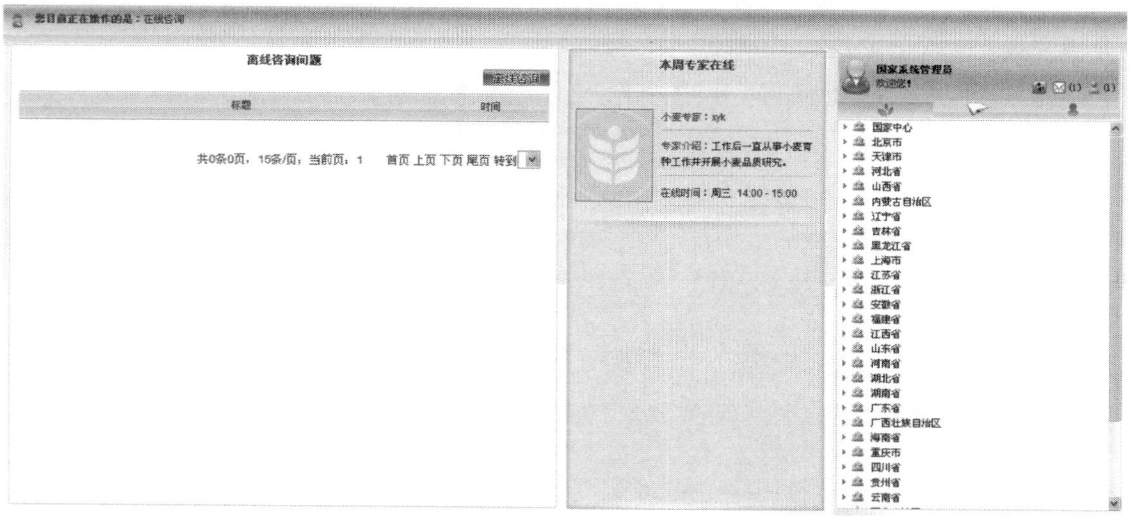

图 4 - 17　专家咨询

4.2.2　离线咨询

点击在线咨询界面的［离线咨询］按钮，进入离线咨询列表界面，显示信息由咨询专家、咨询用户、标题、时间组成。普通用户的离线咨询页面只显示自己咨询或者被咨询的咨询记录，如图4－18。

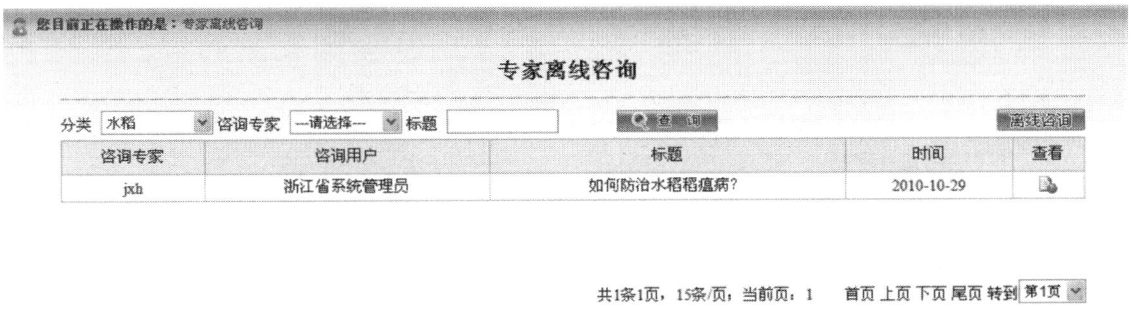

图 4－18　离线咨询列表（普通用户）

管理员的离线咨询页面会显示所有咨询记录，显示信息除了包含普通用户的所有信息，还有发布状态，以及发布/取消发布按钮，如图 4－19。

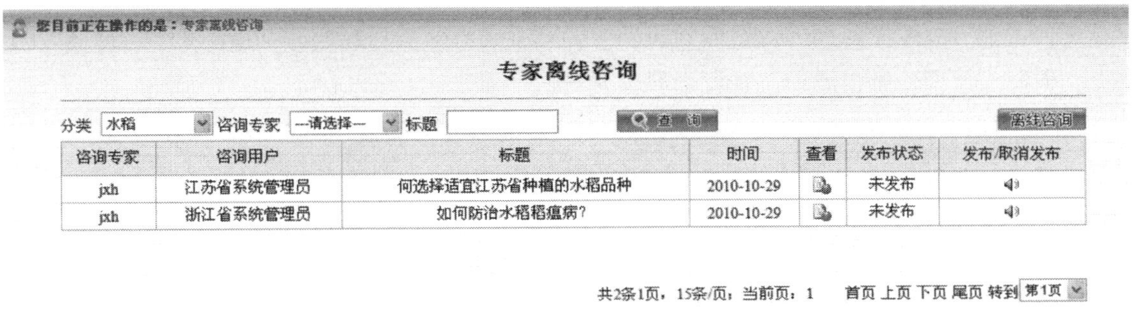

图 4－19　离线咨询列表（管理员）

4.2.2.1　咨询记录查询

在专家离线咨询列表界面，筛选条件有分类、咨询专家、标题，确定筛选条件后，点击［查询］按钮，列表会列出所有符合筛选条件的咨询记录，如图 4－20。

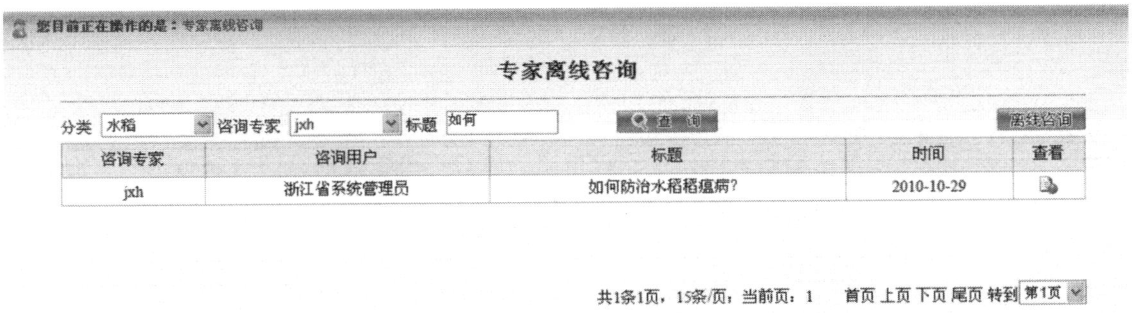

图 4－20　查询离线咨询

4.2.2.2　离线咨询

点击专家离线咨询界面的［离线咨询］按钮，进入离线咨询界面，如图 4－21。

图 4－21　离线咨询

进行咨询时，先选择农作物分类、咨询专家，再输入咨询标题、咨询内容，选择展示图片，输入完资讯信息后，点击［保存］按钮，即可向选择的咨询专家进行咨询，如图 4－22。其中，可以不提供图片。点击［返回］按钮，即可返回离线咨询列表界面。

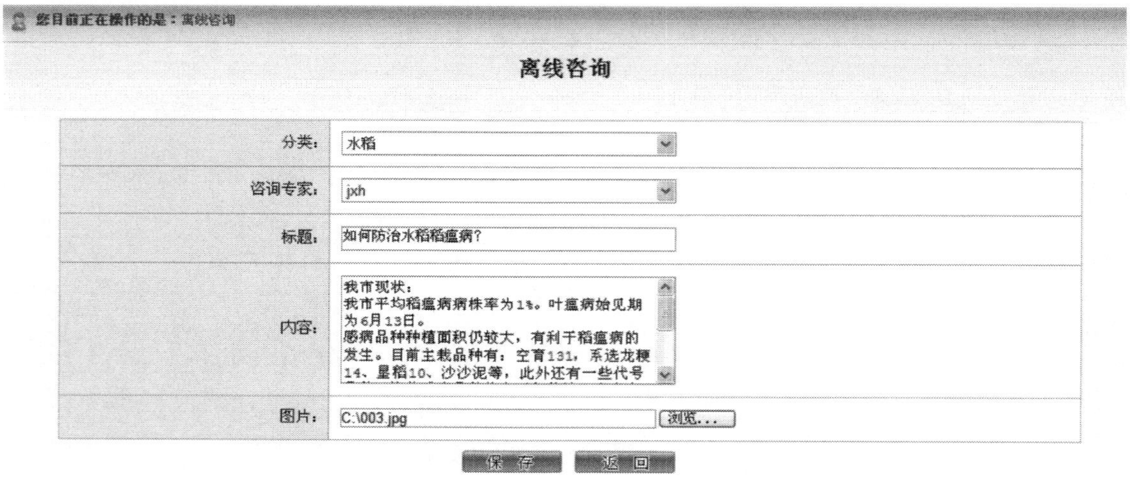

图 4－22　进行离线咨询

保存离线咨询后，界面自动返回离线咨询列表页面。此时，离线咨询页面会显示刚刚增加的离线咨询，如图 4－23。

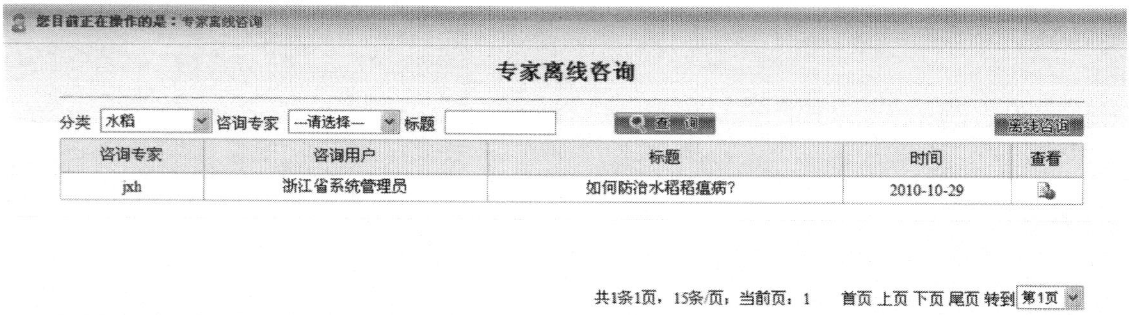

图 4－23　离线咨询列表

4.2.2.3 查看与回复离线咨询

点击专家离线咨询界面的［查看］按钮，进入离线咨询查看界面，查看离线咨询的所有发言，按发言顺序依次显示回复人、回复时间、回复内容，发言对应右侧显示附加的图片，如图 4－24。点击［返回］按钮，即可返回离线咨询列表界面。

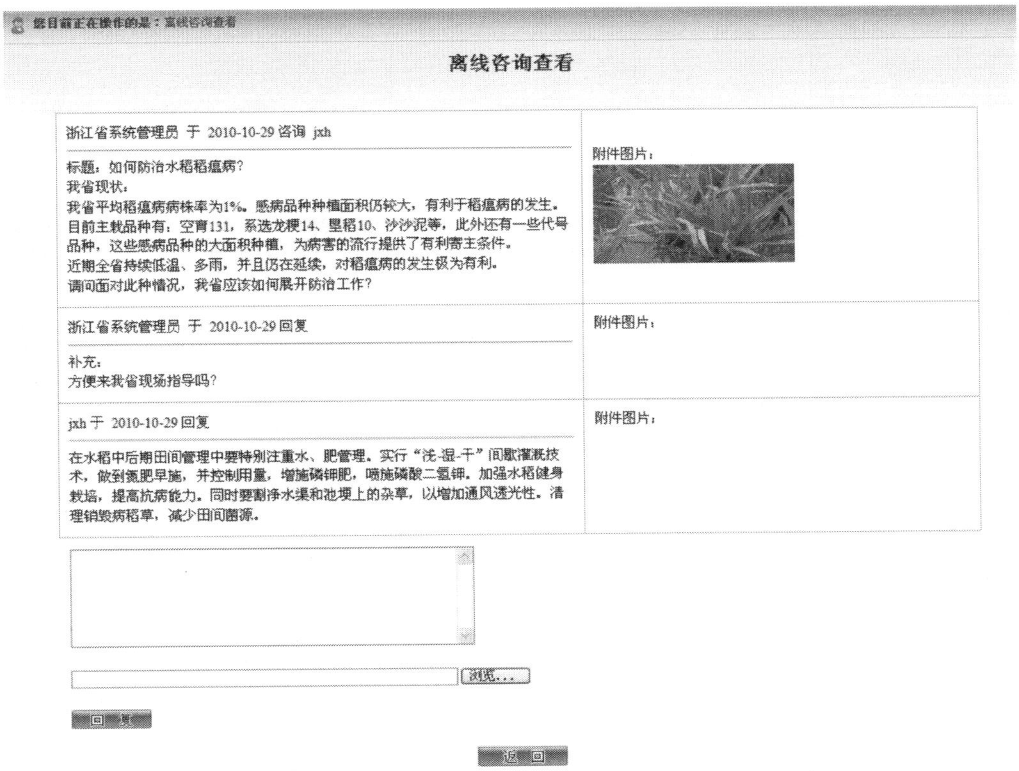

图 4－24 查看离线咨询（未发布）

在离线咨询查看界面，对离线咨询进行回复。输入回复内容后，点击［回复］按钮，即可增加回复。管理员发布过的离线咨询，不能继续回复，管理员取消发布后才能继续回复，如图 4－25。

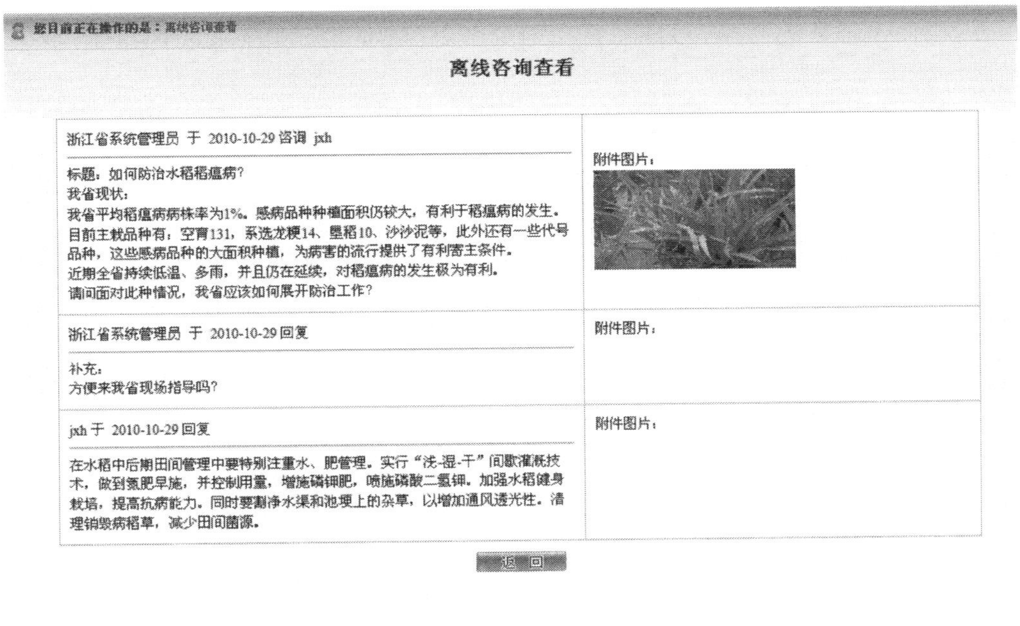

图 4－25 查看离线咨询（已发布）

4.2.2.4 发布与取消发布离线咨询

管理员进入专家离线咨询列表界面，比普通用户的界面多出发布/取消发布功能，如图 4－26。

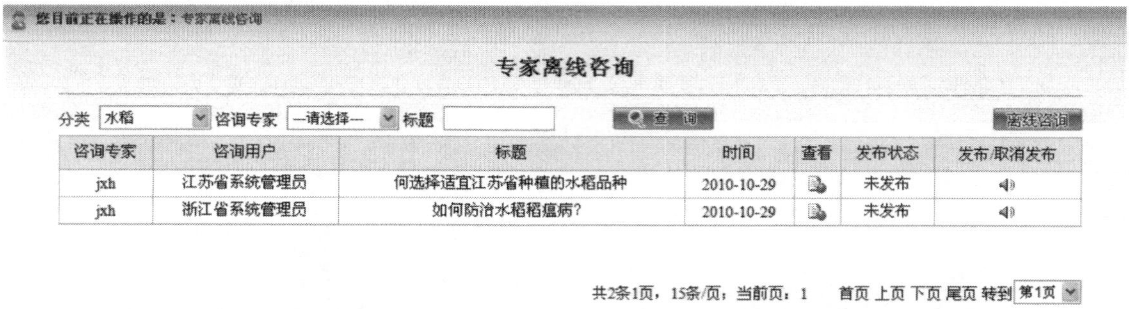

图 4－26 离线咨询列表

点击［发布/取消发布］按钮，即可将选中的咨询记录进行发布或者取消发布，如图 4－27。

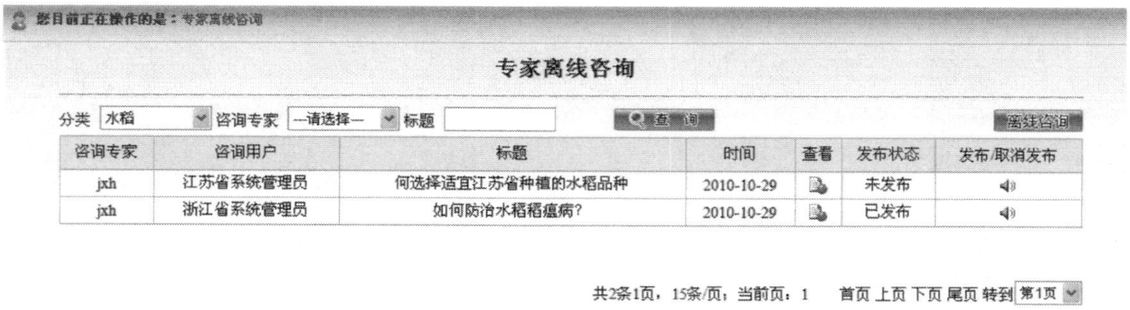

图 4－27 发布/取消发布离线咨询

被发布的咨询记录会显示在专家咨询的主界面，如图 4－28。

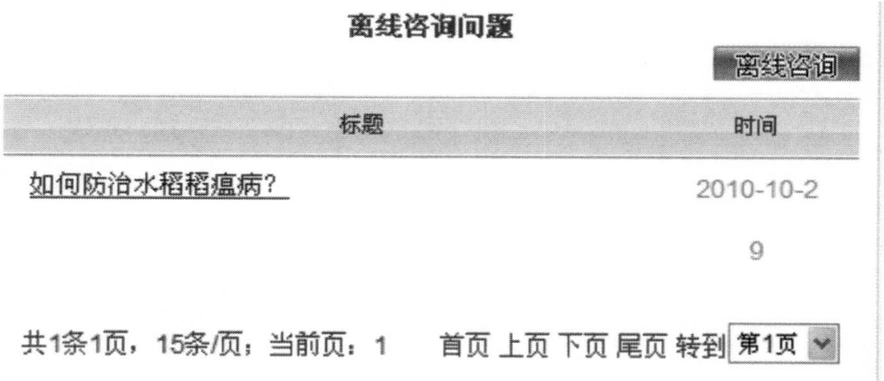

图 4－28 离线咨询记录

4.2.2.5 管理发言

管理员点击专家离线咨询列表界面的［查看］按钮，进入离线咨询查看页面，管理员的离线咨询查看界面除了有用户的发言信息，还有［修改］和［删除］按钮，如图 4－29。

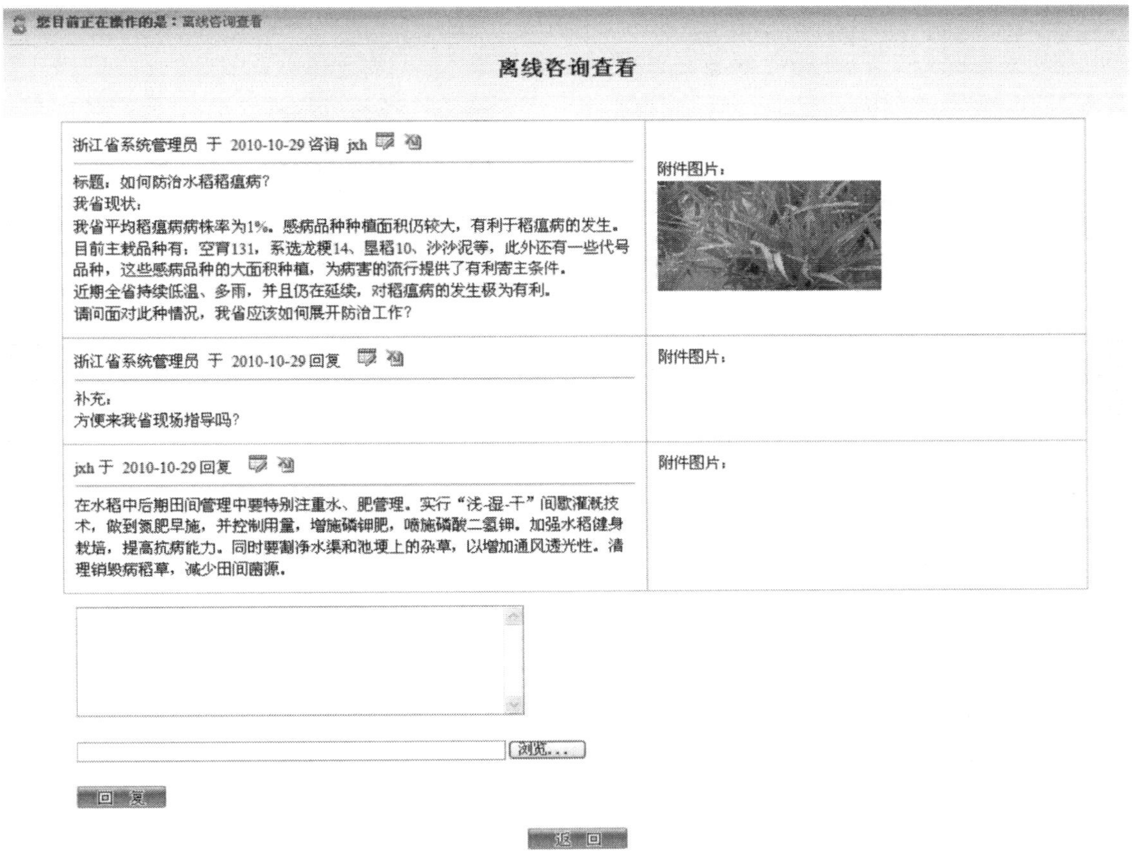

图 4－29　查看离线咨询（管理员）

点击［修改］按钮，进入发言内容修改界面，如图 4－30。

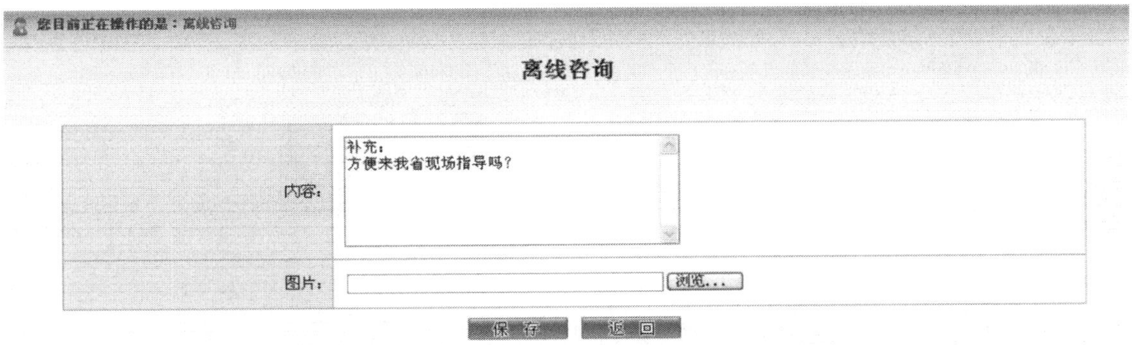

图 4－30　修改发言

修改发言内容、上传图片后，点击［修改］按钮，即可修改选中的发言，如图 4－31。
点击［删除］按钮，即可删除选中的发言，如图 4－32。

图 4-31　修改选中发言

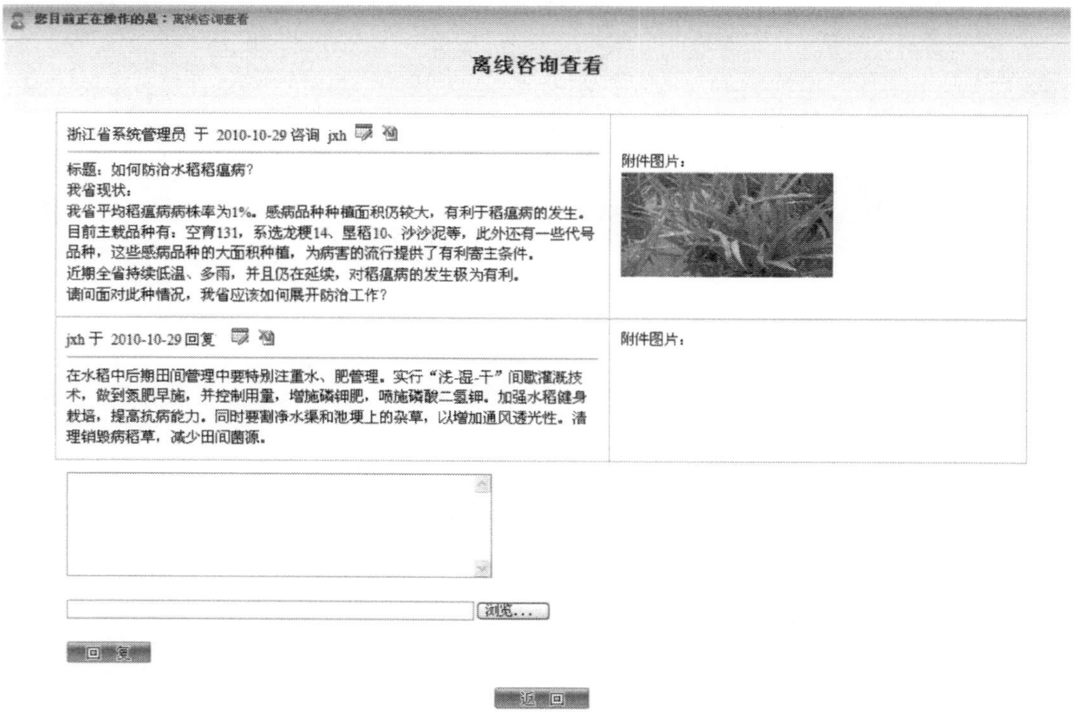

图 4-32　删除发言

4.2.2.6 即时交流

为农业领域专家、农业科技人员和农业大户提供农作物病虫害即时交流平台，即时交流首界面如图 4-33。分为上部的功能区和下部的用户列表。功能区有刷新按钮、新消息提示、在线用户数提示。用户列表分为植保用户、专家、在线用户三个分页。

图 4-33 即时交流

4.2.2.7 用户列表

用户列表分为植保用户、专家、在线用户三个分页，交流系统内的专家名称均为蓝色字体，在线用户名称均为加粗字体。初始默认是植保用户列表，如图 4-34。单击专家、在线用户分页标签，用户列表分别显示专家列表、在线用户列表（图 4-35）。

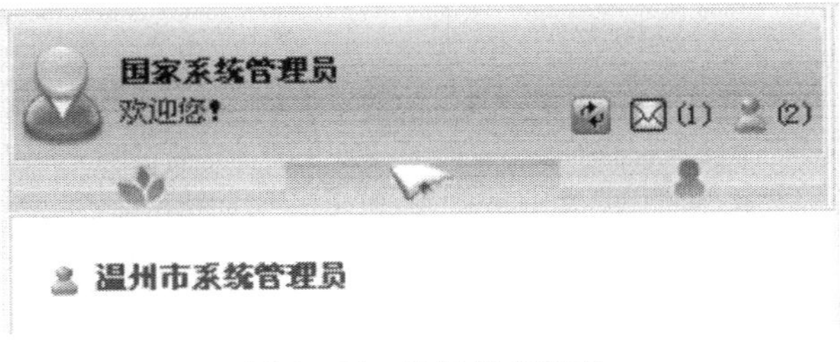

图 4-34 植保用户列表

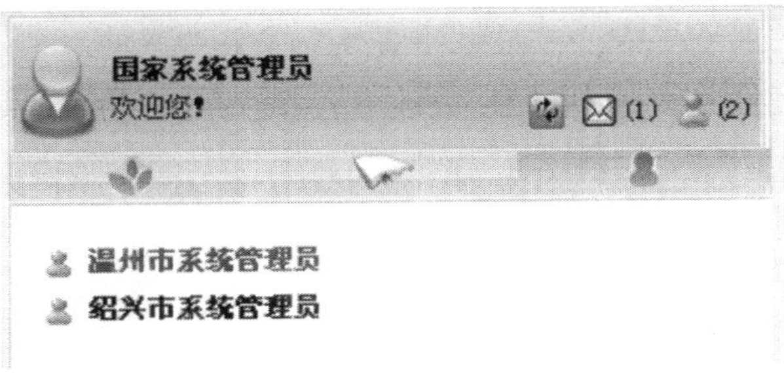

图 4-35 在线用户列表

4.2.2.8 交流

植保用户界面初始只显示单位名称，双击单位名称显示该单位下用户，如图 4－36。

图 4－36　显示用户

单击用户名称，弹出交流窗口，如图 4－37。单击［关闭］按钮，关闭交流窗口。

图 4－37　交流窗口

在交流窗口的输入区输入交流内容后，单击［发送］按钮即可。

发送图片：单击［发送图片］按钮，选择本地的图片后，单击［发送］按钮即可。图片和文字可以同时发送，如图 4 - 38 和图 4 - 39。

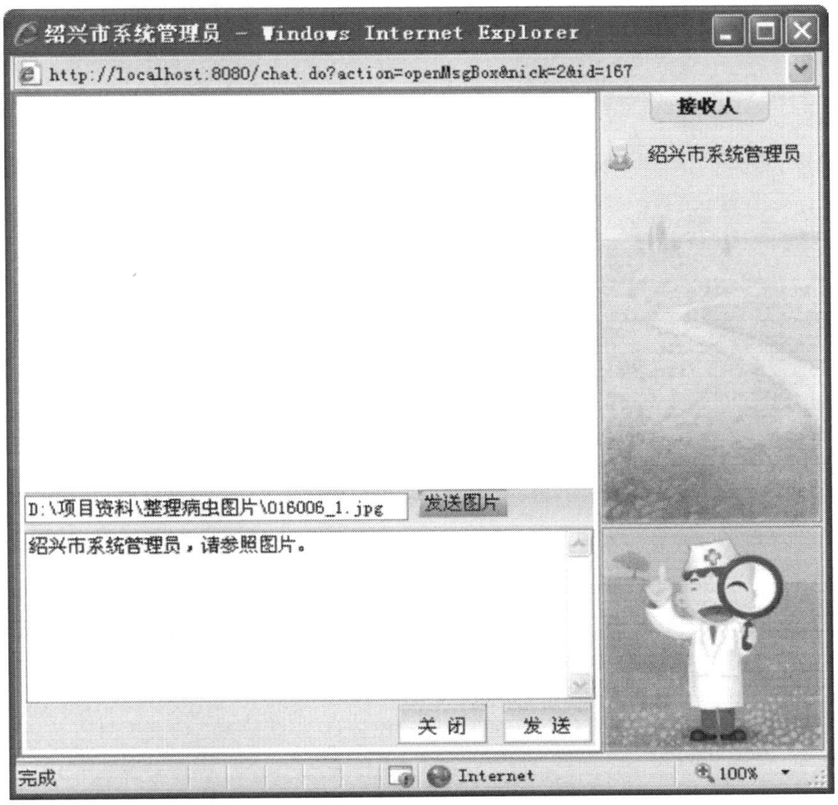

图 4 - 38 交流窗口

图 4 - 39 发送

消息接收方接收的消息如图 4-40。

图 4-40 接收

交流窗口中，不同类型的消息发送者，其名称用不同颜色显示。自己的名称为绿色字体；对方是普通用户的，其名称为浅蓝色字体；对方是专家的，其名称为深蓝色字体，如图 4-41。

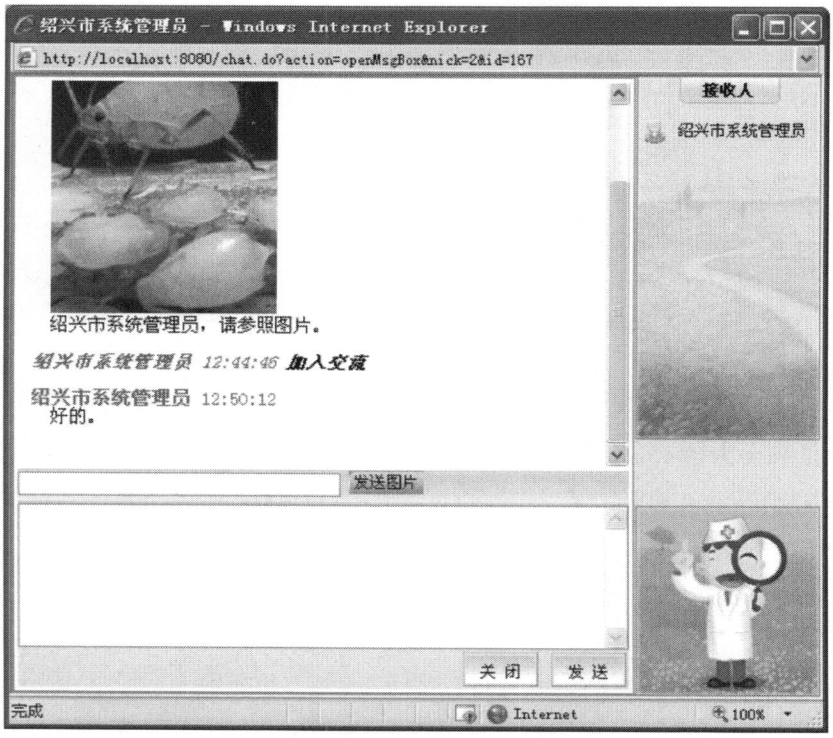

图 4-41 交流

4.2.2.9 消息列表

当有未阅读的消息时，主界面的［消息提醒］按钮会闪烁。单击主界面的［消息提醒］按钮，进入消息列表，消息列表显示消息发送人、消息内容、发送日期，如图 4-42。单击［刷新］按钮，刷新该消息列表，单击［关闭］按钮，关闭消息列表。

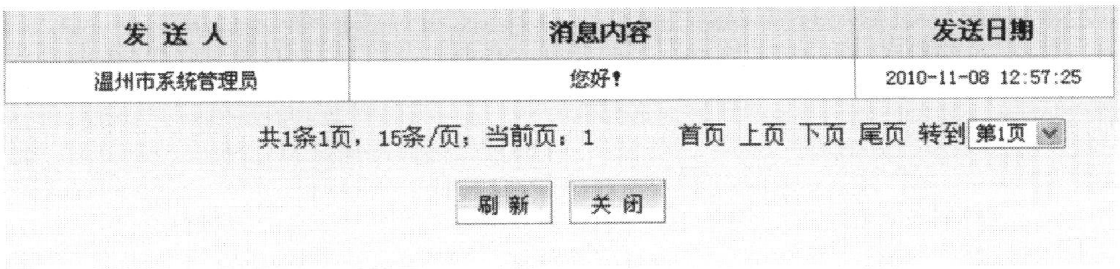
发 送 人
消息内容
发送日期
温州市系统管理员
您好！
2010-11-08 12:57:25
共1条1页，15条/页，当前页：1
首页 上页 下页 尾页 转到 第1页
刷 新
关 闭

图 4-42　消息列表

单击消息内容，打开与该消息发送人的交流窗口，初始显示未阅读的消息，如图 4-43。

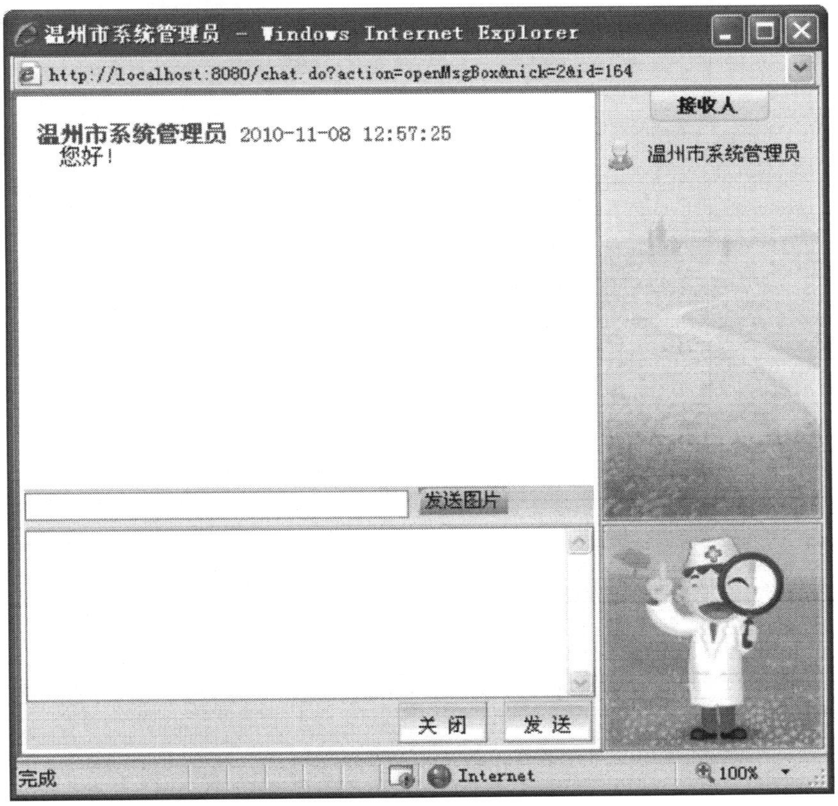

图 4-43　阅读消息

4.2.3 专家管理

管理系统内的专家，包括增加、修改、删除功能。

◇ 增加专家。

◇ 修改专家。

◇ 删除专家。

点击菜单［专家咨询］→［专家管理］，进入专家列表界面，列出的专家是在本系统内被设置为专家的用户。专家列表界面显示专家名称、专家分类、专家简介、在线时间等信息，如图 4-44。

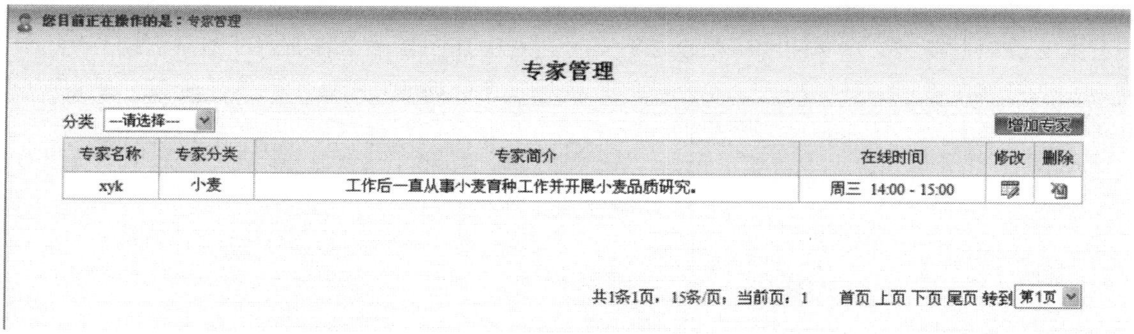

图 4-44 专家列表

4.2.3.1 增加专家

点击专家列表界面的［增加专家］按钮，进入增加专家界面，如图 4-45。

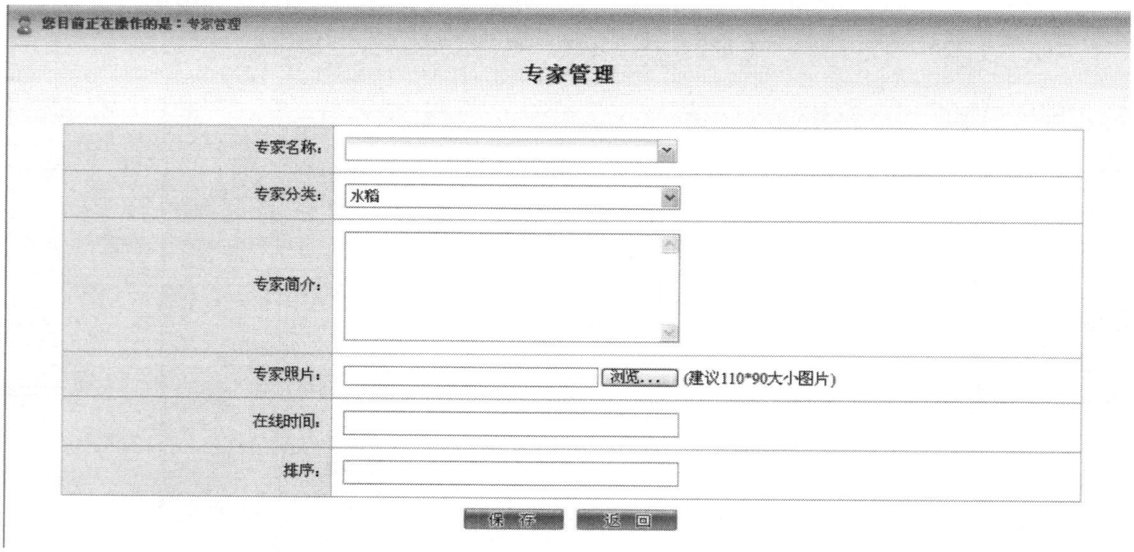

图 4-45 增加专家

选择当前用户所在单位的用户为专家，专家信息包括专家分类、专家简介、专家照片、在线时间、排序，如图 4-46。

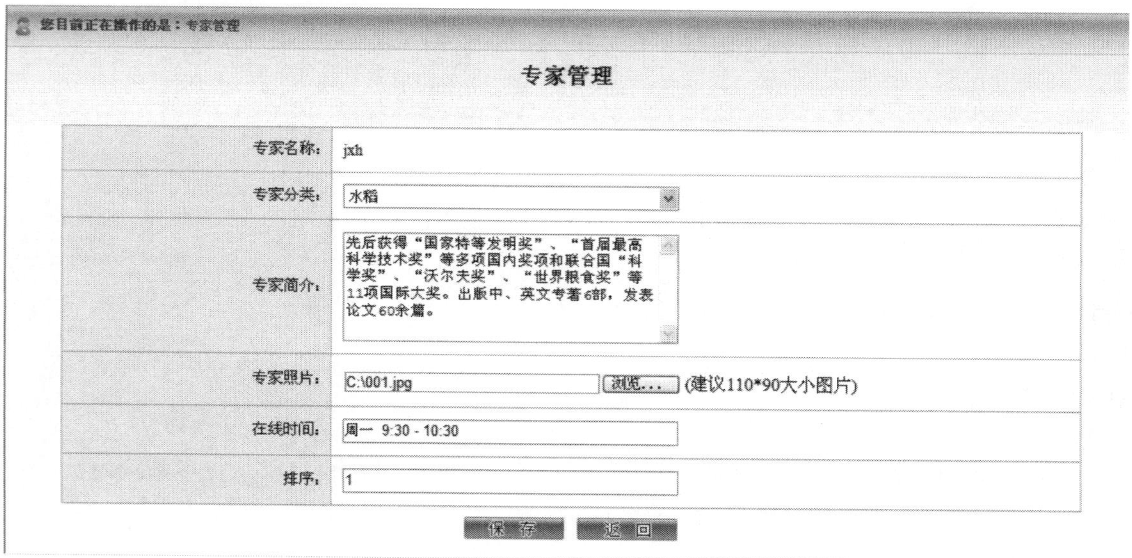

图 4-46 增加专家

输入完专家信息，点击［保存］按钮，即可增加专家，自动返回专家列表页面，如图 4－47。点击［返回］按钮，返回专家列表页面。

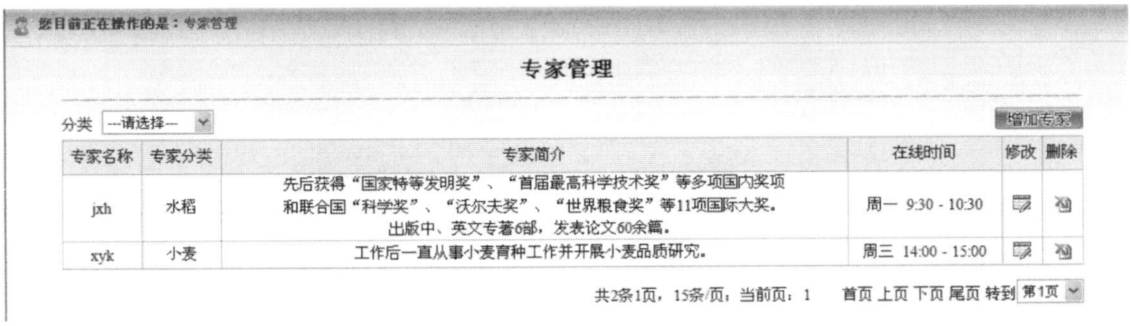

图 4－47　专家列表

4.2.3.2　修改专家

点击专家列表界面的［修改］按钮，进入修改专家界面。默认显示专家原有信息，如图 4－48。

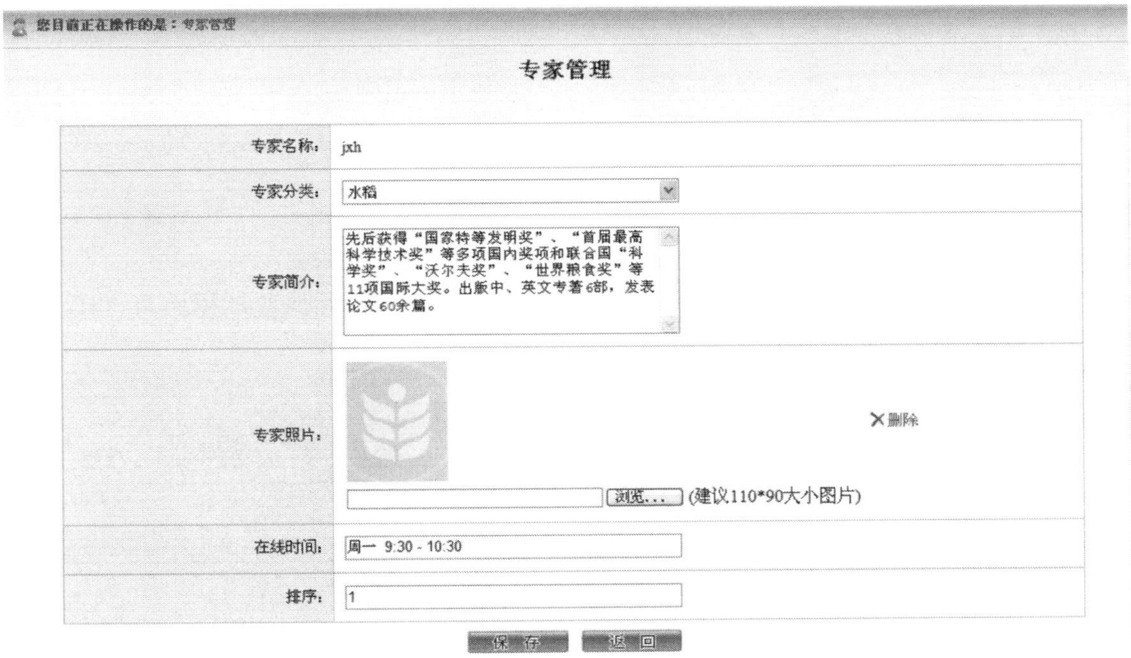

图 4－48　修改专家

修改完专家信息，点击［保存］按钮，即可保存本次修改，自动返回专家列表页面。点击［返回］按钮，返回专家列表页面。点击［删除］按钮，删除已经上传的专家图片。

4.2.3.3　删除专家

点击专家列表界面的［删除］按钮，即可删除选中的专家。专家被删除后无法恢复。

4.2.4　咨询主题管理

管理咨询的主题，包括增加、修改、删除功能。咨询主题作为公告显示在系统首界面。

◇ 增加咨询主题。

◇ 修改咨询主题。

◇ 删除咨询主题。

点击菜单［专家咨询］→［咨询主题管理］，进入咨询主题管理界面，显示专家名称、主题内容、咨询时间、发布时间等信息，如图 4－49。

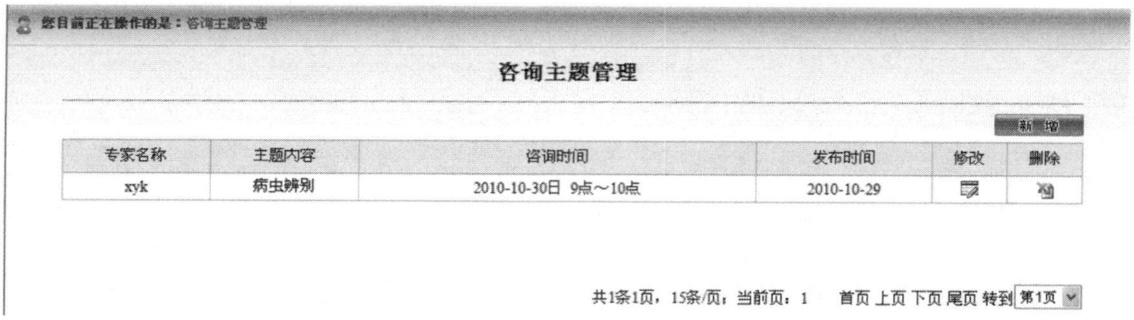

图 4－49　咨询主题列表

4.2.4.1　增加咨询主题

点击咨询主题列表界面的［新增］按钮，进入增加咨询主题界面，如图 4－50。

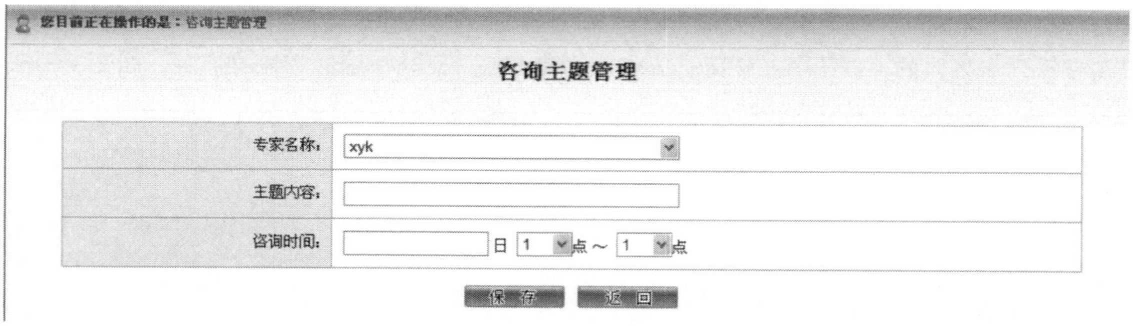

图 4－50　增加咨询主题

选择专家，输入主题内容、咨询时间后，点击［保存］按钮，即可增加咨询主题，自动返回咨询主题列表页面，如图 4－51。点击［返回］按钮，返回咨询主题列表页面。

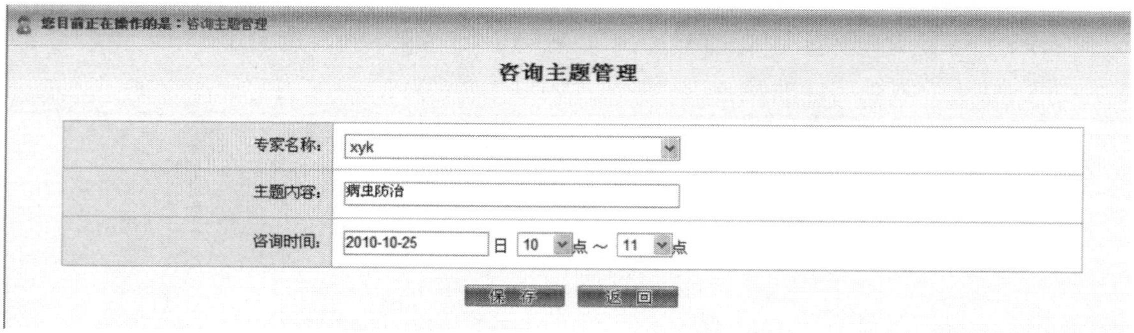

图 4－51　增加咨询主题

4.2.4.2　修改咨询主题

点击咨询主题列表界面的［修改］按钮，进入修改咨询主题界面。默认显示咨询主题原有信息，如图 4－52。

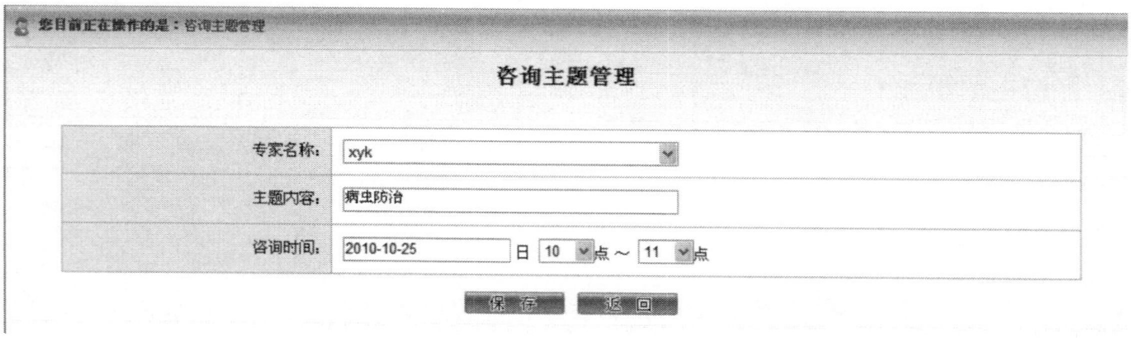

图 4－52　修改咨询主题

修改完咨询主题信息，点击［保存］按钮，即可保存本次修改，自动返回咨询主题列表页面。点击［返回］按钮，返回咨询主题列表页面。

4.2.4.3　删除咨询主题

点击咨询主题列表界面的［删除］按钮，即可删除选中的咨询主题。咨询主题被删除后无法恢复。

4.3　远程诊断

农作物病虫害远程诊断系统是在总结农作物病虫害诊断知识和诊断经验的基础上，模仿植保专家的思维模式对病虫害的发生发展进行推理决策，帮助广大农作物种植者和相关技术人员解决在生产过程中遇到的病虫害防治方面的实际问题（图 4 - 53）。

图 4 - 53　辅助诊断首页

4.3.1　在线诊断

在辅助诊断页面，点击“点击开始”按钮，进入诊断系统的主页面，如图 4 - 54。

图 4 - 54　诊断主页面

诊断页面由诊断流程、图文选项、诊断结果组成。诊断流程：显示诊断步骤，查看操作记录，通过上一步、下一步按钮控制诊断流程。图文选项：每一个问题所对应的选项会显示在这里，选择一个选项后，该选项所对应的图片会以轮播的形式显示。诊断结果：根据用户做出的选择，所有可能的诊断结果会显示在这里。

4.3.2 诊断结果显示

诊断结束后，系统会跳转到诊断结果页面，如图 4－55。如果诊断结果有多种可能，会默认显示其中一种病虫害的详细信息，用户可以通过点击病虫害名称的链接切换查看其他可能的病虫害信息。

图 4－55　诊断结果

4.3.3 远程诊断推理机

远程诊断推理机为管理员功能，点击菜单［系统管理］下的［远程诊断配置］，进行远程诊断推理机配置，如图 4－56。

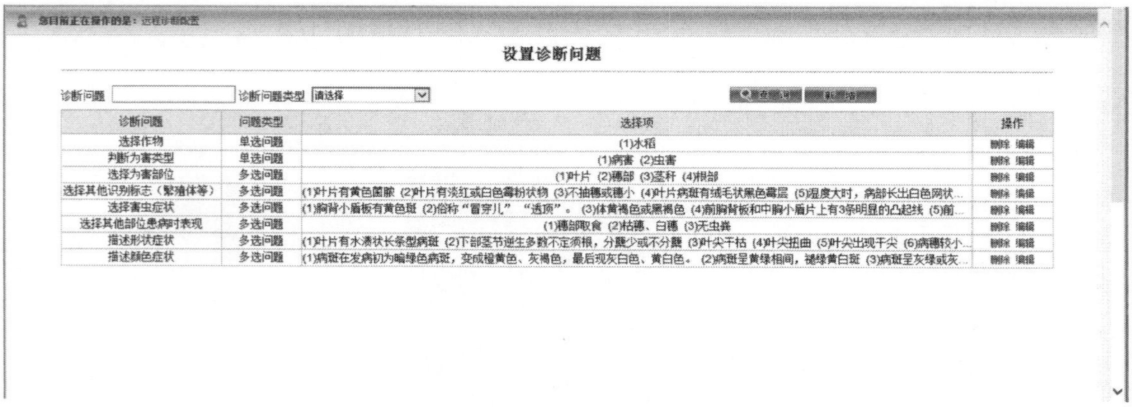

图 4－56　病虫诊断步骤管理

4.3.3.1 诊断步骤查询

进入远程诊断配置后，默认会列出系统中所有的病虫诊断步骤；输入诊断问题及问题类型后，可以对诊断步骤进行筛选。

4.3.3.2 新增诊断步骤

点击［新增］按钮，可以在打开的页面中输入新增的诊断步骤信息，如图 4－57。

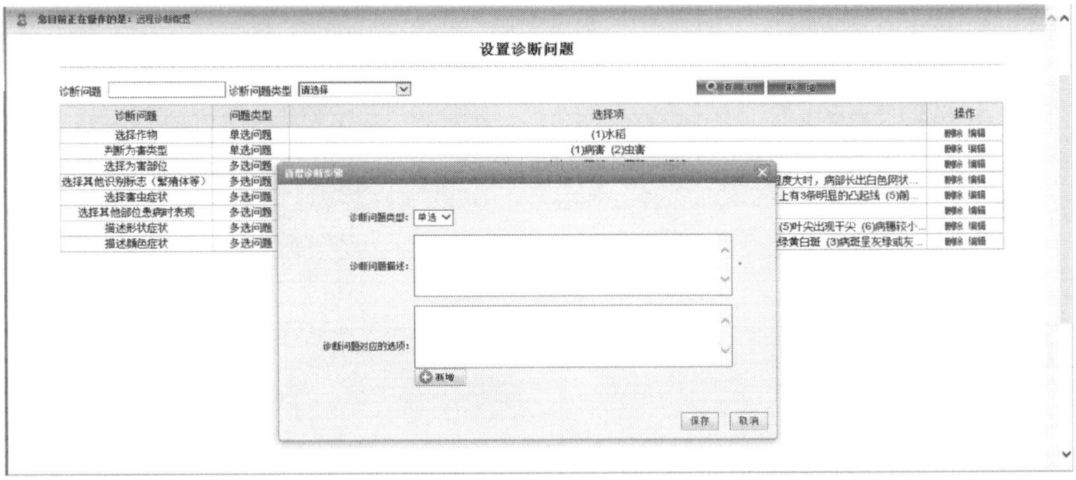

图 4－57 新增诊断步骤

新增问题的选项：点击新增按钮，可以新增问题的选项，如图 4－58。

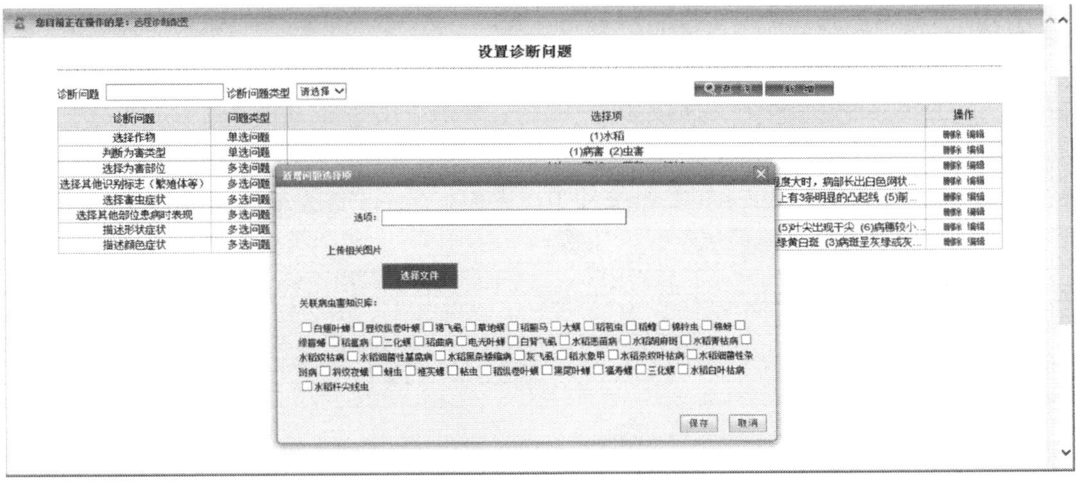

图 4－58 新增问题的选项

4.3.3.3 修改诊断步骤

点击列表中的［修改］链接，可以在打开的页面中修改该诊断步骤，如图 4－59。

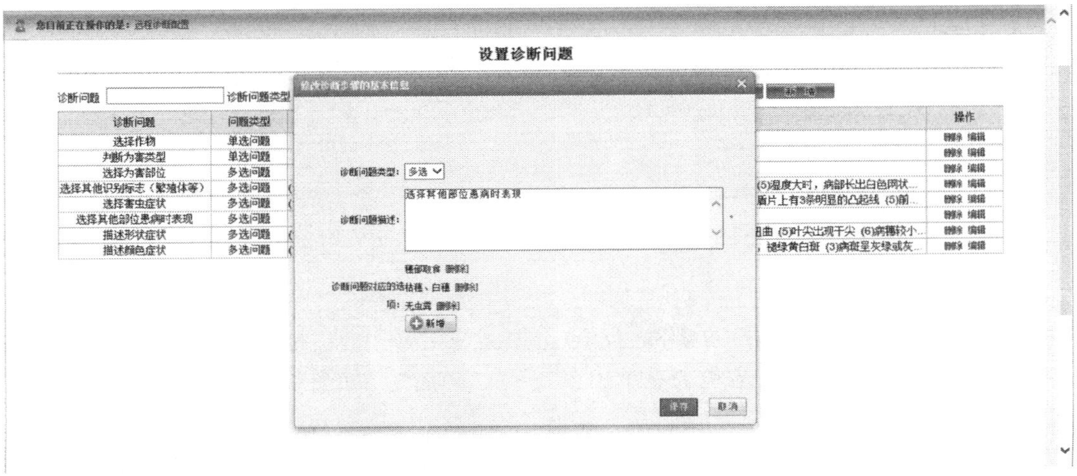

图 4－59 修改诊断步骤

4.3.3.4　删除诊断步骤

点击列表中的［删除］链接，可以删除该诊断步骤，如图 4－60。

图 4－60　删除诊断步骤

4.4　病虫知识库

4.4.1　知识库查询

查询病虫害知识的平台。

点击菜单［专家咨询］→［知识库］，进入知识库查询页面，页面左侧为作物列表，右侧上半部分为查询条件区，下半部分为查询结果展示区，如图 4－61。

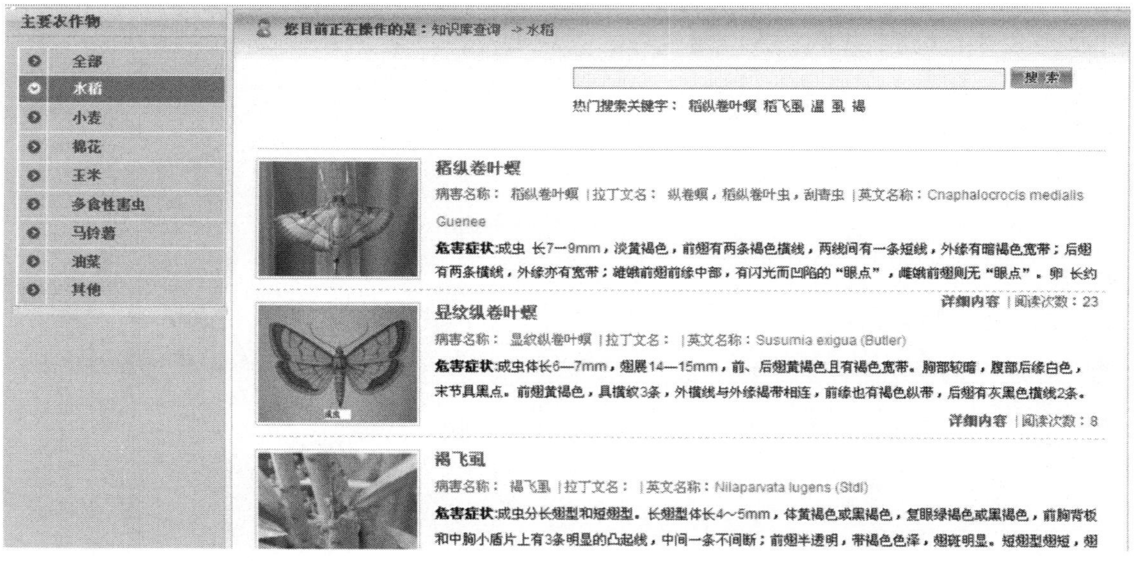

图 4－61　知识库查询

4.4.1.1　搜索

在搜索文本框中输入要查询的病虫名称后，点击搜索按钮可查询出标题或正文中含有文本框中文字的所有病虫信息，同时在文本框下方也会展示出查找到的记录数，如图 4－62。

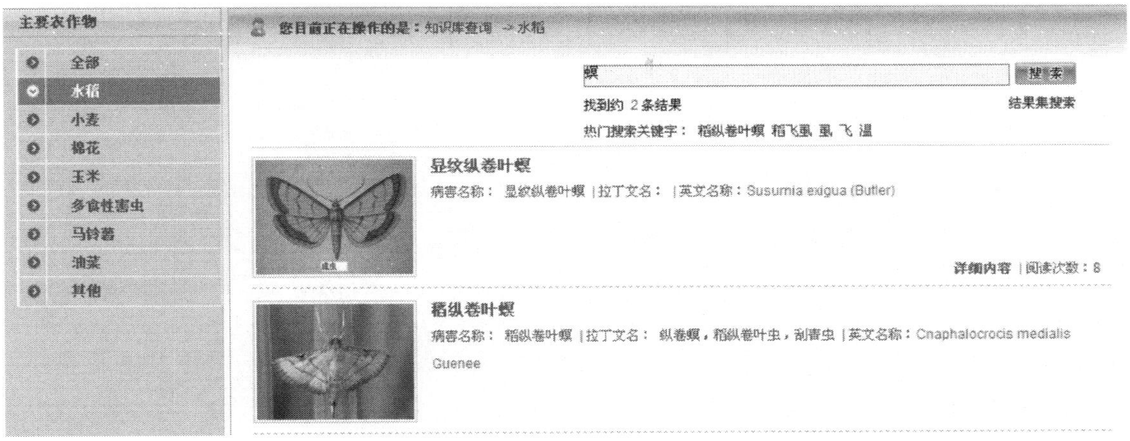

图 4－62　查询结果

4.4.1.2　结果集搜索

在查询结果列表页面继续输入查询条件并点击“结果集搜索”链接可在刚刚的查询结果中按照新的条件对结果进行进一步的筛选，如图 4－63。

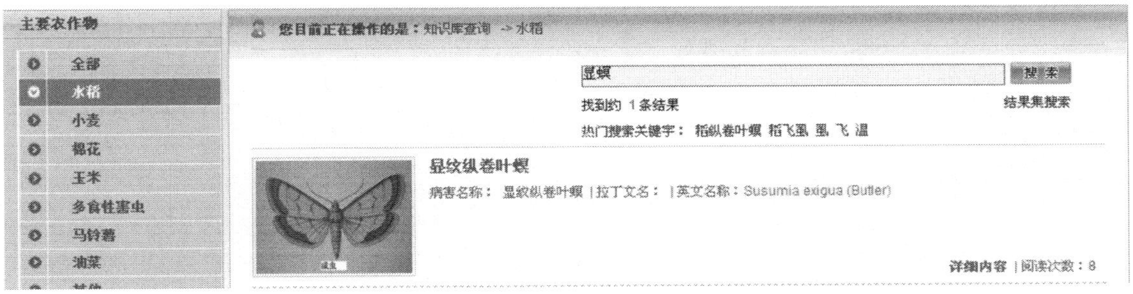

图 4－63　结果集搜索

4.4.1.3　查看详细

点击查询结果中的病虫标题或病虫图片，可对该病虫的详细信息进行查看，如图 4－64。

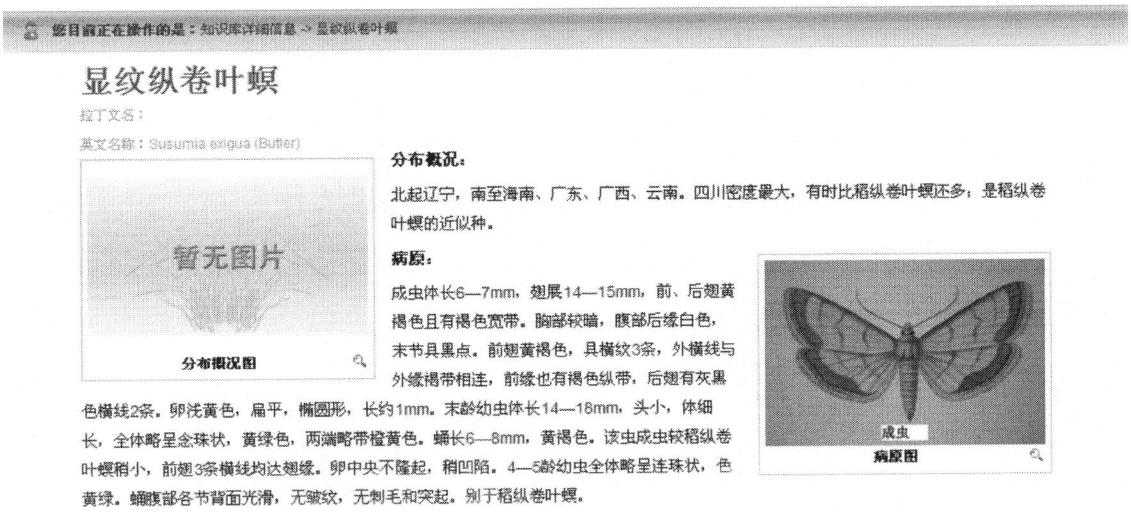

图 4－64　病虫详细信息页面

点击图片可将图片放大查看，点击上一张或下一张按钮可实现上一张图片和下一张图片的切换，图片的右上角为关闭大图浏览模式按钮，如图 4－65。

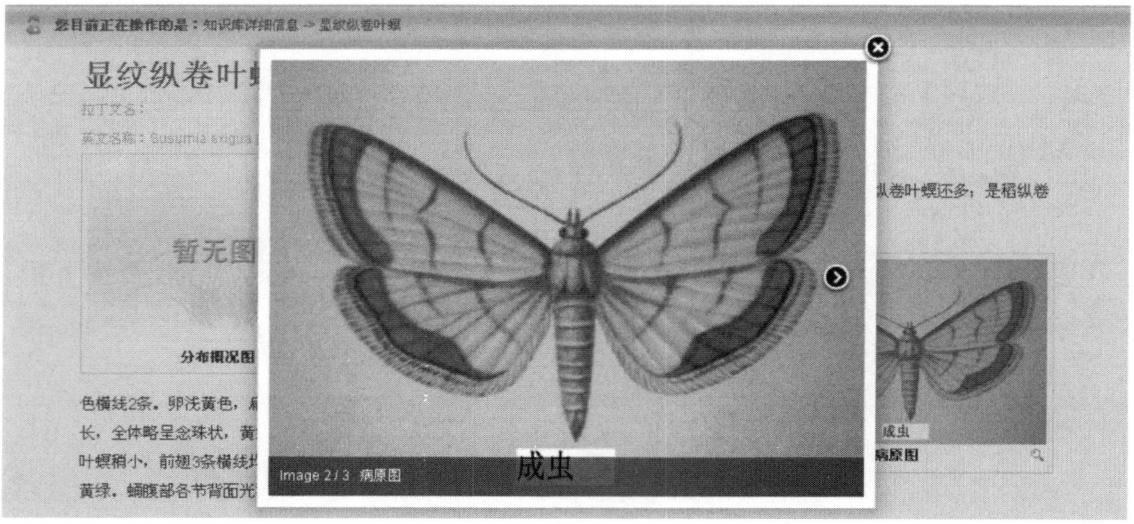

图 4－65　大图浏览模式

4.4.2　知识库管理

知识库管理包括增加病虫害名称和增加、修改病虫害信息的功能。

◇ 增加病虫害名称。

◇ 增加病虫害信息。

◇ 修改病虫害信息。

点击菜单［专家咨询］→［知识库管理］，进入知识库管理界面，显示所有作物种类下的病虫害名称，字体颜色用红色和黑色区分，黑色代表此病虫害信息已填写，红色代表未填写，如图4－66。

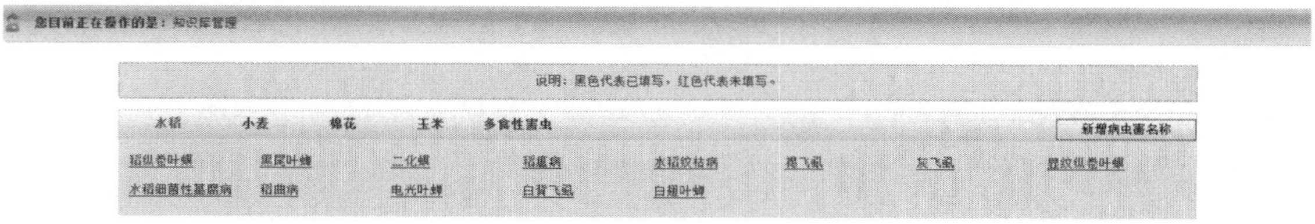

图 4－66　病虫害信息显示

4.4.2.1　增加病虫害名称

点击知识库管理界面的［新增病虫害名称］按钮，进入到新增病虫害名称界面，如图 4－67。

图 4－67　增加病虫害名称

选择作物名称，输入病虫害名称、选择病虫类别后，点击［保存］按钮，即可增加病虫害名称，自动返回知识库管理页面，新增的病虫害名称显示在相应作物类别下面，如图 4－68。点击［返回］按钮，返回知识库管理页面。

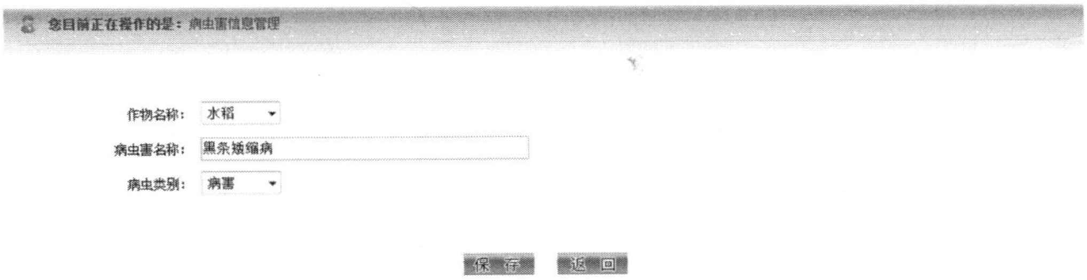

图 4－68　增加病虫害名称

4.4.2.2　增加病虫害信息

点击知识库管理界面的某一红色病虫害名称，进入增加病虫害信息界面，“中文名称”和“所属类别”默认显示在页面上，且不可以修改，如图 4－69。

图 4－69　增加病虫害信息

在有害生物图、危害症状图、分布概况图位置可以上传图片，点击［浏览］按钮，选择要上传的图片（允许上传的图片格式为 jpg、gif、bmp、emf、png、jpeg，且大小不能超过 5M），点击［ ］图标可以增加图片，点击［ ］将上传的图片删除，如图 4－70。

输入病虫害信息后，点击［保存］按钮，即可将信息保存成功，自动返回知识库管理页面，此时所

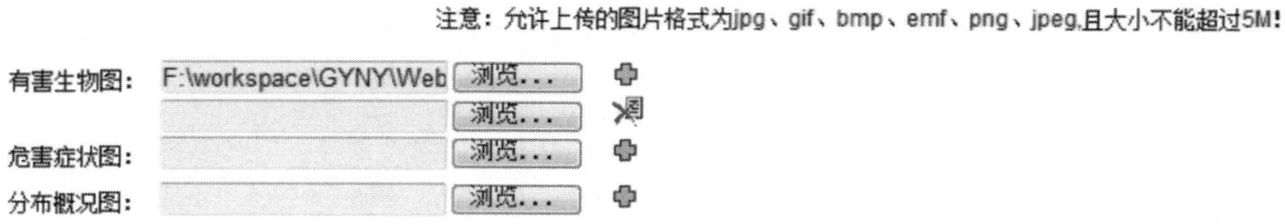

图 4-70　上传图片

选择的病虫害名称字体颜色变为黑色。点击［返回］按钮，返回知识库管理页面。

4.4.2.3　修改病虫害信息

点击知识库管理界面的某一黑色病虫害名称，进入修改病虫害信息界面，默认显示病虫害原有的信息，如图 4-71。

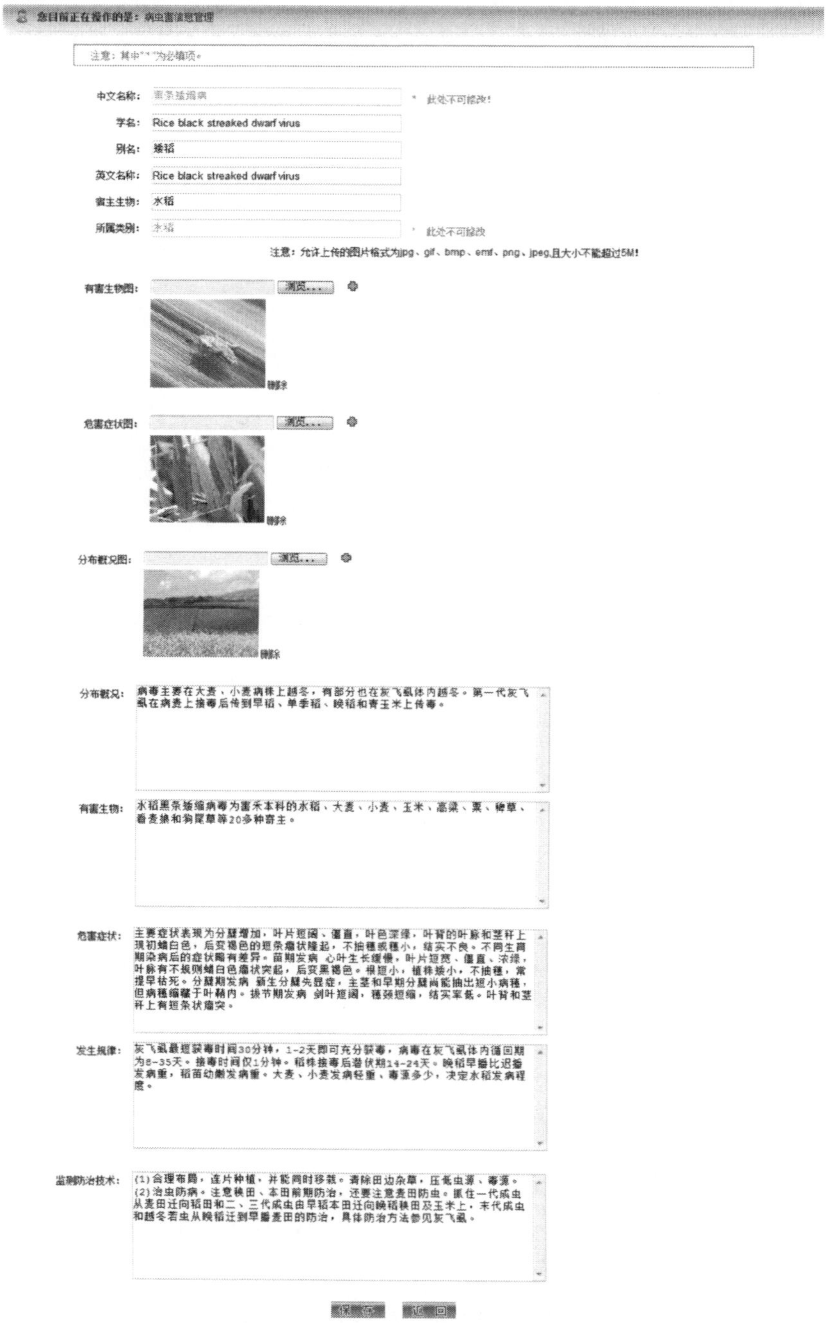

图 4-71　修改病虫害信息

修改病虫害信息后，点击［保存］按钮，即可将信息保存成功，自动返回知识库管理页面。点击［返回］按钮，返回知识库管理页面。

4.5　病虫图片库

4.5.1　浏览图片库

主要用于对系统中的病虫图片进行查看、浏览，并进行图片管理、分类管理操作。

◇ 病虫发生图片查看。

◇ 病虫发生图片的展示类似百度图片。

◇ 对系统中病虫图片进行管理，包括增、删、改、查操作。

◇ 创建或者删除、编辑用户的目录文件，对图片进行分类管理。

点击［图形化监测预警］→［病虫分析图片］，进入病虫图片管理界面，如图 4-72。

图 4-72　图片管理

病虫图片查看

病虫图片管理界面由两部分组成，左边是图片管理树，按分析类型、作物、病虫、分析指标、时间的树状层级管理动态 GIF 图，在现有的病虫发生实况示意图中补充静态图片，供综合展示、多点触摸系统引用。右边是图片展示区，版面设计类似于百度图片，如图 4-73。

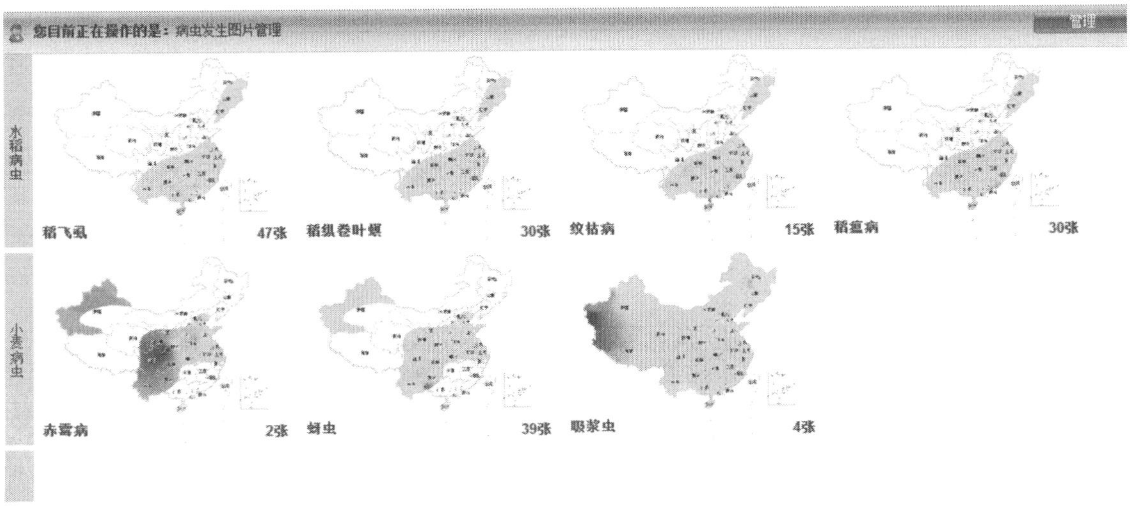

图 4-73　图片展示

每种作物的病虫害中还包括很多图片，点击一种病虫害进入可查看，点击左箭头或右箭头进行浏览，如图 4－74。

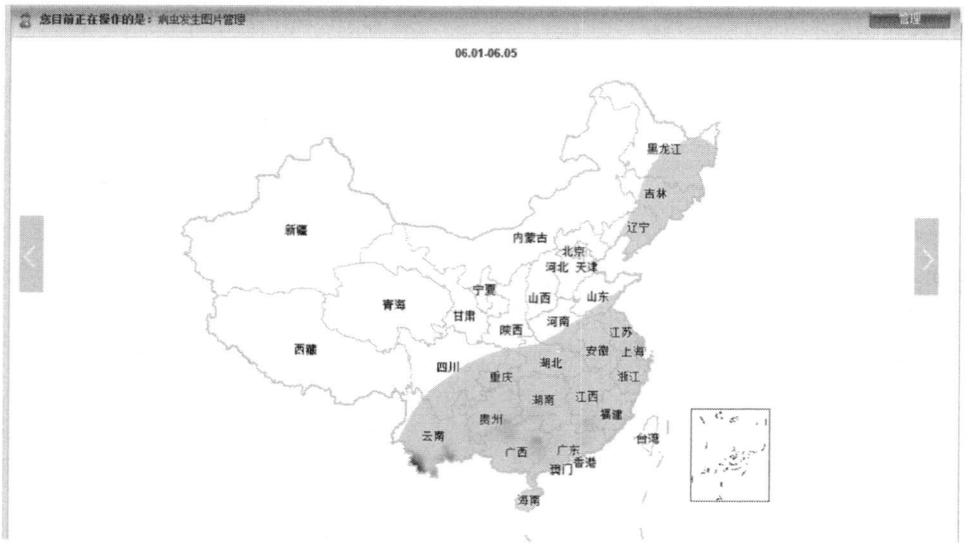

图 4－74　图片浏览

4.5.2　病虫图片管理

点击［管理］按钮，进入病虫发生图片管理界面，如图 4－75。

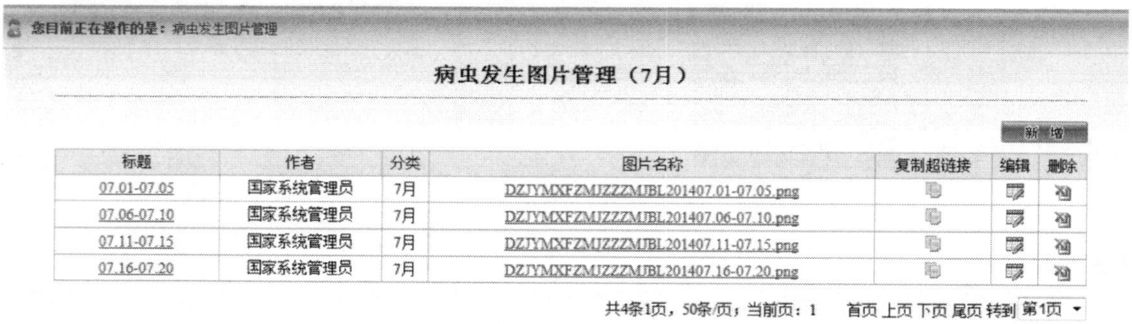
您目前正在操作的是：病虫发生图片管理

病虫发生图片管理（7月）

新增

标题	作者	分类	图片名称	复制超链接	编辑	删除
07.01-07.05	国家系统管理员	7月	DZJYMXFZMJZZZMJBL201407.01-07.05.png			
07.06-07.10	国家系统管理员	7月	DZJYMXFZMJZZZMJBL201407.06-07.10.png			
07.11-07.15	国家系统管理员	7月	DZJYMXFZMJZZZMJBL201407.11-07.15.png			
07.16-07.20	国家系统管理员	7月	DZJYMXFZMJZZZMJBL201407.16-07.20.png			

共4条1页，50条/页，当前页：1　首页 上页 下页 尾页 转到 第1页

图 4－75　病虫图片管理

点击标题名称可查看对应的图片内容，包括作者、说明信息、附件，如图 4－76。

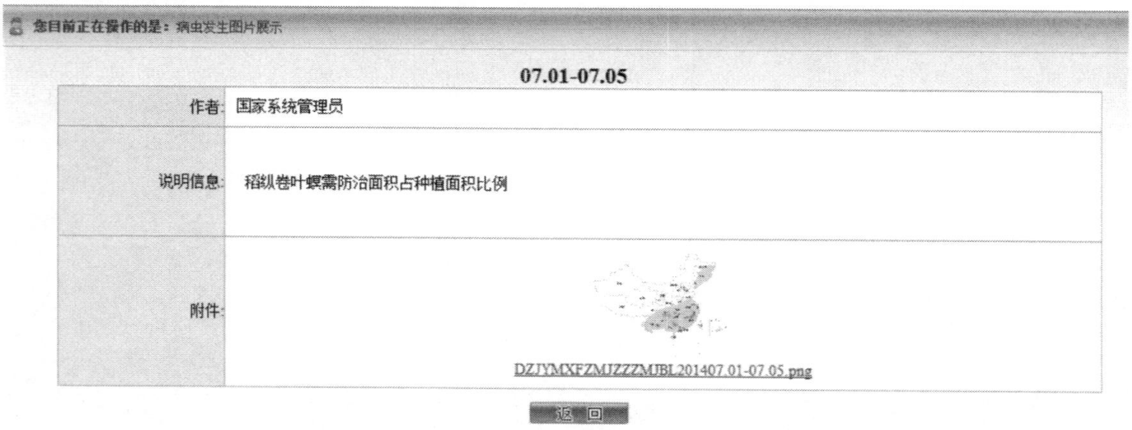

图 4－76　查看图片信息

点击图片名称的超链接可以查看图片，点击每个图片标题对应的［ ］进入图片编辑页面，可对图片信息进行修改，如图 4－77。

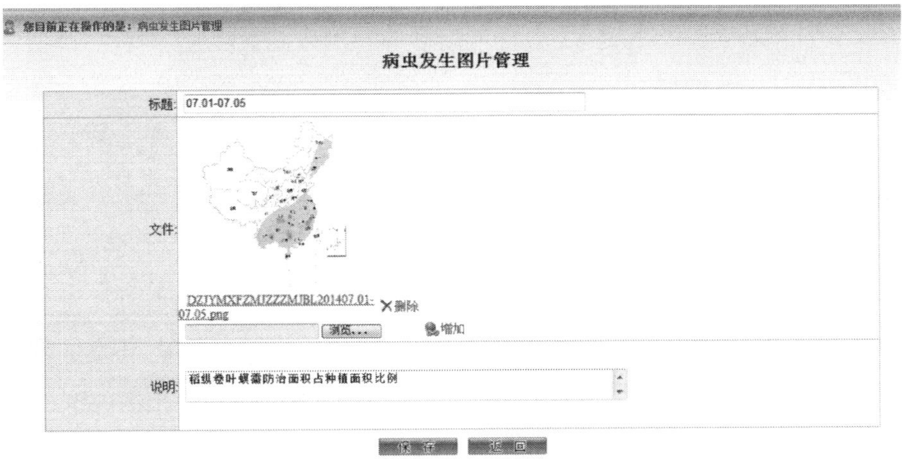

图 4－77　修改图片信息

点击图片标题对应的［ ］，可执行删除操作，删除时系统会提示确认。

点击病虫图片管理界面的［新增］按钮，进入图片新增界面，如图 4－78。

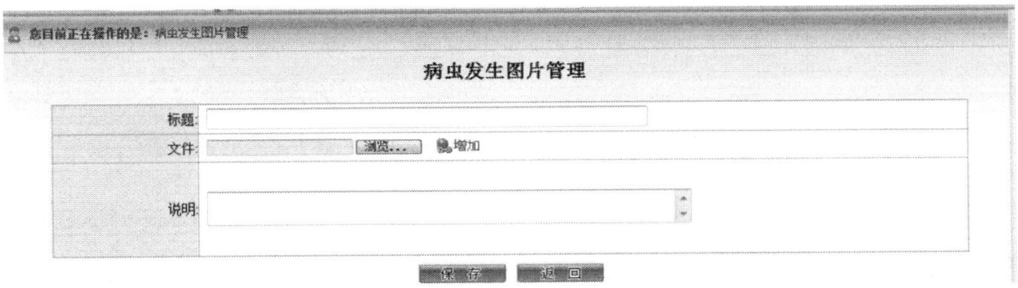

图 4－78　增加图片

管理图片目录文件

在左侧图片目录树中可对目录文件进行增加子目录、编辑目录名称、删除目录操作，如图4－79。

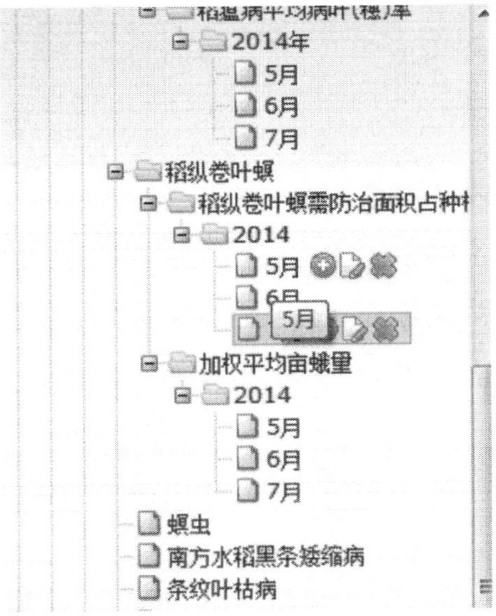

图 4－79　管理图片目录文件

5 预报发布

提高病虫预报时效性和到位率，扩大覆盖面和受众面是发挥病虫预报作用的关键。近年来，随着新技术、新媒体的发展，通过网络、彩信、电视等方法发布病虫预报，已成为各级植保部门创新预报发布方式的必然选择。农作物重大病虫害监测预警系统设计开发了彩信预报、电视预报、网络预报等功能。

当进入系统后，移动鼠标到［预报发布］功能菜单栏上时，［预报发布］下拉菜单自动弹出，如图 5-1，主要包括彩信报、电视预报、全国预报、各地预报等。

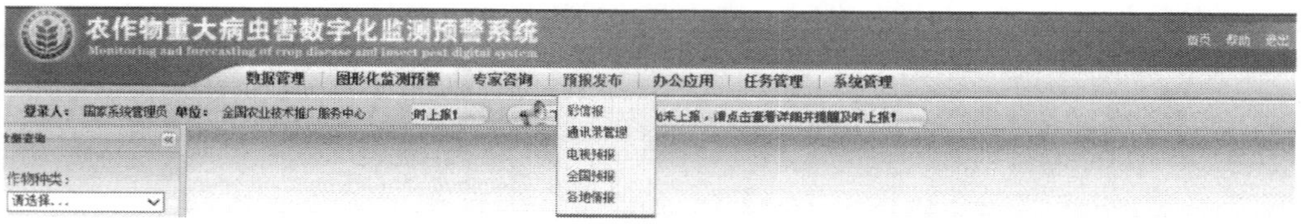

图 5-1　预报发布菜单展示

5.1　彩信报

功能彩信报模块主要用于病虫预报彩信的编辑、发送和管理，以及彩信受众通讯录的管理等，如图 5-2。

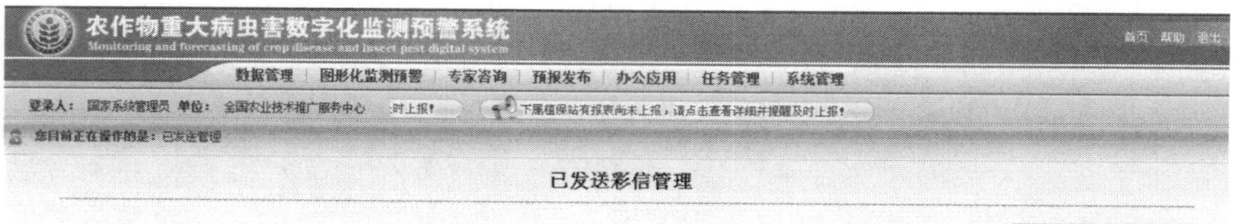

年份	期次	发送主题	接收人	保存时间	查看
2016	20	植物病虫情报	01.农业部, 02.中心领导, 03.办公室, 04.人事劳资处, 05.计划与财务处, 06.标准与信息处, 07.科技与体系处, 08.编辑部, 09.技术促进处, 10.测报处, 辽宁, 吉林, 黑龙江, 上海, 江苏, 浙江, 安徽, 福建, 江西, 河南, 湖北, 湖南, 广东, 广西, 海南, 重庆, 四川, 贵州, 云南, 11防治处, 12药械处, 13检疫处, 14隔离场	2016-07-20	
2016	19	植物病虫情报	01.农业部, 02.中心领导, 03.办公室, 04.人事劳资处, 05.计划与财务处, 06.标准与信息处, 07.科技与体系处, 08.编辑部, 09.技术促进处, 10.测报处, 北京, 天津, 河北, 山西, 内蒙古, 辽宁, 吉林, 黑龙江, 上海, 江苏, 浙江, 安徽, 福建, 江西, 山东, 河南, 湖北, 湖南, 广东, 广西, 海南, 重庆, 四川, 贵州, 云南, 西藏, 陕西, 甘肃, 青海, 宁夏, 新疆, 11防治处, 12药械处, 13检疫处, 14隔离场	2016-07-19	
2016	18	植物病虫情报	01.农业部, 02.中心领导, 03.办公室, 04.人事劳资处, 05.计划与财务处, 06.标准与信息处, 07.科技与体系处, 08.编辑部, 09.技术促进处, 10.测报处, 北京, 天津, 河北, 山西, 内蒙古, 辽宁, 吉林, 黑龙江, 上海, 江苏, 浙江, 安徽, 福建, 江西, 山东, 河南, 湖北, 湖南, 广东, 广西, 海南, 重庆, 四川, 贵州, 云南, 西藏, 陕西, 甘肃, 青海, 宁夏, 新疆, 11防治处, 12药械处, 13检疫处, 14隔离场	2016-07-19	
2016	17	植物病虫情报	01.农业部, 02.中心领导, 03.办公室, 04.人事劳资处, 05.计划与财务处, 06.标准与信息处, 07.科技与体系处, 08.编辑部, 09.技术促进处, 10.测报处, 河北, 山西, 内蒙古, 黑龙江, 陕西, 甘肃, 宁夏, 11防治处, 12药械处, 13检疫处, 14隔离场	2016-07-19	
2016	16	植物病虫情报	01.农业部, 02.中心领导, 03.办公室, 04.人事劳资处, 05.计划与财务处, 06.标准与信息处, 07.科技与体系处, 08.编辑部, 09.技术促进处, 10.测报处, 天津, 河北, 山西, 内蒙古, 辽宁, 吉林, 黑龙江, 江苏, 安徽, 山东, 河南, 广西, 海南, 四川, 西藏, 陕西, 青海, 新疆, 11防治处, 12药械处, 13检疫处, 14隔离场	2016-07-19	

图 5-2　彩信报

◇ 彩信发布：编辑和发布病虫预报彩信。
◇ 彩信查看：查看已发送彩信及其详细信息。
◇ 通讯录管理：管理彩信发布受众通讯录。

5.1.1　编辑与发送彩信

用户点击［预报发布］→［彩信报］，点击［发送彩信］按钮进入彩信报编辑页面，如图 5－3。

图 5－3　编辑与发送彩信

5.1.1.1　选择收信人

用户点击收信人输入框右边的按钮，从弹出的收信人列表（图 5－4）中选择彩信接收人，可单选或选择多个接收人，选择并点击确定后接收人会出现在收信人输入框内。

图 5－4　选择收信人

5.1.1.2　输入彩信标题、期次

在彩信主题框中输入彩信标题，再选择彩信报年份和期次，期次要求为整数数值类型。

5.1.1.3　编辑彩信报内容

彩信报内容分为图片和文本格式。如果添加图片内容，在添加图片处点击［浏览］在本地选择图片后再点击［上传］，图片就会显示在编辑彩信内容中；再点击［增加此帧］图片内容就添加成功，编辑内容左侧就出现［第一帧］的标签并显示在彩信预览框中，如图 5－5。

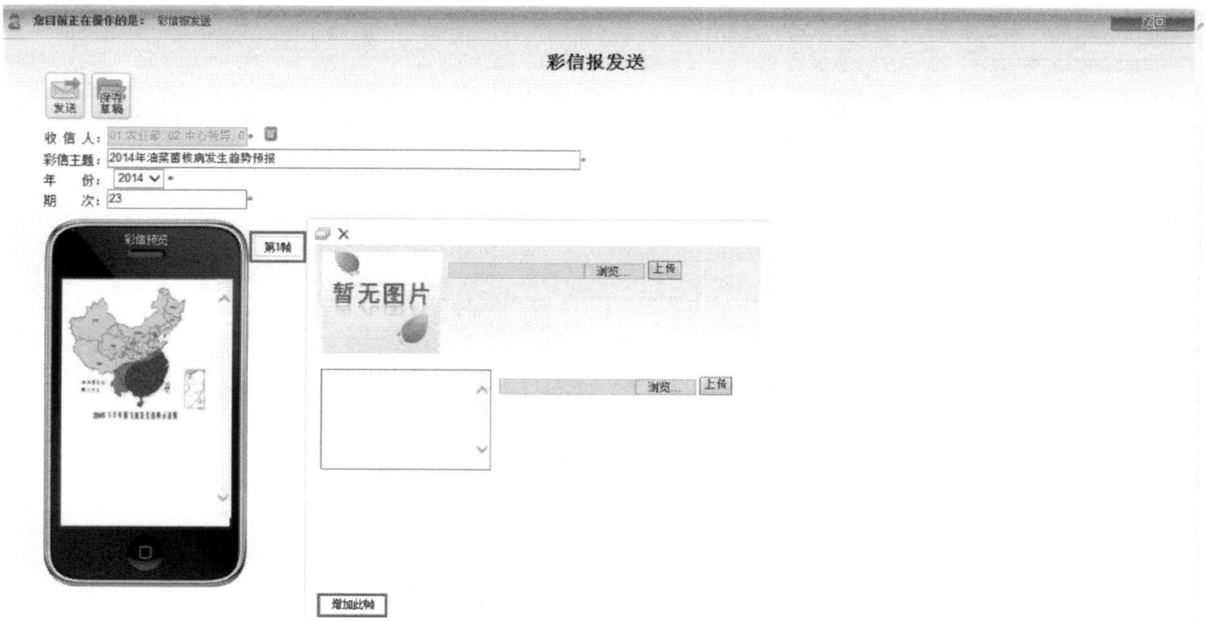

图 5－5　彩信报增加帧

如果添加文字信息。可以将需要输入的文字内容复制粘贴到编辑文本框中，如图 5－6。

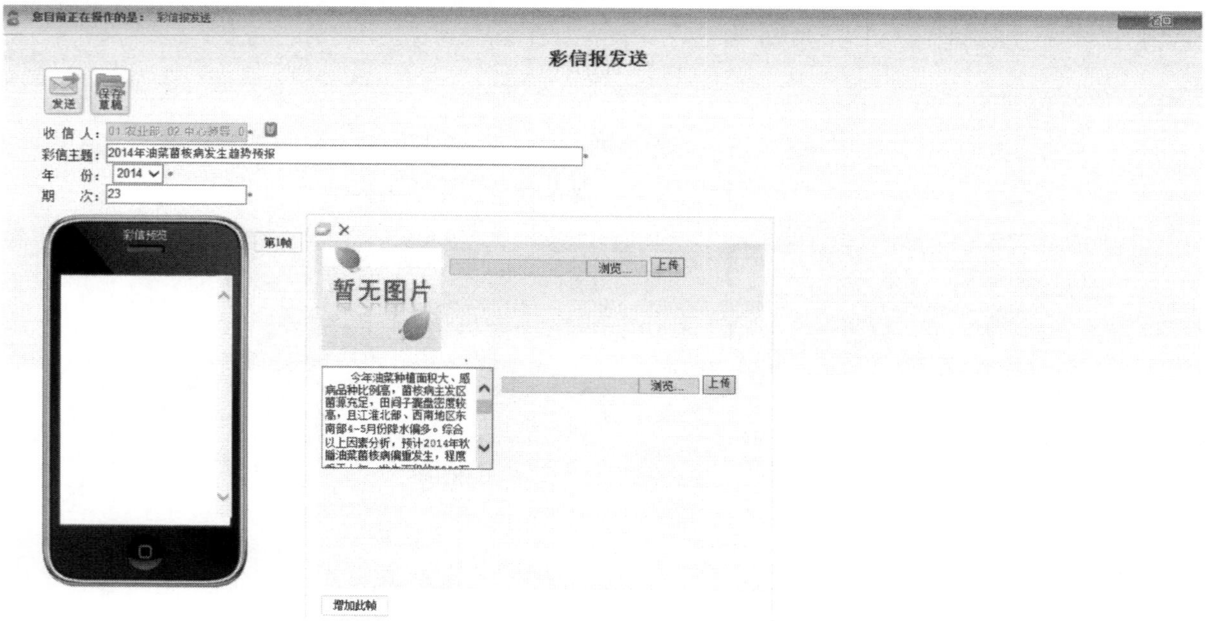

图 5－6　文字内容

注意：文字内容首行缩进需要输入 4 个空格，即两个字符。内容格式设置好后点击［增加此帧］，左侧同时出现第二帧并显示在彩信预览框中，如图 5－7。

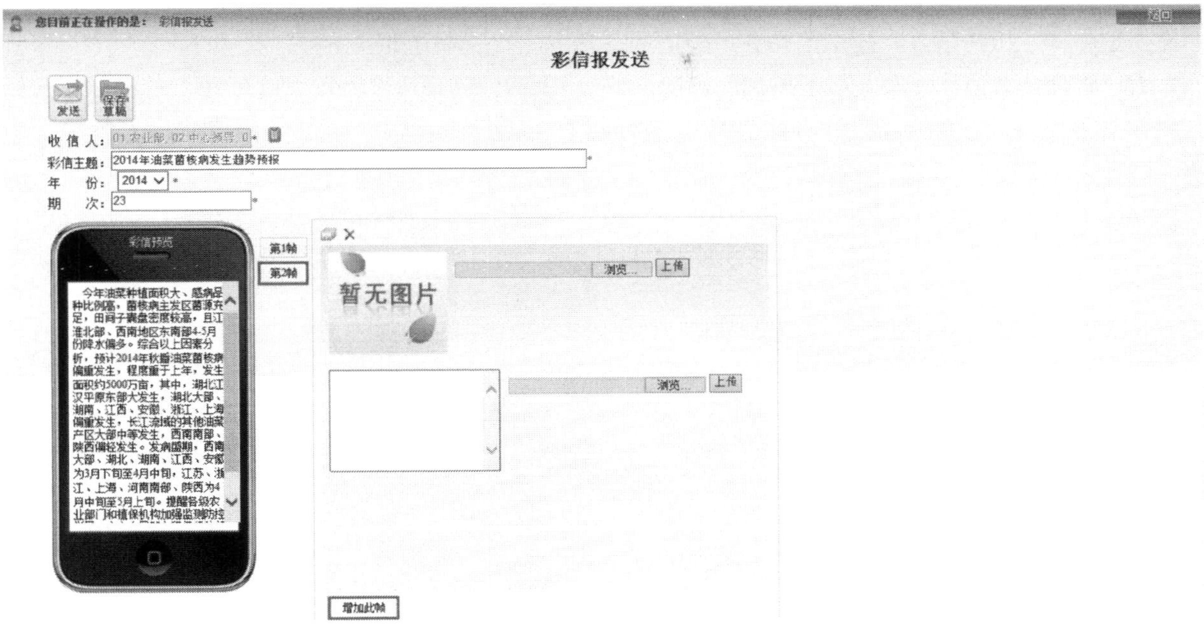

图 5-7 帧功能

此时，输入的第一帧为图片内容，第二帧为文字内容。如果要编辑第一帧，鼠标先点击第一帧，然后直接在图片编辑处重新［浏览］→［上传］新的图片，再点击［增加此帧］即可。如果要删除第一帧，鼠标也要先点击第一帧，然后点击内容编辑处上方的［✕］按钮，可立即删除。［ ］按钮为新增帧。彩信报的帧要求、图片文本格式请注意彩信编辑页面下方的红色字体提示。

从本地选择将要发送的彩信图片上传，点击［增加］可以多添加图片，但图片的总大小不超出70KB。编辑彩信时，用户不输入文字，文字信息都是以图片的形式添加。信息编写完成后，从左侧边框中选中接收用户，字底变蓝即为选中，点击［选择］，用户名称出现在右侧图框中，从右侧选中用户，点击［取消］也可以取消该用户，点击［保存］按钮即可发送。

5.1.2 查看已发送彩信

点击菜单［预报发布］→［彩信报］，进入［已发送彩信管理］页面，页面主区域是已发送彩信的列表，如图 5-8。

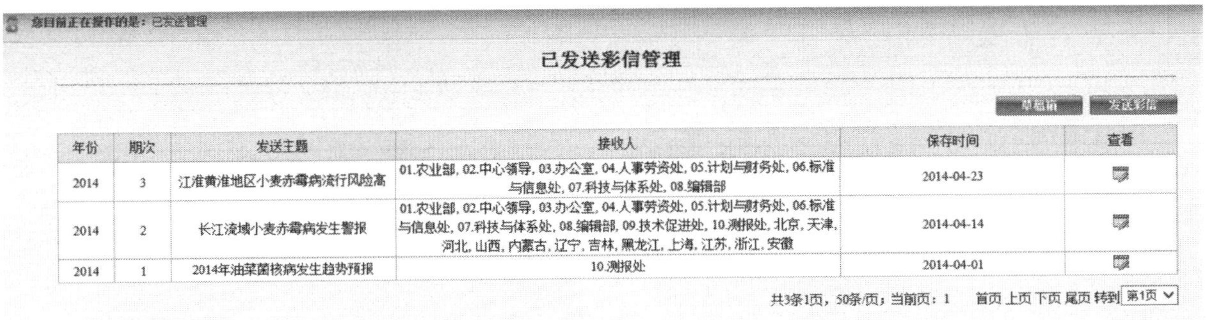
您目前正在操作的是：已发送管理
已发送彩信管理
草稿箱
发送彩信
年份 期次 发送主题 接收人 保存时间 查看
2014 3 江淮黄淮地区小麦赤霉病流行风险高 01.农业部, 02.中心领导, 03.办公室, 04.人事劳资处, 05.计划与财务处, 06.标准与信息处, 07.科技与体系处, 08.编辑部 2014-04-23
2014 2 长江流域小麦赤霉病发生警报 01.农业部, 02.中心领导, 03.办公室, 04.人事劳资处, 05.计划与财务处, 06.标准与信息处, 07.科技与体系处, 08.编辑部, 09.技术促进处, 10.测报处, 北京, 天津, 河北, 山西, 内蒙古, 辽宁, 吉林, 黑龙江, 上海, 江苏, 浙江, 安徽 2014-04-14
2014 1 2014年油菜菌核病发生趋势预报 10.测报处 2014-04-01
共3条1页，50条/页；当前页：1 首页 上页 下页 尾页 转到 第1页

图 5-8 已发送彩信

点击菜单［预报发布］→［彩信报］，进入到操作界面，页面主区域就是已发送彩信列表。可以看到年份、期次、主题、接收人和保存时间。点击查看按钮即可显示彩信报详细内容。

5.1.3 通讯录管理

主要用于对彩信接收用户进行管理，为便于发送彩信，将彩信接收人进行了分类，并实现对其管理。

◇ 分类管理：包括信息对使用用户分类的增加、修改和删除等功能。

◇ 用户管理：对信息接收人员的增加、删除、修改、查看等。

点击菜单［预报发布］→［通讯录管理］，进入操作界面，页面展示了彩信用户使用人员的列表，如图 5－9。

用户名称	手机号码	电邮地址	所属组	性别	出生日期	单位	所在城市	部门	职位	办公电话	办公地址	家庭电话	家庭住址	备注	编辑	删除
冯幸峰	13429281628		浙江合作社	男		宁波市金泰惠多利植保专业合作社										
刘桂良	15968986347		浙江合作社	男		宁波市农业技术推广总站										
曾卓华	13308389701		重庆													
刘祥贵	13983066236		重庆													
王泽乐	13752959710		重庆													
杨华	13983927207		重庆合作社	男		重庆国丰农业有限公司										
盛磊	15922827318		重庆合作社	男		重庆华展生态农业有限公司										
王秀琪	18084362673		贵州合作社	男		贵州黔霖发展有限公司			技术总监							
钱燕萍	13985419916		贵州合作社	女		贵州格润惠通农业有限公司			经理							
卢明泉	13831946347		河北合作社	男		南宫市丰知缘粮棉种植农民专业合作社			理事长					男		
苏涛	13774253187		上海合作社	男		上海市健绿花菜专业合作社			技术员							
赵小刚	13893836388		甘肃合作社	男		天水市麦积区三岔乡吴寨农作物病虫害这样统防队										
黄虎成	18601253417		测试人员组													
芦丹	15010416574		测试人员组													
王浩	18610141862		测试人员组													
余辉辉	15711102384		测试人员组													
徐润邑	13995015800		宁夏													

图 5－9　彩信用户列表

通过此页面用户可以对彩信接收人员进行查找、编辑、删除等操作，也可以添加移动端使用用户以及用户可以对移动端的管理进行分类。

5.1.3.1　增加彩信使用用户

点击［新增］，显示增加用户页面，如图 5－10。

图 5－10　彩信使用用户添加

页面展示了用户所属组的下拉菜单，选择好用户名称，填写好姓名、手机号码、电邮地址、办公电话等信息，其中带红色＊为必须填写的内容。点击［保存］，即可添加完该接收用户。添加过程中也可以点击［取消］，取消本次操作。

5.1.3.2 查看使用用户

点击菜单［预报发布］→［通讯录管理］，进入操作页面，页面展示了彩信用户使用人员的列表。列表最下方可以进行翻页查看。

5.1.3.3 编辑接收用户

在图 5－9 下，操作者选择所要修改的终端使用用户，点击该条记录后面的［编辑］，显示编辑页面，如图 5－11。

图 5－11 彩信报用户管理编辑页面

将要修改的信息填写完毕，点击［保存］，即修改完毕，点击［返回］则取消操作。

5.1.3.4 删除接收用户

在图 5－9 下，操作者选择所要删除的终端使用用户，点击该条记录后面的［删除］，弹出是否删除该记录对话框，点击［确认］可以将该条记录删除。

5.1.3.5 管理用户分类

用户点击［管理分类］，显示管理分类的页面，现有的管理分类显示于表格中，如图 5－12。

图 5－12 移动端分类管理

鼠标点击［删除］，可以对现有的分类进行删除，点击［编辑］可以对当前分类进行编辑，如

图5-13。

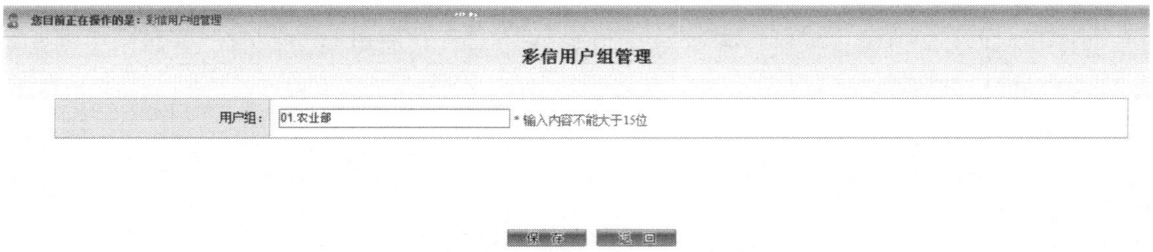

图 5-13　移动端用户分类管理编辑

用户更改分类名称后，点击［保存］即可修改完成，也可以点击［返回］取消本次操作。鼠标点击［新增］，可以新增管理分类，主页面如图 5-14。

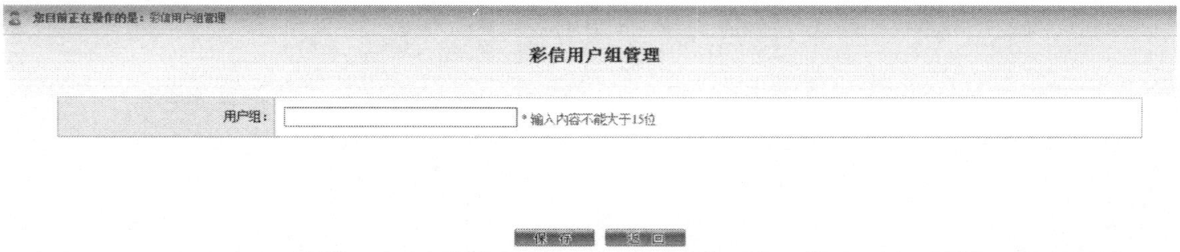

图 5-14　增加管理分类

用户输入完分类名称等信息后，点击［保存］，即可成功添加分类。添加过程中也可以点击［取消］，取消本次操作。

5.2　电视预报

主要是对关于农作物电视预报情报的查询、新增和管理。

◇ 电视预报查询：电视预报查看页面可对电视预报进行筛选查看、播放和本地保存。

◇ 电视预报管理：电视预报管理页面可以对已经上传的预报操作本地保存、播放、编辑和删除。

◇ 新增电视预报：在电视预报管理页面点击新增电视预报按钮，编辑新增电视预报并保存。

点击［预报发布］→［电视预报］，进入电视预报查看页面，该页面显示所上传的电视预报列表，如图 5-15。

您目前正在操作的是：电视预报查看

电视预报查看

分类 请选择　标题　查询

分类	标题	播出日期	保存	播放
中央一套	20130819稻瘟病预警	2013-08-19	保存	播放
中央一套	2013年8月9日三代粘虫预报	2013-08-09	保存	播放
中央一套	20130719马铃薯晚疫病	2013-07-19	保存	播放
中央一套	2013年6月7日粘虫发生警报	2013-06-07	保存	播放
中央一套	2013年5月16日小麦穗期蚜虫警报	2013-05-16	保存	播放
中央一套	2013年5月8日黄淮华北地区小麦赤霉病警报	2013-05-08	保存	播放
中央一套	2013年4月17日小麦赤霉病警报	2013-04-17	保存	播放
中央一套	2013年3月27日油菜菌核病预报	2013-03-27	保存	播放
中央一套	2012年8月30日马铃薯晚疫病预警	2012-08-30	保存	播放
中央一套	2012年8月9日三代粘虫及马铃薯晚疫病预警	2012-08-09	保存	播放
中央一套	2012年7月26日东北稻区稻瘟病发生预警	2012-07-26	保存	播放
中央一套	2012年5月24日稻飞虱发生预报	2012-05-24	保存	播放
中央一套	2012年5月8日小麦穗期蚜虫预警	2012-05-08	保存	播放
中央一套	2012年4月21日小麦赤霉病预警	2012-04-21	保存	播放
中央一套	2011年8月12日水稻“两迁”害虫发生预警	2011-08-12	保存	播放
中央一套	2011年8月5日稻瘟病发生预警	2011-08-05	保存	播放
中央一套	2011年7月9日二点委夜蛾发生预警	2011-07-09	保存	播放
中央一套	2011年6月8日东亚飞蝗发生预警	2011-06-08	保存	播放
中央一套	2011年5月13日小麦穗期蚜虫预警	2011-05-13	保存	播放

图 5-15　电视预报列表

5.2.1 发布电视预报

每年全国农业技术推广服务中心通过中央电视台1套19：00新闻联播后的天气预报节目发布5期左右电视预报。节目播出后，电视预报会及时通过系统发布，方便用户观看。

在电视预报页面点击［管理］→［新增电视预报］按钮，即可跳转到如图5－16页面。选择新增电视预报的分类、电视预报的标题、上传文件、播出日期和说明，再点击［保存］。如点击［返回］，取消本次操作。

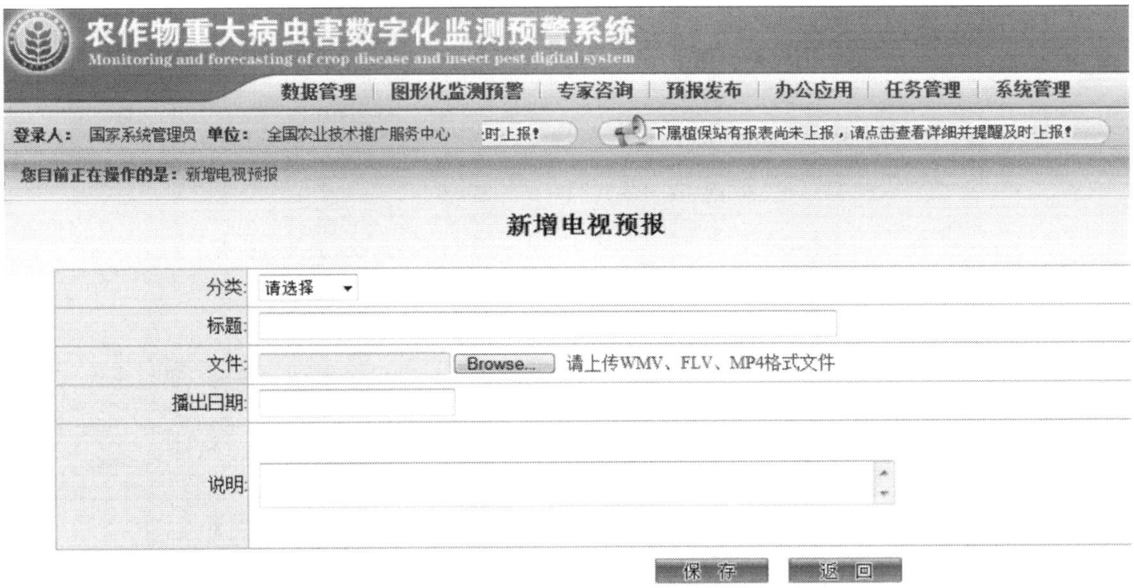

图5－16 发布电视预报

5.2.2 观看电视预报

可以通过［分类］和［标题］进行筛选查看，选择分类或填写标题后点击查询，如图5－17。可以筛选出一条或几条电视预报。

分类	标题	播出日期	保存	播放
中央一套	20150805 稻瘟病	2015-08-05	保存	播放
中央一套	20150513 穗期蚜虫	2015-05-13	保存	播放
中央一套	20150416 小麦赤霉病	2015-04-16	保存	播放
中央一套	20150324 油菜菌核病	2015-03-04	保存	播放
中央一套	2014年0504 穗期蚜虫预报	2014-05-04	保存	播放
中央一套	2014年 0423赤霉病	2014-04-23	保存	播放
中央一套	油菜菌核病发生趋势预测	2014-04-01	保存	播放
中央一套	20130819稻瘟病预警	2013-08-19	保存	播放
中央一套	2013年8月9日三代粘虫预报	2013-08-09	保存	播放
中央一套	20130719马铃薯晚疫病	2013-07-19	保存	播放
中央一套	2013年6月7日粘虫发生警报	2013-06-07	保存	播放
中央一套	2013年5月16日小麦穗期蚜虫警报	2013-05-16	保存	播放
中央一套	2013年5月8日黄淮华北地区小麦赤霉病警报	2013-05-08	保存	播放

图5－17 查看电视预报

点击［播放］电视预报，会在浏览器中重新打开一个页面进行播放。

5.2.3 下载电视预报

点击图5－15中的［管理］按钮，则跳转到电视预报管理页面，如图5－18。

图 5－18　电视预报管理

点击［保存］按钮，浏览器中弹出如图 5－19 提示，可以将电视预报保存到本地。

图 5－19　保存电视预报

5.2.4　管理电视预报

点击［编辑图标］按钮跳转到图 5－20 页面，对电视预报详细信息进行编辑，再点击［保存］。如点击［返回］，取消本次操作。

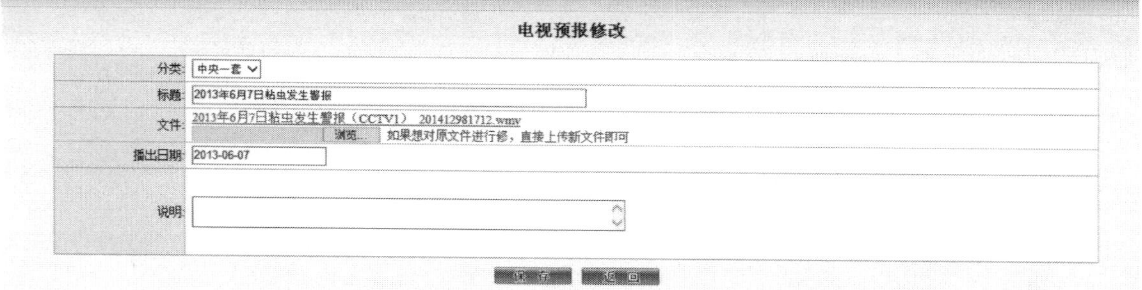

图 5－20　电视预报修改

点击图 5－18 中的［ ］按钮，该电视预报立即被删除。

5.3 全国预报

用于链接全国农技推广网全国预报栏目。

点击［预报发布］→［全国预报］，如图 5－21，跳转到全国农技推广网的［全国预报］栏目下，可查看全国预报信息。

图 5－21 全国预报

5.4 地方预报

用于链接全国农技推广网各地预报栏目。

点击［预报发布］→［各地情报］，如图 5－22，跳转到全国农技推广网的［各地情报］栏目下，可查看各地情报信息。

图 5－22 各地情报

6 任务管理

全国 1 030 个区域站根据区域布局和作物类型各自承担着不同的数据报送任务。为高效管理各区域站数据上报任务，系统开发了任务管理功能，用于为各省及市、县级病虫测报区域站设置数据报数任务、报送时间、周期等，以及实现对各单位任务情况的查询、统计和催报功能。主要包括设置上报任务、任务报送统计、站点任务查询、省站任务统计、区域站任务统计。

用户成功登录系统后，移动鼠标到［任务管理］功能菜单上时，［任务管理］下拉菜单自动弹出，如图 6－1。

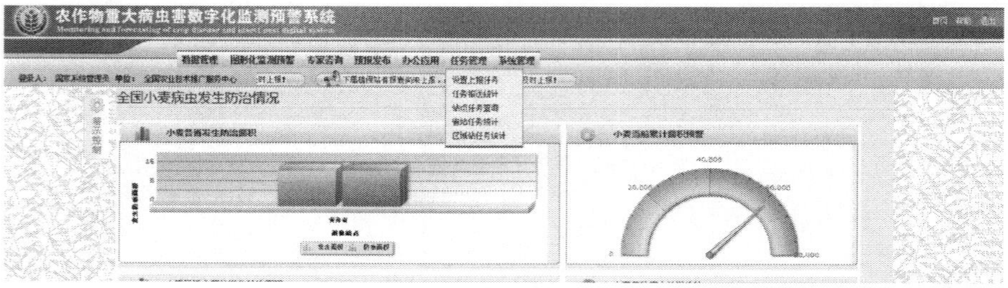

图 6－1　任务管理菜单展示

6.1　设置上报任务

主要用于系统管理员为省级和县级测报站点设置上报任务，具体包括查看已设置的上报任务列表、新增任务计划、复制历史任务、转移任务、编辑任务、批量修改任务、批量删除任务。

用户成功登录系统后，点击功能菜单栏的［任务管理］→［设置上报任务］，主窗体即会展示上报任务列表界面，如图 6－2。

设置上报任务

年度 2014 作物 请选择 报表 请选择 站点

	年度	报表名称	开始时间	结束时间	最迟填报时间	上报站点	编辑
□	2014	水稻日报表	2014-11-01	2014-11-02	当天	全国农业技术推广服务中心	
□	2014	稻纵卷叶螟模式报表	2014-01-05	2014-01-05	下一候第一天	北京市	
□	2014	稻纵卷叶螟模式报表	2014-01-10	2014-01-15	下一候第一天	全国农业技术推广服务中心	
□	2014	稻瘟病发生实况模式报表	2014-01-05	2014-01-05	下一候第一天	全国农业技术推广服务中心	
□	2014	稻纹枯病模式报表	2014-01-05	2014-01-05	下一候第一天	全国农业技术推广服务中心	
□	2014	条纹叶枯病病情系统调查表	2014-01-05	2014-01-05	下一候第一天	全国农业技术推广服务中心	
□	2014	条纹叶枯病病情系统调查表	2014-01-20	2014-02-05	下一候第一天	全国农业技术推广服务中心	
□	2014	水稻病虫周报表	2014年第1期	2014年第10期	周一	全国农业技术推广服务中心	
□	2014	草地螟（越冬代成虫）年度发生区域统计表	2014-07-01	2014-07-18	2014-07-21	全国农业技术推广服务中心	
□	2014	草地螟发生动态省站汇报模式报表	2014年第1期	2014年第1期	周一	全国农业技术推广服务中心	
□	2014	草地螟发生动态监测点汇报模式报表	2014年第1期	2014年第1期	周五	全国农业技术推广服务中心	
□	2014	草地螟越冬代成虫发生实况及一代预测模式报表	2014-07-01	2014-07-04	2014-07-04	全国农业技术推广服务中心	
□	2014	一代草地螟发生实况及二、三代预测模式报表	2014-07-07	2014-07-11	2014-07-11	全国农业技术推广服务中心	
□	2014	一代草地螟发生实况及二、三代预测模式报表	2014-07-01	2014-07-10	2014-07-10	全国农业技术推广服务中心	
□	2014	粘虫蛾量诱测动态周报表	2014年第1期	2014年第1期	周五	全国农业技术推广服务中心	
□	2014	粘虫草把诱卵动态周报表	2014年第1期	2014年第1期	周五	全国农业技术推广服务中心	
□	2014	粘虫雌蛾抱卵动态周报表	2014年第1期	2014年第1期	周五	全国农业技术推广服务中心	
□	2014	粘虫幼虫及蛹发生动态周报表	2014年第1期	2014年第1期	周五	全国农业技术推广服务中心	

图 6－2　任务列表

设置上报任务列表界面上部分别是［年度］、［作物］、［报表］、［站点］四个下拉列表框，以及［查询］、［批量修改任务］、［转移任务］、［批量删除任务］、［复制历史任务］、［新增任务计划］功能按钮；设置任务列表界面下部将以列表方式展示任务列表。系统展示的默认查询结果是当年所有测报站点单位的已设置的上报任务列表，包括具体任务归属年份、任务相关的业务数据报表名称、任务开始时间、任务结束时间和任务最迟填报时间等，并且每条上报任务信息均附有［编辑］功能按钮，可对对应上报任务信息进行编辑操作。

6.1.1 新增单条任务

点击［新增任务计划］功能按钮，即可进入设置上报任务页面添加上报任务，如图 6-3。

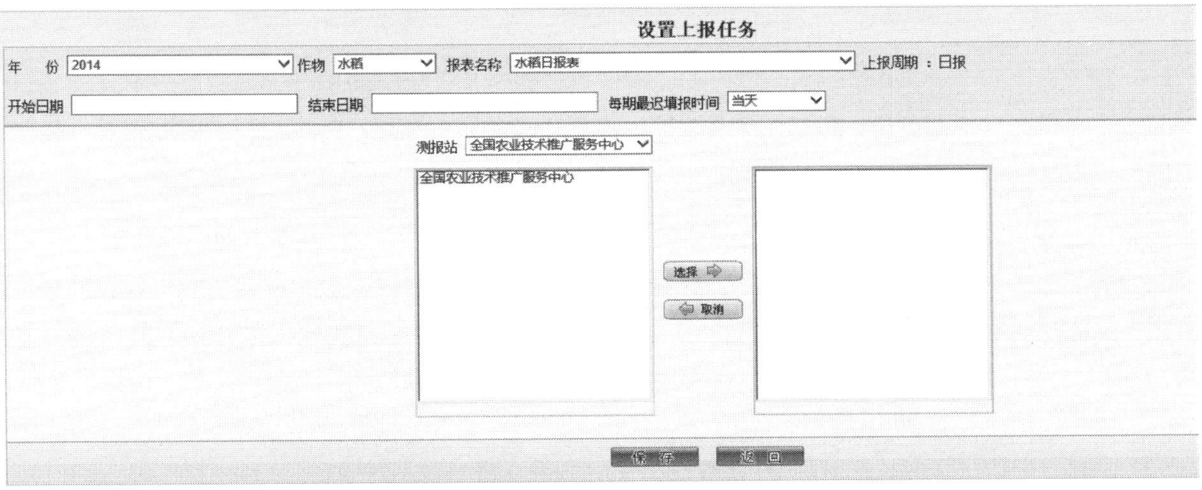

图 6-3 添加单条任务

用户添加上报任务信息，首先应当明确本条任务的有效年份、所属作物类型、涉及业务数据报表，即用户需要在［年份］下拉列表中选择本条上报任务的有效年份，在［作物］下拉列表中选择本条上报任务所涉及的业务数据报表所归属的作物类型，在［报表名称］下拉列表中选择本条上报任务所涉及的业务数据报表，系统会在［上报周期］自动显示业务数据报表类型，具体包括年报、次报、旬报、周报、候报或日报。

上报任务主体内容需要设置开始日期（如报表类型为周报则为开始期数，如报表类型为候报则为开始候数）、结束日期（如报表类型为周报则为结束期数，如报表类型为候报则为结束候数）、每期最迟填报时间等，并在选框内选择需要执行上报任务的测报站点单位。

点击［保存］功能按钮，可以保存此条给指定测报站点单位设置的上报任务；点击［返回］功能按钮，可以取消上述设置上报任务的操作。

6.1.2 复制任务（批量新增任务）

根据批量设置任务需求，系统开发了不同的复制任务方式：按年份复制、按作物复制、按报表复制、按站点复制、按作物/站点复制和复制任务日志。

移动鼠标到［复制历史任务］功能菜单上时，［复制历史任务］下拉菜单自动弹出，如图 6-4。

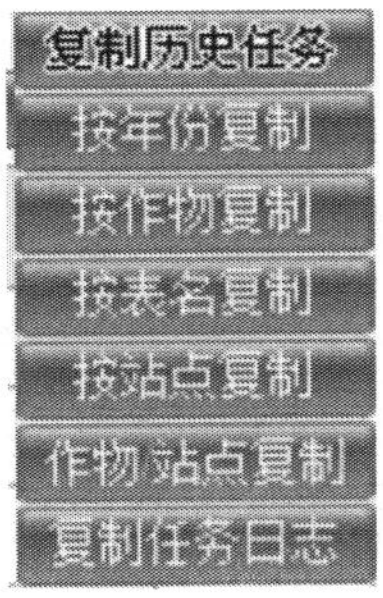

图 6-4 复制历史任务菜单展示

6.1.2.1 按年份复制任务

此方式适用于设置某年度所有站点任务。复制任务时，只会覆盖没有数据的站点任务，已经存在数据的站点的任务不会被覆盖。

点击［按年份复制］功能按钮，即可进入按年份复制历史任务页面，如图 6-5。

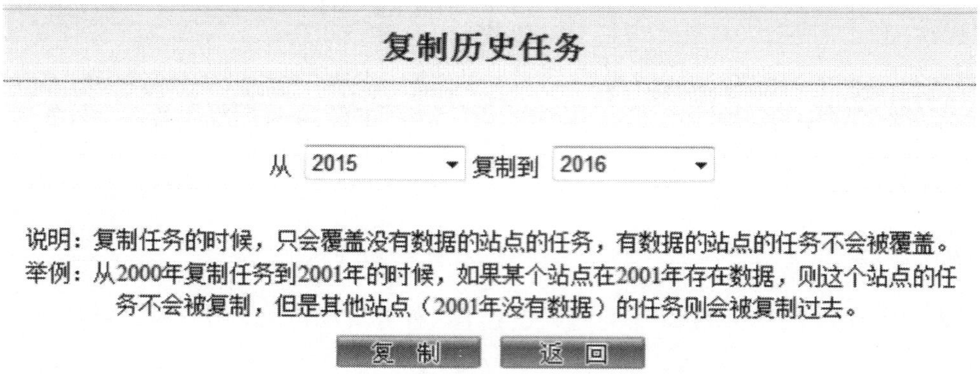
复制历史任务
从 2015 复制到 2016
说明：复制任务的时候，只会覆盖没有数据的站点的任务，有数据的站点的任务不会被覆盖。
举例：从2000年复制任务到2001年的时候，如果某个站点在2001年存在数据，则这个站点的任务不会被复制，但是其他站点（2001年没有数据）的任务则会被复制过去。
复 制
返 回

图 6-5 按年份复制历史任务

第一个年份为被复制年份，第二个年份为需要设置任务的年份。用户依次选择被复制年份和复制到年份后，点击［复制］按钮，即可以将被指定年份的上报任务复制到需要设置任务的年份，从而完成一次快速设置上报任务；点击［返回］功能按钮，则取消上述复制历史任务的操作。

6.1.2.2 按作物复制任务

此方式适用于为某一种作物病虫批量设置整年的任务。复制时，以基准年任务为准，将任务复制到指定作物指定年份的填报站点。如果需设任务年份已经存在其他任务，则仍然保留，只新增基准年的任务。

点击［按作物复制］功能按钮，即可进入按作物复制历史任务页面，如图 6-6。

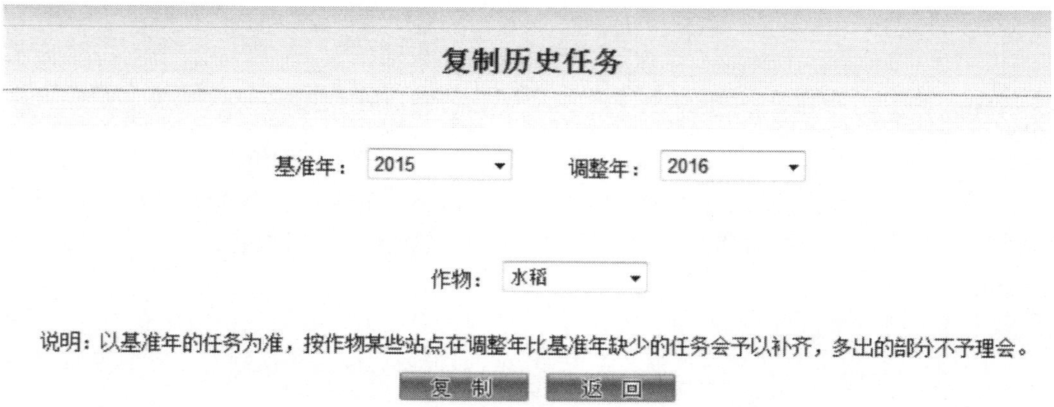
复制历史任务
基准年：2015
调整年：2016
作物：水稻
说明：以基准年的任务为准，按作物某些站点在调整年比基准年缺少的任务会予以补齐，多出的部分不予理会。
复 制
返 回

图 6-6 按作物复制历史任务

基准为被复制年份，调整为复制到年份。用户依次选择被复制年份、复制到年份、作物后，点击［复制］按钮，即可以将被复制年份的上报任务在复制到年份进行全部复制，完成一次快速的上报任务设置操作，按作物某些站点在调整年比基准年缺少的任务会予以补齐。点击［返回］功能按钮，则取消上述复制历史任务的操作。

6.1.2.3 按表名复制任务

此方式适用于为某张报表设置任务。复制任务时，只会覆盖没有数据的站点任务。

点击［按表名复制］功能按钮，即可进入按表名复制历史任务页面，如图 6-7。

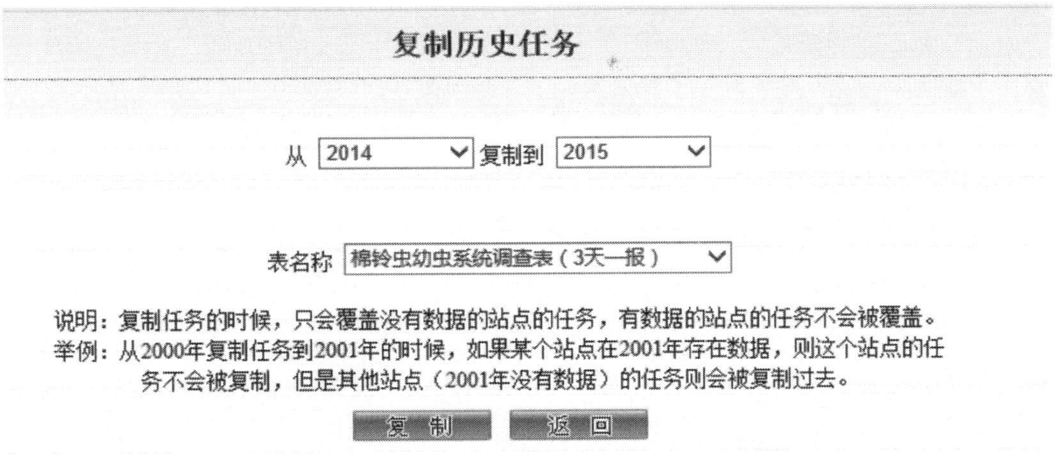

图 6－7　按表名复制历史任务

第一个年份为被复制年份，第二个年份为需设置任务的年份。用户依次选择被复制年份、复制到年份、表名称后，点击［复制］按钮，即可以将被复制年份的上报任务在复制到年份进行全部复制，完成一次快速的上报任务设置操作，但某些有数据的站点的任务不会被覆盖；点击［返回］功能按钮，则取消上述复制历史任务的操作。

6.1.2.4　按站点复制任务

适用于将某些站点的某年任务复制到需要设置任务的年份。复制任务时，只会覆盖没有数据的站点任务。

点击［按站点复制］功能按钮，即可进入按站点复制历史任务页面，如图 6－8。

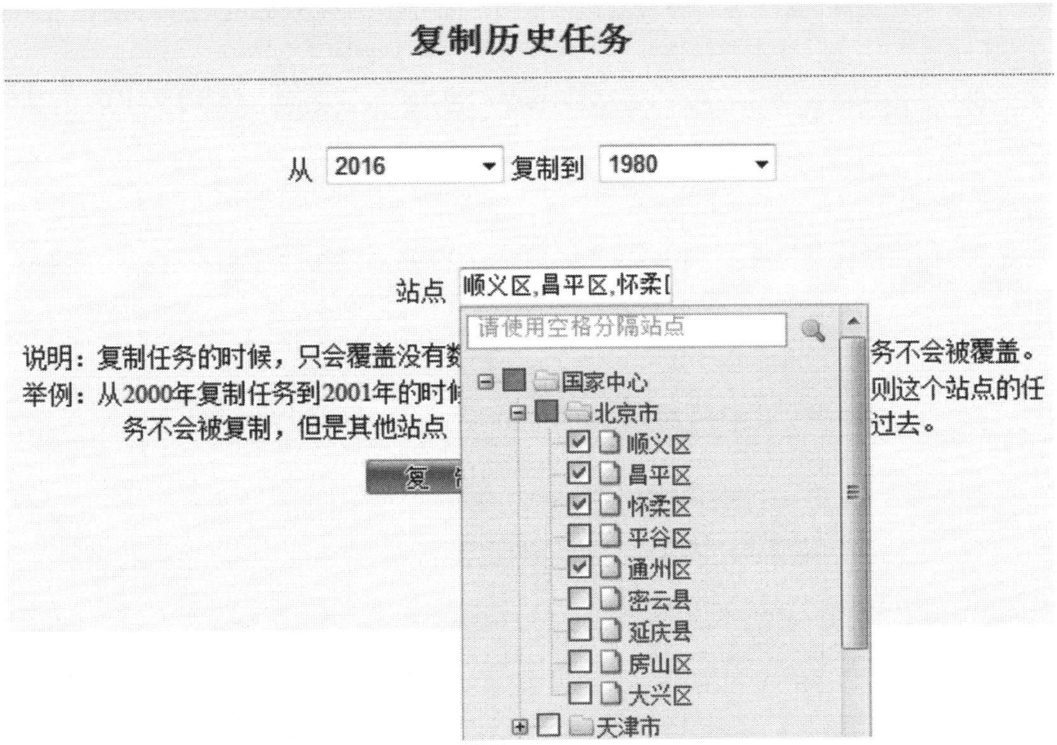

图 6－8　按站点复制历史任务

第一个年份为被复制年份，第二个年份为需设置任务的年份；用户依次选择被复制年份、复制到年份、站点后，点击［复制］按钮，即可以将被复制年份的上报任务在复制到年份进行全部复制，完成一次快速的上报任务设置操作，只会覆盖没有数据的站点的任务，有数据的站点的任务不会被覆盖；点击

［返回］功能按钮，则取消上述复制历史任务的操作。

6.1.2.5 按作物/站点复制任务

此方式适用于将某站点某年某作物的任务复制到需设任务年。

点击［作物/站点］功能按钮，即可进入作物与站点的结合筛选条件复制历史任务页面，如图 6－9。

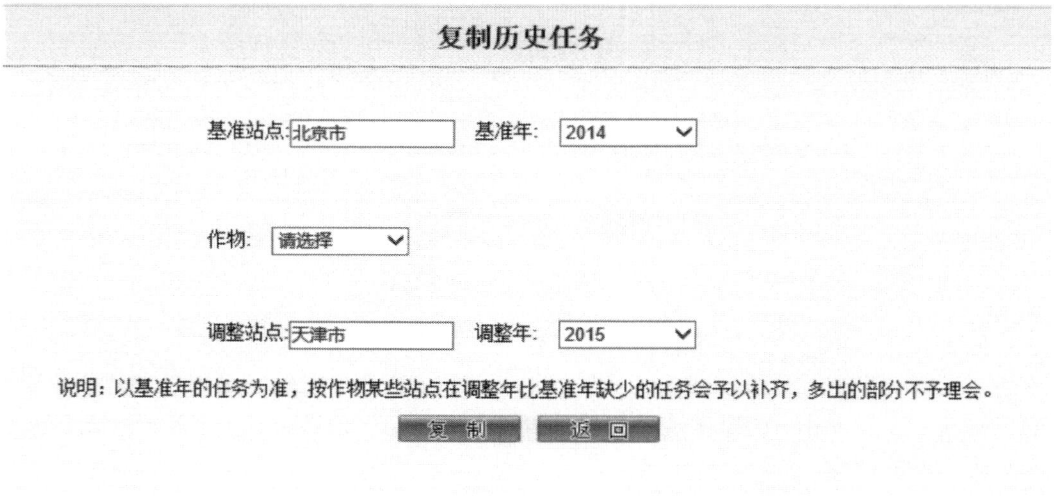

图 6－9 按作物/站点复制历史任务

第一个基准站点与基准年为被复制站点与年份，第二个调整站点与调整年为需要设置任务的站点与年份。用户依次选择被复制站点与被复制年份、复制到站点与复制到年份、作物后，点击［复制］按钮，即可以将被复制年份的上报任务在复制到年份进行全部复制，完成一次快速的上报任务设置操作，但以基准年的任务为准，按作物某些站点在调整年比基准年缺少的任务会予以补齐，多出的部分不予理会；点击［返回］功能按钮，则取消上述复制历史任务的操作。

6.1.2.6 复制任务日志

用于查看复制任务的操作日志。页面以列表的形式展示复制历史任务的操作的用户名、操作内容、操作时间等。

点击［复制任务日志］功能按钮，即可进入复制任务日志页面，如图 6－10。

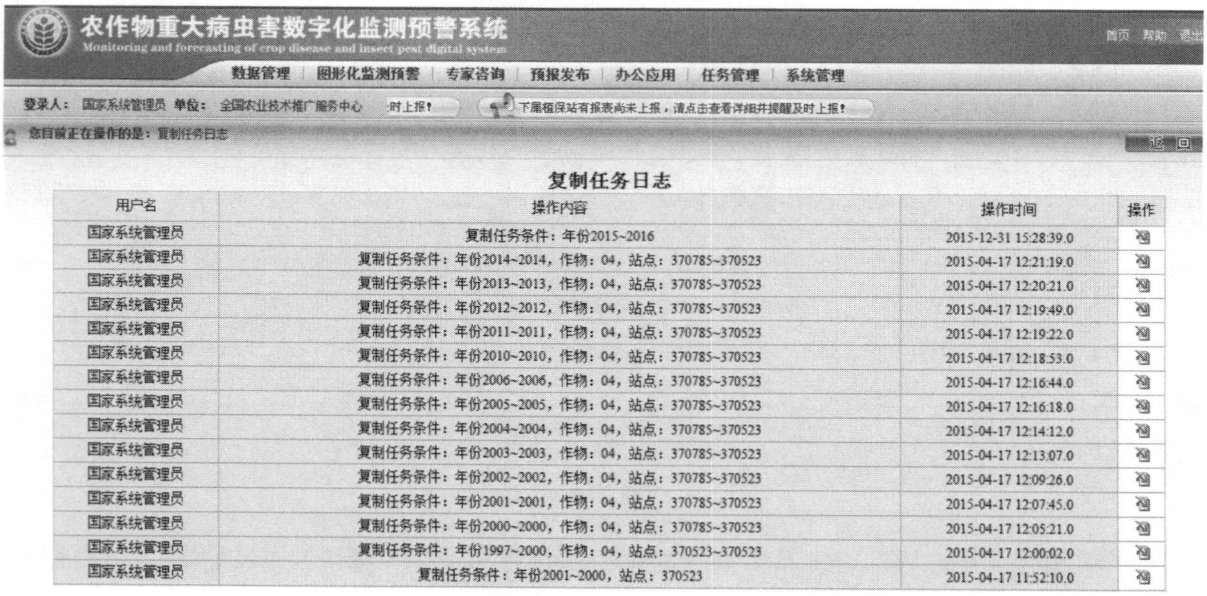

复制任务日志

用户名	操作内容	操作时间	操作
国家系统管理员	复制任务条件：年份2015~2016	2015-12-31 15:28:39.0	
国家系统管理员	复制任务条件：年份2014~2014，作物：04，站点：370785~370523	2015-04-17 12:21:19.0	
国家系统管理员	复制任务条件：年份2013~2013，作物：04，站点：370785~370523	2015-04-17 12:20:21.0	
国家系统管理员	复制任务条件：年份2012~2012，作物：04，站点：370785~370523	2015-04-17 12:19:49.0	
国家系统管理员	复制任务条件：年份2011~2011，作物：04，站点：370785~370523	2015-04-17 12:19:22.0	
国家系统管理员	复制任务条件：年份2010~2010，作物：04，站点：370785~370523	2015-04-17 12:18:53.0	
国家系统管理员	复制任务条件：年份2006~2006，作物：04，站点：370785~370523	2015-04-17 12:16:44.0	
国家系统管理员	复制任务条件：年份2005~2005，作物：04，站点：370785~370523	2015-04-17 12:16:18.0	
国家系统管理员	复制任务条件：年份2004~2004，作物：04，站点：370785~370523	2015-04-17 12:14:12.0	
国家系统管理员	复制任务条件：年份2003~2003，作物：04，站点：370785~370523	2015-04-17 12:13:07.0	
国家系统管理员	复制任务条件：年份2002~2002，作物：04，站点：370785~370523	2015-04-17 12:09:26.0	
国家系统管理员	复制任务条件：年份2001~2001，作物：04，站点：370785~370523	2015-04-17 12:07:45.0	
国家系统管理员	复制任务条件：年份2000~2000，作物：04，站点：370785~370523	2015-04-17 12:05:21.0	
国家系统管理员	复制任务条件：年份1997~2000，作物：04，站点：370523~370523	2015-04-17 12:00:02.0	
国家系统管理员	复制任务条件：年份2001~2000，站点：370523	2015-04-17 11:52:10.0	

图 6－10 复制任务日志

6.1.3 修改任务

6.1.3.1 修改单条任务

在设置任务列表界面下部的上报任务列表中找到需要编辑任务的测报站点单位，然后点击其后的［编辑］功能按钮，即可进入编辑上报任务页面，对上报任务进行编辑，如图 6-11。

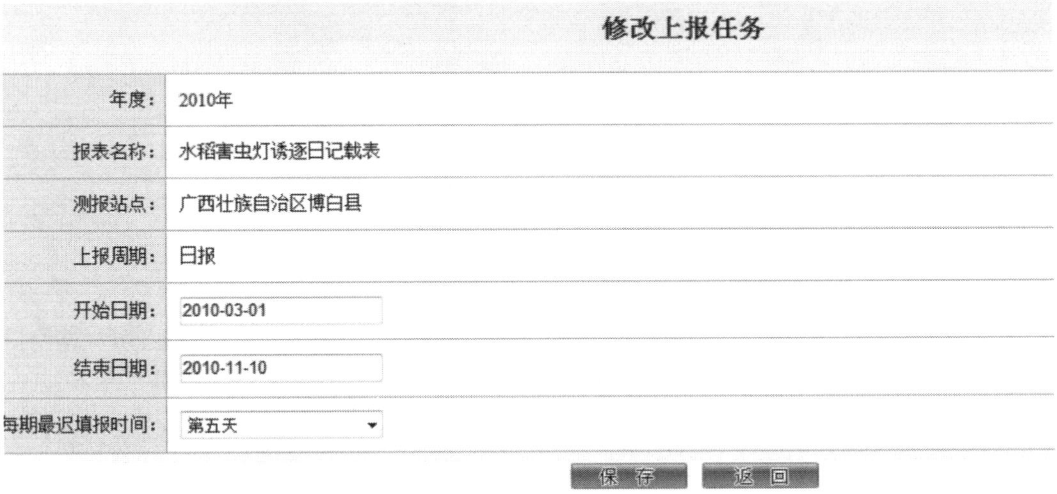

图 6-11　修改任务

用户可根据需要修改上报任务设置，其中上报任务的有效年份、涉及业务数据报表及报表类型、负责上报任务的测报站点单位等已经确定，不可以再行编辑修改。用户可以编辑修改任务的开始日期（周报为开始期数、候报为开始候数）、结束日期（周报为结束期数、候报为结束候数）、每期最迟填报时间；点击［保存］功能按钮，即完成对测报站点单位该条上报任务的编辑修改；点击［返回］功能按钮，则取消上述对测报站点单位该条上报任务的编辑修改。

6.1.3.2 批量修改任务

需要批量修改任务信息时，可使用系统的［批量修改任务］功能，包括全部修改和选择修改两种方式（图 6-12）。

图 6-12　批量修改任务菜单展示

（1）全部修改：用户首先要在设置上报任务页面中按条件筛选需要修改的任务列表，点击［全部修改］功能按钮，即可进入弹出任务修改页面，选择修改任务的开始日期、结束日期以及每期最迟填报时间，点击［确定］按钮，筛选中的全部任务的开始日期、结束日期以及每期最迟填报时间将变为刚刚修改后的数据。

（2）选择修改：用户在设置上报任务页面中勾选需要修改的任务数据，点击［选择修改］功能按钮，即可弹出设置修改任务时间页面，如图 6-13。修改任务的开始日期、结束日期以及每期最迟填报时间，点击［确定］按钮，被勾选的任务数据变为修改后内容，其他没有被勾选的任务数据不变。

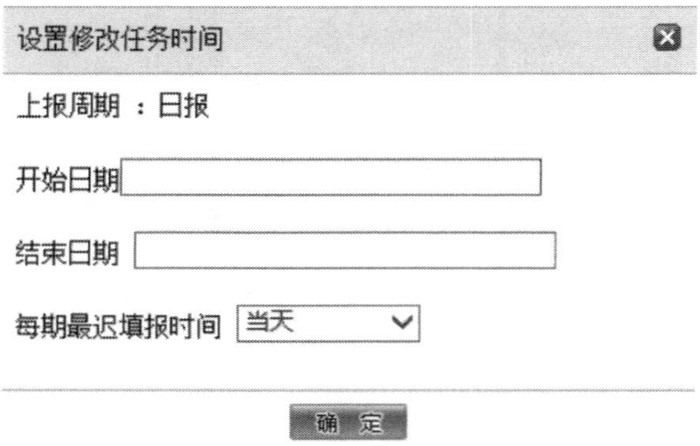

图 6－13　修改任务

6.1.4　删除任务

任务列表中，选择单个或多个需要删除的任务，点击［批量删除］功能按钮，系统会弹出确认提示，是否确认删除指定的上报任务。点击［确定］，即可删除指定的上报任务；点击［取消］，取消上述删除任务的操作，如图 6－14。

图 6－14　批量删除

6.1.5　转移任务

转移任务适用于将选定的任务转移给指定站点。

勾选需要转移的任务数据，点击［转移任务］功能按钮，在弹出转移任务目标站点窗口（图 6－15）内选择目标站点，即可实现任务的转移。

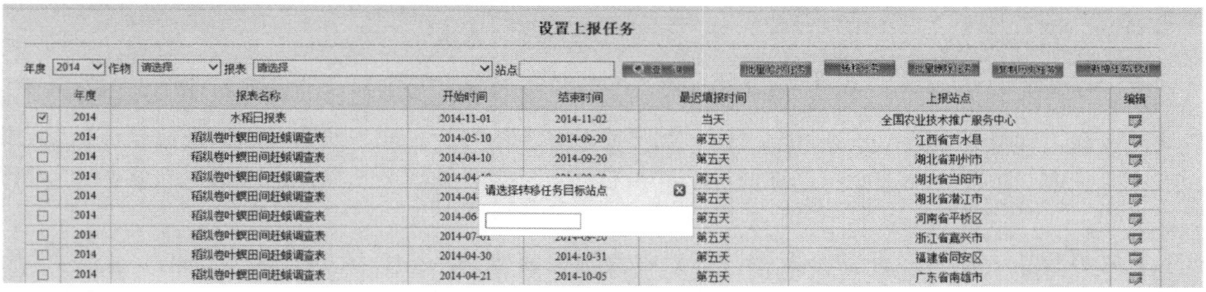

图 6－15　转移任务

选择转移任务目标站点后，点击确定按钮，弹出正在转移提示框，如图 6－16 和图 6－17。

图 6-16 转移任务确认窗口

	开始时间	结束时间	最迟填报时间
	2014-11-01	2014-11-02	当天
	2014-05-10	2014-09-20	第五天
	2014-04-10	2014-09-20	第五天
	2014-04-10	2014-09-20	第五天
	2014-04-	正在转移任务请耐心等待!	第五天
	2014-06-15	2014-08-31	第五天
	2014-07-01	2014-09-20	第五天
	2014-04-30	2014-10-31	第五天
	2014-04-21	2014-10-05	第五天

图 6-17 正在转移任务提示

任务转移成功之后，页面数据自动刷新，列表中的任务上报站点字段变为刚刚转移的目标站点，而转移之前的站点任务则被删除。

6.1.6 查看已设置任务

［年度］、［作物］、［报表］、［站点］四个下拉列表框用于设定查询参数。

［报表］可指定要查询任务信息的业务数据报表：选择［作物］后，在［报表］的下拉列表框中，用户可以选择要查询任务信息的业务数据报表，然后点击［查询］，系统就可以查询所有测报站点单位的指定业务数据报表的任务信息，并以列表形式展现任务信息查询结果。

［年度］可指定要查询任务信息的年度：在［年度］的下拉列表框中，用户可以选择要查询的年度，然后点击［查询］，系统就可以查询在指定年度内的全部测报站点的任务信息，并以列表形式展现任务信息查询结果。

［作物］可指定要查询任务信息的作物：在［作物］的下拉列表框中，用户可以选择要查询的作物，然后点击［查询］，系统就可以查询指定作物的全部测报站点的任务信息，并以列表的形式展现任务信息查询结果。

［站点］可指定要查询任务信息的站点：在［站点］的下拉列表框中，用户可以选择要查询的站点，然后点击［查询］，系统就可以查询指定站点的全部任务信息，并以列表的形式展现任务信息查询结果。

［年度］、［作物］、［报表］、［站点］查询参数组合：用户可以在［年度］的下拉列表框中，先选择要查询的年度；然后用户可以在［作物］的下拉列表中选择要查询的作物；然后在［报表］中选择要查询的作物对应的业务报表；然后在［站点］中选择要查询的站点，然后点击［查询］，系统就可以查询指定年度内的相应测报站点单位的指定作物的业务数据报表的任务信息，并以列表形式展现任务信息查询结果。

6.2 站点任务查询

主要用于查询本级及下级各测报站点的任务情况，主要包括报表名称、填报时间、任务次数等。

用户成功登录系统后，点击功能菜单栏的［任务管理］→［站点任务查询］，主窗体即会展示查看任务列表界面，如图 6－18。

上级单位	测报站点	报表名称	填报时间	任务次数
	顺义区	小麦吸浆虫发生情况统计表	2016-09-20 至 2016-09-30	1
		小麦吸浆虫淘土调查表	2016-04-01 至 2016-10-15	2
		小麦蚜虫发生情况统计表	2016-09-20 至 2016-09-30	1
		小麦蚜虫穗期发生动态周报表	2016-03-28 至 2016-06-12	11
		二代玉米螟发生情况模式报表	2016-08-05 至 2016-08-10	1
		二点委夜蛾蛾量系统调查表(月报表)	2016-04-01 至 2016-10-01	5
		二点委夜蛾蛾量系统调查表（周报表）	2016-05-30 至 2016-07-03	5
		三代玉米螟发生情况模式报表	2016-09-05 至 2016-09-10	1
		一代玉米螟发生情况模式报表	2016-07-01 至 2016-07-10	1
		玉米螟冬后基数模式报表	2016-05-15 至 2016-05-20	1
		玉米螟冬前越冬基数调查模式报表	2016-11-21 至 2016-11-25	1
		农作物病虫害预报发布情况年度统计表	2016-11-01 至 2016-11-30	1

图 6－18　站点任务查询

用户可以在［站点］的下拉列表框中，先选择要查询的站点，如查询任务的上报单位为省级则点击［选择省］，如查询的上报单位为市级或县级则点击［选择省县］，在［年份］下拉列表框选择要查询的年份，点击［查询］，系统就可以查询指定年份内的指定测报站点单位的全部业务数据报表的任务信息，并以列表形式展现任务信息查询结果。

对以列表形式展现任务查询结果，用户可以通过点击［导出 Excel］功能按钮，将任务查询结果导出为 Excel 格式文件。

6.3 任务报送统计

主要用于统计各数据上报单位的业务数据报送工作情况，包括应报次数、实报次数、漏报次数、仍需报次数、漏报期次等。用户必须依次选择［年份］、［报表］、［站点］的下拉列表框中的数据，页面才会显示上报数据统计结果。

用户登录系统后，点击功能菜单栏的［任务管理］→［任务报送统计］，主窗体即会展示任务报送统计界面，如图 6－19。

站点名称	报表名称	任务日期	应报次数	实报次数	仍需报次数	漏报次数	漏报期次
荆州市	稻纵卷叶螟田间赶蛾调查表	从2014-04-10 到2014-09-20	0	0	0	0	
钟祥	稻纵卷叶螟田间赶蛾调查表	从2014-07-15 到2014-09-05	0	0	0	0	
武穴市	稻纵卷叶螟田间赶蛾调查表	从2014-06-10 到2014-09-01	0	0	0	0	
宣恩县	稻纵卷叶螟田间赶蛾调查表	从2014-06-01 到2014-08-31	0	0	0	0	
通城县	稻纵卷叶螟田间赶蛾调查表	从2014-06-01 到2014-09-30	0	0	0	0	
夷陵区	稻纵卷叶螟田间赶蛾调查表	从2014-06-01 到2014-09-30	0	0	0	0	
当阳市	稻纵卷叶螟田间赶蛾调查表	从2014-04-10 到2014-09-20	0	0	0	0	
潜江市	稻纵卷叶螟田间赶蛾调查表	从2014-04-10 到2014-09-20	0	0	0	0	

图 6－19　任务报送统计界面

通过选定［年份］、［报表］、［站点］、［分组］，查询指定条件的任务报送情况。当查询多站、多张报表的报送情况时，可通过［分组］选项定制显示的方式，按站点或报表归并显示，如图 6－20。

报表名称	站点名称	任务日期	应报次数	实报次数	仍需报次数	漏报次数	漏报期次
	荆州市	从2014-04-10 到2014-09-20	0	0	0	0	
	钟祥	从2014-07-15 到2014-09-05	0	0	0	0	
	武穴市	从2014-06-10 到2014-09-01	0	0	0	0	
	宣恩县	从2014-06-01 到2014-08-31	0	0	0	0	
	通城县	从2014-06-01 到2014-09-30	0	0	0	0	
	夷陵区	从2014-06-01 到2014-09-30	0	0	0	0	
	当阳市	从2014-04-10 到2014-09-20	0	0	0	0	
	潜江市	从2014-04-10 到2014-09-20	0	0	0	0	
	天门市	从2014-06-01 到2014-09-30	0	0	0	0	

图 6－20　按报表分组统计

6.4　省站任务统计

主要用于统计各省测报区域站的承担业务数据情况，具体统计指标包括区域站总数、承担任务区域站数、区域站承担任务作物名称、省站承担任务作物名称等。

点击功能菜单栏的［任务管理］→［省站任务统计］，主窗体即会展示查看省任务统计列表界面，如图 6－21。

省站任务统计列表界面上部分别是［年度］下拉列表框，以及［查询］、［导出 Excel］两个功能按钮。省站任务统计列表界面下部将以列表方式展示统计的任务列表。

对以列表形式展现省任务统计结果，用户可以通过点击［导出 Excel］功能按钮，将省任务统计结果导出为 Excel 格式文件。

省站任务统计

年度 2014

站点名称	区域站总数	承担任务区域站数	区域站承担任务作物名称	省站承担任务作物名称
1000	1			
北京市	15	4	多食性害虫	水稻，小麦，玉米
天津市	8	8	棉花，多食性害虫	小麦，棉花，玉米，多食性害虫
河北省	38	18	棉花，多食性害虫	小麦，棉花，玉米，多食性害虫，马铃薯
山西省	36	16	棉花，多食性害虫	小麦，棉花，玉米，多食性害虫，马铃薯
内蒙古自治区	54	45	多食性害虫	玉米，多食性害虫，马铃薯
辽宁省	30	16	水稻，棉花，多食性害虫	水稻，棉花，玉米，多食性害虫，马铃薯
吉林省	34	30	水稻，多食性害虫	水稻，玉米，多食性害虫，马铃薯
黑龙江省	59	19	水稻，多食性害虫	水稻，玉米，多食性害虫，马铃薯
上海市	13	3	水稻，多食性害虫	水稻，小麦，多食性害虫，油菜
江苏省	82	23	水稻，棉花，多食性害虫	水稻，小麦，棉花，玉米，多食性害虫，油菜
浙江省	33	18	水稻，多食性害虫	水稻，小麦，多食性害虫，油菜
安徽省	98	27	水稻，棉花，多食性害虫	水稻，小麦，棉花，玉米，多食性害虫，油菜
福建省	25	12	水稻	水稻，多食性害虫
江西省	105	17	水稻，棉花	水稻，棉花，多食性害虫，油菜
山东省	42	25	棉花，多食性害虫	小麦，棉花，玉米，多食性害虫，马铃薯
河南省	79	27	水稻，棉花，多食性害虫	水稻，小麦，棉花，玉米，多食性害虫，油菜
湖北省	41	20	水稻，棉花，多食性害虫	水稻，小麦，棉花，玉米，多食性害虫，马铃薯，油菜
湖南省	117	25	水稻，棉花	水稻，棉花，玉米，多食性害虫，马铃薯，油菜
广东省	90	16	水稻	水稻，多食性害虫
广西壮族自治区	26	15	水稻，多食性害虫	水稻，玉米，多食性害虫
海南省	22	5	水稻	水稻，多食性害虫

图 6-21　省站任务统计列表

6.5　区域站任务统计

主要用于统计各区域的测报单位承担的作物、病虫数据情况等。

点击功能菜单栏的［任务管理］→［区域站任务统计］，主窗体即会展示查看区域站任务统计列表界面，默认为按作物查询方式显示，如图 6-22。

区域站任务统计

年度: 2015　单位 北京市　查询类型: 按作物

省份	区域站	水稻	小麦	棉花	玉米	多食性害虫	马铃薯	油菜
北京市	密云县					√		
北京市	平谷区					√		
北京市	通州区					√		
北京市	延庆县					√		
	合计	0	0	0	0	4	0	0

图 6-22　区域站任务统计列表

在［查询类型］的下拉列表框中，用户可以选择要统计的方式，系统就可以统计指定年度内的指定区域测报站单位的任务统计情况，并以列表形式展现区域站任务统计结果。

按作物类型查询，查询的统计结果将以列表形式展现，如图 6-23。

区域站任务统计

年度: 2015　单位 北京市　查询类型: 按作物

省份	区域站	水稻	小麦	棉花	玉米	多食性害虫	马铃薯	油菜
北京市	密云县					√		
北京市	平谷区					√		
北京市	通州区					√		
北京市	延庆县					√		
	合计	0	0	0	0	4	0	0

图 6-23　区域站任务统计列表——按作物

按病虫类型查询，［查询类型］选择框右侧又显示了［作物类型］选择框，查询的统计结果将以列表形式展现，如图 6-24。

对以列表形式展现区域站任务统计结果，用户可以通过点击［导出 Excel］功能按钮，将区域站任

区域站任务统计

年度：2015 单位 北京市 查询类型：按病虫类型 作物类型：水稻

省份	区域站	水稻										
		稻纵卷叶螟	二化螟	三化螟	大螟	灰飞虱	稻飞虱	稻瘟病	条纹叶枯病	稻曲病	白叶枯病	细菌性条斑病
北京市	平谷区											
北京市	通州区											
北京市	密云县											
北京市	延庆县											
	合计	0	0	0	0	0	0	0	0	0	0	0

图 6－24　区域站任务统计列表——按病虫类型

务统计结果导出为 Excel 格式文件，点击［保存］可保存在本机。

6.6　微信催报

为方面用户查询需要上报的任务情况，设计开发了利用移动端查询本年未上报任务和未来一周需报送任务情况。

6.6.1　关注公众号

点击微信搜索，搜索“植保通”并进行关注，打开植保通公众号，选择［农事］→［任务催报］，如图 6－25。

图 6－25　植保通微信公众号

6.6.2　绑定账号

用本系统账号密码进行登录绑定，也可在登录后点击［解绑］解除账号绑定，如图 6－26。

6.6.3　查看任务

登录后的首页列表有当前登录用户的当前站点及下级站点的未上报任务和下周任务，当前站点数据位列第一行，如图 6－26。

点击站点后面的未上报任务或下周任务的数字，查看站点的详细任务上报数据，如图 6－27。

绑定页面
金禾天成
账号:
请输入账号
密码:
请输入密码
绑定号码
催报
当前登录 广西壮族自治区植保总站
解绑
未报任务详情如下:
站点 未报任务 下周任务
广西壮族自治区植保总站 11 0
武鸣县 219 7
隆安县 147 7
上林县 177 7
柳江县 411 7

图 6-26　账号绑定与解绑

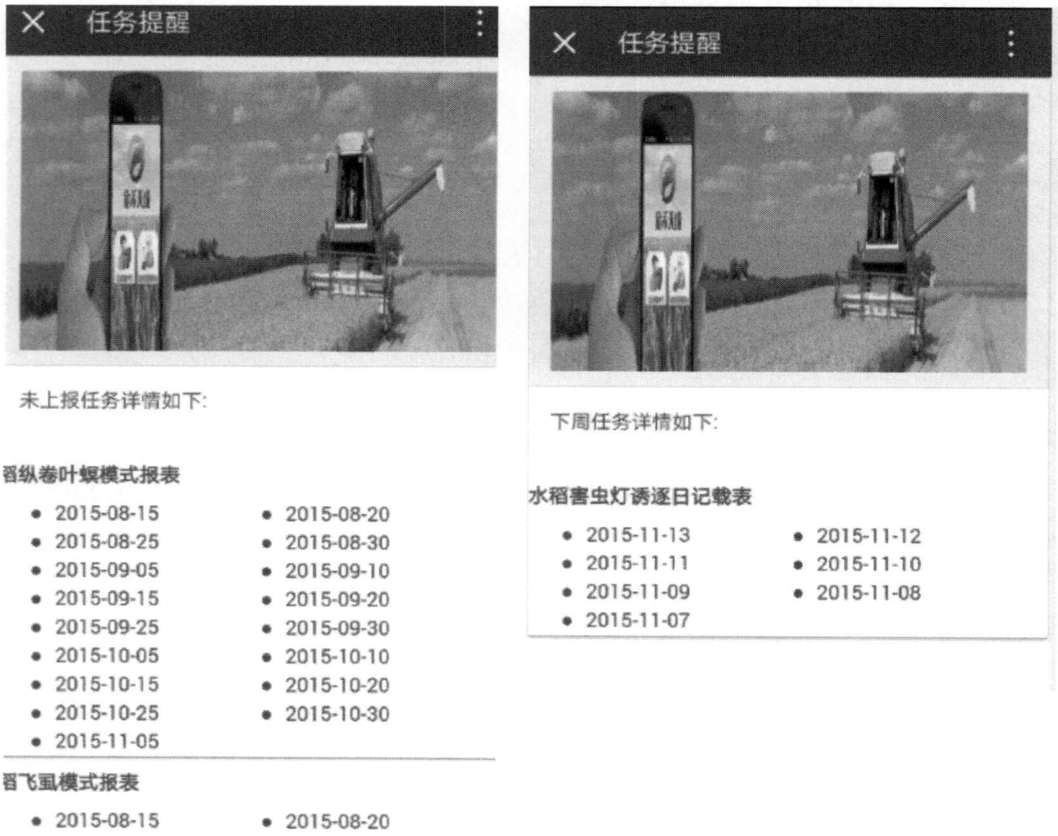
任务提醒
未上报任务详情如下:
稻纵卷叶螟模式报表
2015-08-15
2015-08-20
2015-08-25
2015-08-30
2015-09-05
2015-09-10
2015-09-15
2015-09-20
2015-09-25
2015-09-30
2015-10-05
2015-10-10
2015-10-15
2015-10-20
2015-10-25
2015-10-30
2015-11-05
稻飞虱模式报表
2015-08-15
2015-08-20
任务提醒
下周任务详情如下:
水稻害虫灯诱逐日记载表
2015-11-13
2015-11-12
2015-11-11
2015-11-10
2015-11-09
2015-11-08
2015-11-07

图 6-27　查看具体填报任务

7 任务信息统计

为保证病虫监测调查数据及时上报，系统设计开发了一系列任务考核功能，以实现对省级及县级病虫测报区域站数据填报情况进行定量考核，考核内容主要包括应报次数、实报次数、迟报次数、漏报次数、仍需上报次数，以及完成率、迟报率、漏报率等。开发的主要功能包括省站信息统计、区域站信息统计、区域站信息合计、作物信息统计、表格信息统计。

7.1 省站信息统计

用于统计省级植保机构监测数据上报任务完成情况。

用户点击［办公应用］→［省站信息统计］功能按钮，进入省站信息统计界面，如图 7－1。

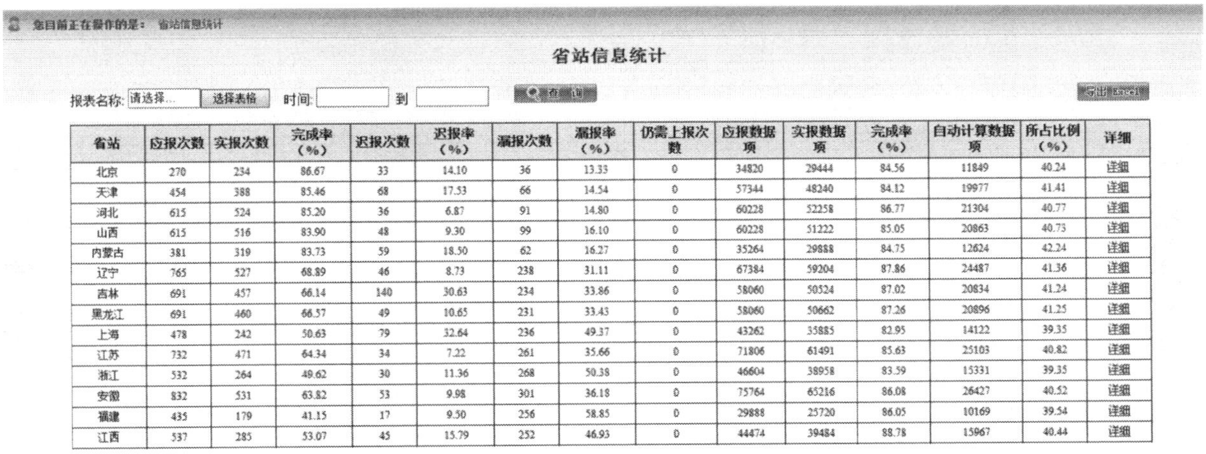

省站	应报次数	实报次数	完成率（%）	迟报次数	迟报率（%）	漏报次数	漏报率（%）	仍需上报次数	应报数据项	实报数据项	完成率（%）	自动计算数据项	所占比例（%）	详细
北京	270	234	86.67	33	14.10	36	13.33	0	34820	29444	84.56	11849	40.24	详细
天津	454	388	85.46	68	17.53	66	14.54	0	57344	48240	84.12	19977	41.41	详细
河北	615	524	85.20	36	6.87	91	14.80	0	60228	52258	86.77	21304	40.77	详细
山西	615	516	83.90	48	9.30	99	16.10	0	60228	51222	85.05	20863	40.73	详细
内蒙古	381	319	83.73	59	18.50	62	16.27	0	35264	29888	84.75	12624	42.24	详细
辽宁	765	527	68.89	46	8.73	238	31.11	0	67384	59204	87.86	24487	41.36	详细
吉林	691	457	66.14	140	30.63	234	33.86	0	58060	50524	87.02	20834	41.24	详细
黑龙江	691	460	66.57	49	10.65	231	33.43	0	58060	50662	87.26	20896	41.25	详细
上海	478	242	50.63	79	32.64	236	49.37	0	43262	35885	82.95	14122	39.35	详细
江苏	732	471	64.34	34	7.22	261	35.66	0	71806	61491	85.63	25103	40.82	详细
浙江	532	264	49.62	30	11.36	268	50.38	0	46604	38958	83.59	15331	39.35	详细
安徽	832	531	63.82	53	9.98	301	36.18	0	75764	65216	86.08	26427	40.52	详细
福建	435	179	41.15	17	9.50	256	58.85	0	29888	25720	86.05	10169	39.54	详细
江西	537	285	53.07	45	15.79	252	46.93	0	44474	39484	88.78	15967	40.44	详细

图 7－1　省站信息统计

7.1.1 信息查询

用户可通过报表、时间段，查询指定在一定时间内具体报表的上报完成情况（图 7－2）。

在省站信息统计页面，依次选择报表名称、时间段，点击［查询］按钮，显示选择范围内的统计结果，如图 7－3。

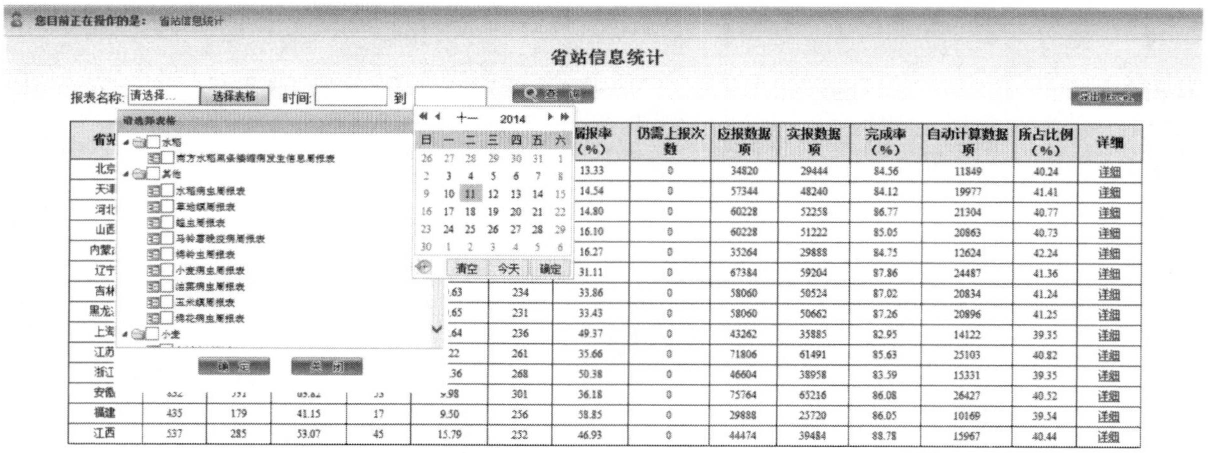

省站	漏报率(%)	仍需上报次数	应报数据项	实报数据项	完成率(%)	自动计算数据项	所占比例(%)	详细
北京	13.33	0	34820	29444	84.56	11849	40.24	详细
天津	14.54	0	57344	48240	84.12	19977	41.41	详细
河北	14.80	0	60228	52258	86.77	21304	40.77	详细
山西	16.10	0	60228	51222	85.05	20863	40.73	详细
内蒙	16.27	0	35264	29888	84.75	12624	42.24	详细
辽宁	31.11	0	67384	59204	87.86	24487	41.36	详细
吉林	33.86	0	58060	50524	87.02	20834	41.24	详细
黑龙	33.43	0	58060	50662	87.26	20896	41.25	详细
上海	49.37	0	43262	35885	82.95	14122	39.35	详细
江苏	35.66	0	71806	61491	85.63	25103	40.82	详细
浙江	50.38	0	46604	38958	83.59	15331	39.35	详细
安徽	36.18	0	75764	65216	86.08	26427	40.52	详细
福建	58.85	0	29888	25720	86.05	10169	39.54	详细
江西	46.93	0	44474	39484	88.78	15967	40.44	详细

图 7-2　统计信息查询

省站	应报次数	实报次数	完成率(%)	迟报次数	迟报率(%)	漏报次数	漏报率(%)	仍需上报次数	应报数据项	实报数据项	完成率(%)	自动计算数据项	所占比例(%)	详细
辽宁	14	14	100.00	2	14.29	0	0.00	0	210	210	100.00	0	0.00	详细
吉林	14	14	100.00	4	28.57	0	0.00	0	210	210	100.00	0	0.00	详细
黑龙江	14	14	100.00	2	14.29	0	0.00	0	210	210	100.00	0	0.00	详细
上海	14	14	100.00	4	28.57	0	0.00	0	210	210	100.00	0	0.00	详细
江苏	14	14	100.00	2	14.29	0	0.00	0	210	210	100.00	0	0.00	详细
浙江	14	14	100.00	1	7.14	0	0.00	0	210	210	100.00	0	0.00	详细
安徽	14	14	100.00	2	14.29	0	0.00	0	210	210	100.00	0	0.00	详细
福建	14	14	100.00	1	7.14	0	0.00	0	210	210	100.00	0	0.00	详细
江西	14	14	100.00	1	7.14	0	0.00	0	210	210	100.00	0	0.00	详细
河南	12	12	100.00	1	8.33	0	0.00	0	180	180	100.00	0	0.00	详细
湖北	14	14	100.00	0	0.00	0	0.00	0	210	210	100.00	0	0.00	详细
湖南	14	14	100.00	1	7.14	0	0.00	0	210	210	100.00	0	0.00	详细
广东	14	14	100.00	1	7.14	0	0.00	0	210	210	100.00	0	0.00	详细
广西	14	14	100.00	1	7.14	0	0.00	0	210	210	100.00	0	0.00	详细
海南	14	14	100.00	7	50.00	0	0.00	0	210	210	100.00	0	0.00	详细
重庆	11	11	100.00	1	9.09	0	0.00	0	165	165	100.00	0	0.00	详细
四川	11	11	100.00	3	27.27	0	0.00	0	165	165	100.00	0	0.00	详细
贵州	11	11	100.00	0	0.00	0	0.00	0	165	165	100.00	0	0.00	详细
云南	11	11	100.00	0	0.00	0	0.00	0	165	165	100.00	0	0.00	详细

图 7-3　统计结果

点击图 7-2 省站信息统计界面中某省信息后边的［详细］按钮，跳转到［省站表格详细］界面后显示该省每张报表上报情况（图 7-4）。

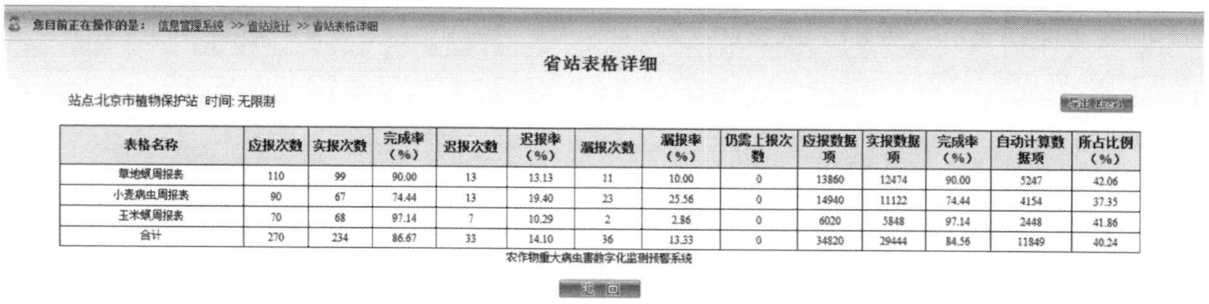

表格名称	应报次数	实报次数	完成率(%)	迟报次数	迟报率(%)	漏报次数	漏报率(%)	仍需上报次数	应报数据项	实报数据项	完成率(%)	自动计算数据项	所占比例(%)
草地螟周报表	110	99	90.00	13	13.13	11	10.00	0	13860	12474	90.00	5247	42.06
小麦病虫周报表	90	67	74.44	13	19.40	23	25.56	0	14940	11122	74.44	4154	37.35
玉米螟周报表	70	68	97.14	7	10.29	2	2.86	0	6020	5848	97.14	2448	41.86
合计	270	234	86.67	33	14.10	36	13.33	0	34820	29444	84.56	11849	40.24

图 7-4　省站表格详细

7.1.2　结果导出

点击图 7-1 省站信息统计界面中的［导出 Excel］按钮，可以将信息统计表格直接打开或保存到指定目录，导出时可选择分页导出或不分页导出（图 7-5、图 7-6）。

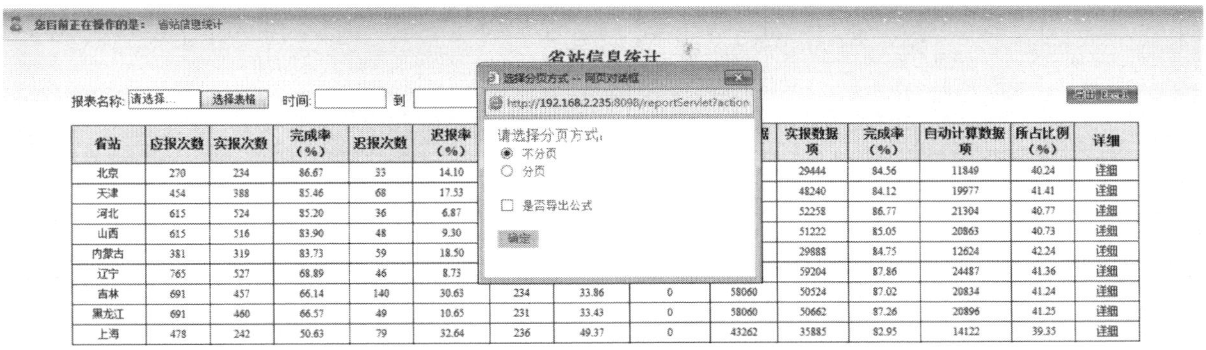

图 7－5　导出 Excel

图 7－6　导出 Excel 选项

7.2　区域站信息统计

用于国家级用户和省级用户统计所属各个区域站的数据上报情况。

点击［区域站信息统计］功能按钮，进入区域站信息统计页面，如图 7－7。

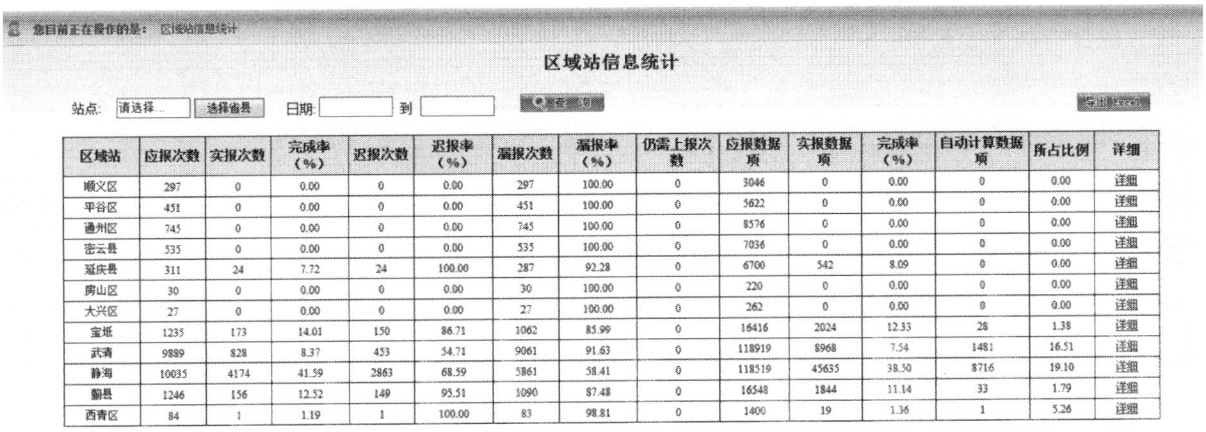

图 7－7　区域站信息统计

可以通过选择站点，设置日期期间，查询统计指定站点一定时期内的数据上报情况（图 7－8）。

区域站	完成率（%）	迟报次数	迟报率（%）	漏报次数	漏报率（%）	仍需上报次数	应报数据项	实报数据项	完成率（%）	自动计算数据项	所占比例	详细
顺义区	0.00	0	0.00	297	100.00	0	3046	0	0.00	0	0.00	详细
平谷区	0.00	0	0.00	451	100.00	0	5622	0	0.00	0	0.00	详细
通州区	0.00	0	0.00	745	100.00	0	8576	0	0.00	0	0.00	详细
密云县	0.00	0	0.00	535	100.00	0	7036	0	0.00	0	0.00	详细
延庆县	7.72	24	100.00	287	92.28	0	6700	542	8.09	0	0.00	详细
房山区	0.00	0	0.00	30	100.00	0	220	0	0.00	0	0.00	详细
大兴区	0.00	0	0.00	27	100.00	0	262	0	0.00	0	0.00	详细
宝坻	14.01	150	86.71	1062	85.99	0	16416	2024	12.33	28	1.38	详细
武清	8.37	453	54.71	9061	91.63	0	118919	8968	7.54	1481	16.51	详细
静海	41.59	2863	68.59	5861	58.41	0	118519	45635	38.50	8716	19.10	详细
蓟县	12.52	149	95.51	1090	87.48	0	16548	1844	11.14	33	1.79	详细
西青区	1.19	1	100.00	83	98.81	0	1400	19	1.36	1	5.26	详细
津南区	3.56	20	74.07	732	96.44	0	9416	357	3.79	1	0.28	详细
大港区	6.90	2	33.33	81	93.10	0	1492	145	9.72	1	0.69	详细

图 7-8　统计信息查询

点击每个区域站对应记录的［详细］链接可查看该区域站上报的表格的详细信息（图 7-9）。

表格名称	应报次数	实报次数	完成率（%）	迟报次数	迟报率（%）	漏报次数	漏报率（%）	仍需上报次数	应报数据项	实报数据项	完成率（%）	自动计算数据项	所占比例（%）
粘虫蛾量诱测动态周报表	140	0	0.00	0	0.00	140	100.00	0	1120	0	0.00	0	0.00
粘虫雌蛾抱卵动态周报表	140	0	0.00	0	0.00	140	100.00	0	1260	0	0.00	0	0.00
粘虫幼虫及蛹发生动态周报表	140	0	0.00	0	0.00	140	100.00	0	2380	0	0.00	0	0.00
二代粘虫县站汇报模式报表	14	0	0.00	0	0.00	14	100.00	0	392	0	0.00	0	0.00
三代粘虫县站汇报模式报表	14	0	0.00	0	0.00	14	100.00	0	378	0	0.00	0	0.00
病虫测报基本信息统计表	1	0	0.00	0	0.00	1	100.00	0	25	0	0.00	0	0.00
县级以上(包含县级)植保机构基本情况调查表	1	0	0.00	0	0.00	1	100.00	0	45	0	0.00	0	0.00
县级以下植保机构基本情况调查表	1	0	0.00	0	0.00	1	100.00	0	22	0	0.00	0	0.00
合计	451	0	0.00	0	0.00	451	100.00	0	5622	0	0.00	0	0.00

图 7-9　区域站表格详细

用户可以将查询统计结果导出为 Excel 文件，操作同 7.1.2。

7.3　区域站信息合计

用于统计全国各省所属区域站数据的上报情况。

点击［办公应用］→［区域站信息合计］功能按钮，进入区域信息站合计页面（图 7-10）。

省站	区域站数	应报次数	实报次数	完成率（%）	迟报次数	迟报率（%）	漏报次数	漏报率（%）	仍需上报次数	应报数据项	实报数据项	完成率（%）	自动计算数据项	所占比例（%）	详细
北京	7	2396	24	1.00	24	100.00	2372	99.00	0	31462	542	1.72	0	0.00	详细
天津	8	32803	12024	36.66	9431	78.43	20779	63.34	0	394543	124465	31.55	21767	17.49	详细
河北	36	133609	62217	46.57	50315	80.87	71392	53.43	0	1363484	570426	41.84	113032	19.82	详细
山西	35	66232	39110	59.05	33681	86.12	27122	40.95	0	699528	396350	56.66	61265	15.46	详细
内蒙古	52	23531	3417	14.52	3211	93.97	20114	85.48	0	377810	53572	14.18	87	0.16	详细
辽宁	29	37288	9778	26.22	6345	64.89	27510	73.78	0	598911	186329	31.11	2549	1.37	详细
吉林	34	14148	2295	16.22	849	36.99	11853	83.78	0	223619	33747	15.09	22	0.07	详细
黑龙江	59	18646	3193	17.12	2229	69.81	15453	82.88	0	300479	59783	19.90	43	0.07	详细

图 7-10　区域站信息合计

用户可通过选择报表名称和时间段来对各省站所属区域站数据上报情况进行统计。点击每个省站对应的［详细］链接可查看该省站对应的区域站数据上报情况（图 7-11），继续点击各区域站对应的

［详细］链接可查看该区域站上报的表格的详细信息（图 7－12）。

您目前正在操作的是： 信息管理系统 >> 区域站合计 >> 区域站详细

区域站详细

站点:天津市植保植检站 时间: 无限制

导出 Excel

区域站	应报次数	实报次数	完成率（%）	迟报次数	迟报率（%）	漏报次数	漏报率（%）	仍需上报次数	应报数据项	实报数据项	完成率（%）	自动计算数据项	所占比例（%）	详细
宝坻	1235	173	14.01	150	86.71	1062	85.99	0	16416	2024	12.33	28	1.38	详细
武清	9889	828	8.37	453	54.71	9061	91.63	0	118919	8968	7.54	1481	16.51	详细
静海	10035	4174	41.59	2863	68.59	5861	58.41	0	118519	45635	38.50	8716	19.10	详细
蓟县	1246	156	12.52	149	95.51	1090	87.48	0	16548	1844	11.14	33	1.79	详细
西青区	84	1	1.19	1	100.00	83	98.81	0	1400	19	1.36	1	5.26	详细
津南区	759	27	3.56	20	74.07	732	96.44	0	9416	357	3.79	1	0.28	详细
大港区	87	6	6.90	2	33.33	81	93.10	0	1492	145	9.72	1	0.69	详细
宁河县	9468	6659	70.33	5793	87.00	2809	29.67	0	111833	65473	58.55	11506	17.57	详细
合计	32803	12024	36.66	9431	78.43	20779.00	63.34	0	394543	124465	31.55	21767	17.49	--

农作物重大病虫害数字化监测预警系统

返 回

图 7－11 浏览天津市区域站任务完成情况

您目前正在操作的是： 信息管理系统 >> 区域站合计 >> 区域站详细 >> 区域站表格详细

区域站表格详细

站点:静海 时间: 无限制

导出 Excel

表格名称	应报次数	实报次数	完成率（%）	迟报次数	迟报率（%）	漏报次数	漏报率（%）	仍需上报次数	应报数据项	实报数据项	完成率（%）	自动计算数据项	所占比例（%）
粘虫蛾量诱测动态周报表	140	10	7.14	6	60.00	130	92.86	0	1120	80	7.14	0	0.00
粘虫草把诱卵动态周报表	140	10	7.14	6	60.00	130	92.86	0	980	70	7.14	0	0.00
粘虫雌蛾抱卵动态周报表	140	10	7.14	6	60.00	130	92.86	0	1260	90	7.14	0	0.00
粘虫幼虫及蛹发生动态周报表	140	10	7.14	8	80.00	130	92.86	0	2380	170	7.14	0	0.00
二代粘虫县站汇报模式报表	14	1	7.14	0	0.00	13	92.86	0	392	28	7.14	0	0.00
三代粘虫县站汇报模式报表	14	1	7.14	0	0.00	13	92.86	0	378	27	7.14	0	0.00
玉米螟冬前越冬基数调查模式报表	14	1	7.14	0	0.00	13	92.86	0	196	14	7.14	0	0.00
玉米螟冬后基数模式报表	14	1	7.14	1	100.00	13	92.86	0	252	18	7.14	0	0.00
春玉米种植情况表	14	1	7.14	0	0.00	13	92.86	0	84	6	7.14	0	0.00

图 7－12 区域站各任务表格完成情况

用户可以将查询统计结果导出为 Excel 文件，操作同 7.1.2。

7.4 表格信息统计

用于查询统计系统中每张数据报表的上报情况。

点击［表格信息统计］功能图标，进入表格信息统计页面（图 7－13）。

您目前正在操作的是： 表格信息统计

表格信息统计

报表名称: 请选择... 选择表格 日期: 到 查 询 导出 Excel

表格名称	区域站数	应报次数	实报次数	完成率（%）	迟报次数	迟报率（%）	漏报次数	漏报率（%）	仍需上报次数	应报数据项	实报数据项	完成率（%）	自动计算数据项	所占比例（%）	详细
草地螟周报表	14	1523	1351	88.71	272	20.13	172	11.29	0	191898	170226	88.71	71603	42.06	详细
棉铃虫幼虫系统调查表	116	103080	35182	34.13	27881	79.25	67898	65.87	0	618480	211092	34.13	35182	16.67	详细
病虫测报基本信息统计表	602	602	424	70.43	146	34.43	178	29.57	0	15050	10600	70.43	0	0.00	详细
春玉米种植情况表	198	2481	532	21.44	444	83.46	1949	78.56	0	14886	3192	21.44	0	0.00	详细
花铃期棉花叶螨模式报表	82	1189	387	32.55	343	88.63	802	67.45	0	17835	5805	32.55	0	0.00	详细
二代红铃虫模式报表	30	431	160	37.12	138	86.25	271	62.88	0	13792	5120	37.12	0	0.00	详细
棉盲蝽单灯诱测逐日记载表	85	223644	76441	34.18	58718	76.81	147203	65.82	0	2236440	764410	34.18	76441	10.00	详细
苗期棉蚜模式报表	99	1439	408	28.35	309	75.74	1031	71.65	0	41731	11832	28.35	0	0.00	详细

图 7－13 表格信息统计

用户可通过选择表格和时间段来查询表格统计情况（图 7－14、图 7－15）。

点击每个区域站对应的详细链接可查看该区域站上报的表格的详细信息（图 7－16）。

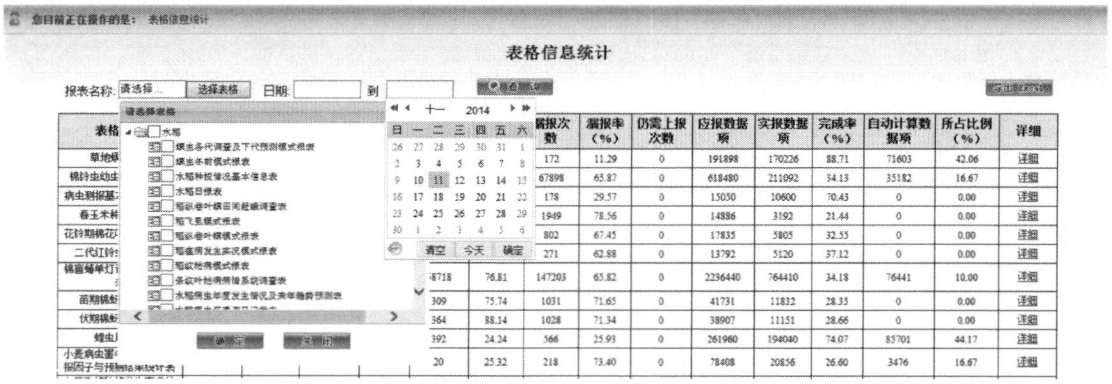

图 7-14　表格信息查询

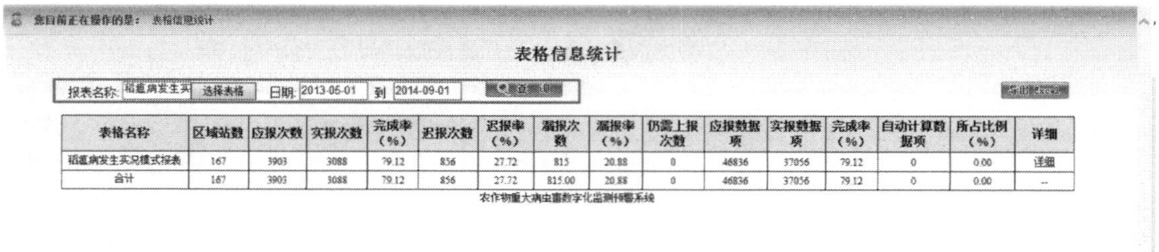

表格名称	区域站数	应报次数	实报次数	完成率（%）	迟报次数	迟报率（%）	漏报次数	漏报率（%）	仍需上报次数	应报数据项	实报数据项	完成率（%）	自动计算数据项	所占比例（%）	详细
稻瘟病发生实况模式报表	167	3903	3088	79.12	856	27.72	815	20.88	0	46836	37056	79.12	0	0.00	详细
合计	167	3903	3088	79.12	856	27.72	815.00	20.88	0	46836	37056	79.12	0	0.00	--

图 7-15　表格查询结果

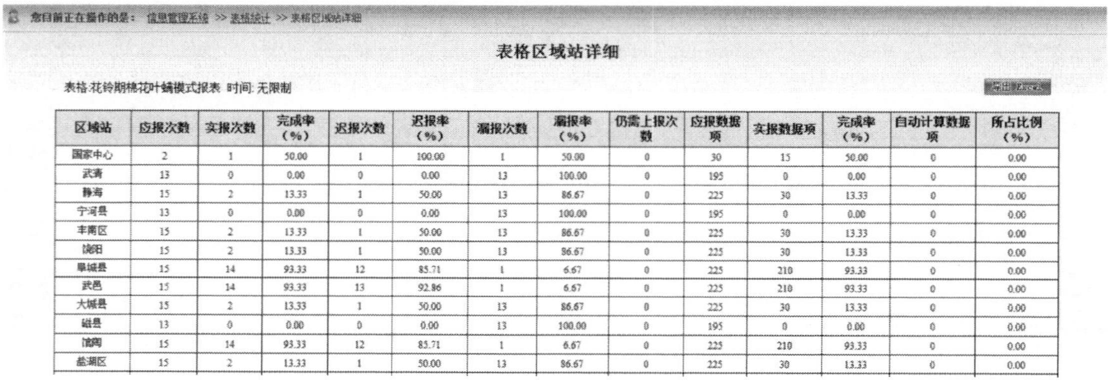

区域站	应报次数	实报次数	完成率（%）	迟报次数	迟报率（%）	漏报次数	漏报率（%）	仍需上报次数	应报数据项	实报数据项	完成率（%）	自动计算数据项	所占比例（%）
国家中心	2	1	50.00	1	100.00	1	50.00	0	30	15	50.00	0	0.00
武清	13	0	0.00	0	0.00	13	100.00	0	195	0	0.00	0	0.00
静海	15	2	13.33	1	50.00	13	86.67	0	225	30	13.33	0	0.00
宁河县	13	0	0.00	0	0.00	13	100.00	0	195	0	0.00	0	0.00
丰南区	15	2	13.33	1	50.00	13	86.67	0	225	30	13.33	0	0.00
饶阳	15	2	13.33	1	50.00	13	86.67	0	225	30	13.33	0	0.00
阜城县	15	14	93.33	12	85.71	1	6.67	0	225	210	93.33	0	0.00
武邑	15	14	93.33	13	92.86	1	6.67	0	225	210	93.33	0	0.00
大城县	15	2	13.33	1	50.00	13	86.67	0	225	30	13.33	0	0.00
磁县	13	0	0.00	0	0.00	13	100.00	0	195	0	0.00	0	0.00
馆陶	15	14	93.33	12	85.71	1	6.67	0	225	210	93.33	0	0.00
盐湖区	15	2	13.33	1	50.00	13	86.67	0	225	30	13.33	0	0.00

图 7-16　表格区域站详细

7.5　系统任务报表情况统计

用于按作物统计各作物病虫任务报表情况。

点击［办公应用］→［作物信息统计］功能按钮，进入作物信息统计页面（图 7-17），显示各作物报表数量、字段数量，及其文字字段、数据字段和自动计算字段数量和比例。

作物	表格数	总字段数	文本字段数	所占比例（%）	数据字段数	所占比例（%）	自动计算字段数	所占比例（%）	详细
水稻	18	424	164	38.68	232	54.72	7	1.65	详细
小麦	14	828	292	35.27	536	64.73	101	12.20	详细
棉花	38	1257	507	40.33	750	59.67	11	0.88	详细
玉米	10	650	208	32.00	442	68.00	24	3.69	详细
杂食性害虫	46	782	184	23.53	591	75.58	20	2.56	详细
马铃薯	4	161	48	29.81	71	44.10	13	8.07	详细
油菜	5	251	79	31.47	170	67.73	24	9.56	详细
其他	10	1292	230	17.80	1062	82.20	537	41.56	详细
合计	145	5645	1712	30.33	3854	68.27	737	13.06	--

图 7-17　作物信息统计

页面列出了系统中所有作物对应的表格及字段信息，用户可点击每种作物对应的详细链接查看该作物下所有表格的字段信息（图 7－18）。

您目前正在操作的是：信息管理系统 >> 作物统计 >> 作物表格详细

作物表格详细

作物杂食性害虫

表格名称	字段数	文本字段数	所占比例（%）	数据字段数	所占比例（%）	自动计算字段数	所占比例（%）
草地螟年度发生情况统计表	35	0	0.00	35	100.00	0	0.00
草地螟（越冬代成虫）年度发生区域统计表	6	3	50.00	3	50.00	0	0.00
草地螟（一代幼虫）年度发生区域统计表	6	3	50.00	3	50.00	0	0.00
草地螟（一代成虫）年度发生区域统计表	6	3	50.00	3	50.00	0	0.00
草地螟（二代幼虫）年度发生区域统计表	6	3	50.00	3	50.00	0	0.00
草地螟（二代成虫）年度发生区域统计表	6	3	50.00	3	50.00	0	0.00
草地螟发生动态省站汇报模式报表	12	2	16.67	10	83.33	0	0.00
草地螟发生动态监测点汇报模式报表	22	5	22.73	17	77.27	0	0.00

图 7－18　作物表格详细

7.6　系统通知

主要用于系统通知的管理，包括通知的发送、查看、编辑、删除等。

点击功能菜单栏的［办公应用］→［系统通知］，进入接收通知查看界面，如图 7－19。

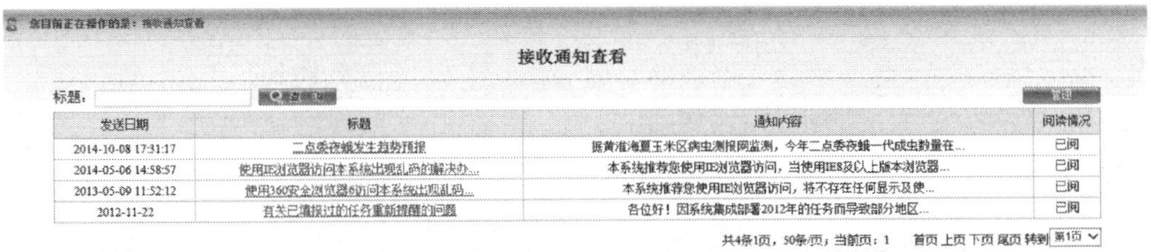

您目前正在操作的是：接收通知查看

接收通知查看

标题：

发送日期	标题	通知内容	阅读情况
2014-10-08 17:31:17	二点委夜蛾发生趋势预报	据黄淮海夏玉米区病虫测报网监测，今年二点委夜蛾一代成虫数量在...	已阅
2014-05-06 14:58:57	使用IE浏览器访问本系统出现乱码的解决办...	本系统推荐您使用IE浏览器访问，当使用IE8及以上版本浏览器...	已阅
2013-05-09 11:52:12	使用360安全浏览器6访问本系统出现乱码...	本系统推荐您使用IE浏览器访问，将不存在任何显示及使...	已阅
2012-11-22	有关已填报过的任务重新提醒的问题	各位好！因系统集成部署2012年的任务而导致部分地区...	已阅

共4条1页，50条/页；当前页：1　首页 上页 下页 尾页 转到 第1页

图 7－19　系统通知

7.6.1　通知推送

用户在登录后，如果有未读通知系统会自动弹出通知提示，用户点击［已阅］按钮，表示已经阅读，下次登录该通知不会弹出。用户点击［关闭］按钮，表示未阅，下次登录继续弹出。用户点击［更多］，系统会直接跳转到接收通知查看界面，可查看所有通知（图 7－20）。

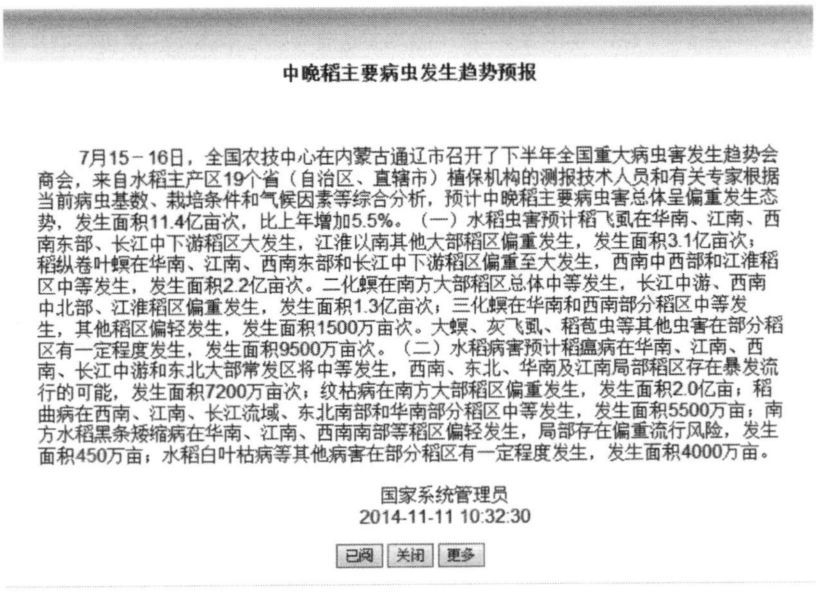

中晚稻主要病虫发生趋势预报

7月15－16日，全国农技中心在内蒙古通辽市召开了下半年全国重大病虫害发生趋势会商会，来自水稻主产区19个省（自治区、直辖市）植保机构的测报技术人员和有关专家根据当前病虫基数、栽培条件和气候因素等综合分析，预计中晚稻主要病虫害总体呈偏重发生态势，发生面积11.4亿亩次，比上年增加5.5%。（一）水稻虫害预计稻飞虱在华南、江南、西南东部、长江中下游稻区大发生，江淮以南其他大部稻区偏重发生，发生面积3.1亿亩次；稻纵卷叶螟在华南、江南、西南东部和长江中下游稻区偏重至大发生，西南中西部和江淮稻区中等发生，发生面积2.2亿亩次。二化螟在南方大部稻区总体中等发生，长江中游、西南中北部、江淮稻区偏重发生，发生面积1.3亿亩次；三化螟在华南和西南部分稻区中等发生，其他稻区偏轻发生，发生面积1500万亩次。大螟、灰飞虱、稻苞虫等其他虫害在部分稻区有一定程度发生，发生面积9500万亩次。（二）水稻病害预计稻瘟病在华南、江南、西南、长江中游和东北大部常发区将中等发生，西南、东北、华南及江南局部稻区存在暴发流行的可能，发生面积7200万亩次；纹枯病在南方大部稻区偏重发生，发生面积2.0亿亩；稻曲病在西南、江南、长江流域、东北南部和华南部分稻区中等发生，发生面积5500万亩；南方水稻黑条矮缩病在华南、江南、西南南部等稻区偏轻发生，局部存在偏重流行风险，发生面积450万亩；水稻白叶枯病等其他病害在部分稻区有一定程度发生，发生面积4000万亩。

国家系统管理员
2014-11-11 10:32:30

已阅　关闭　更多

图 7－20　弹出通知

7.6.2 通知查看

用户可以在［办公应用］→［接收通知查看］功能查看所有的历史通知，系统会默认显示所有通知的发送日期、标题、内容和阅读情况。点击一个标题名称，进入阅读通知界面（图 7－21）。

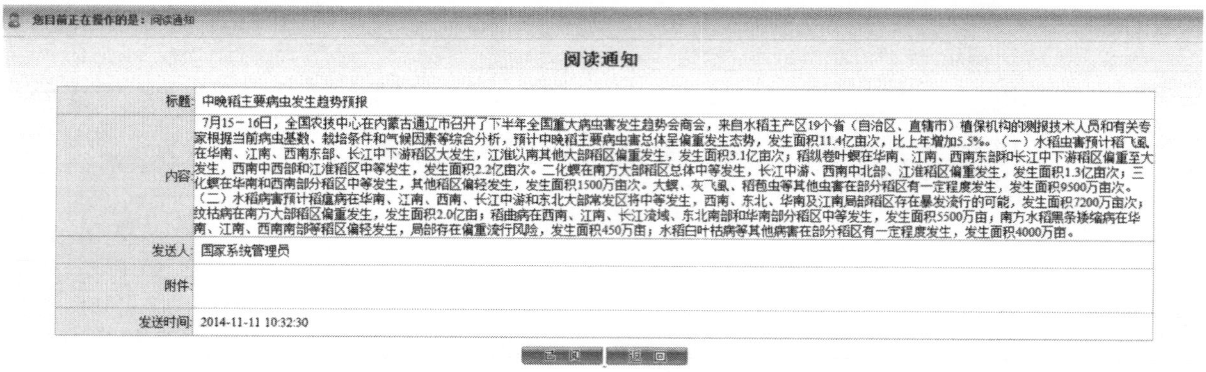

图 7－21 阅读通知

7.6.3 通知管理

用户成功登录系统后，点击功能菜单栏的［办公应用］→［信息通知］，点击接收通知查看中的［管理］按钮即会展示通知发送管理界面，如图 7－22。

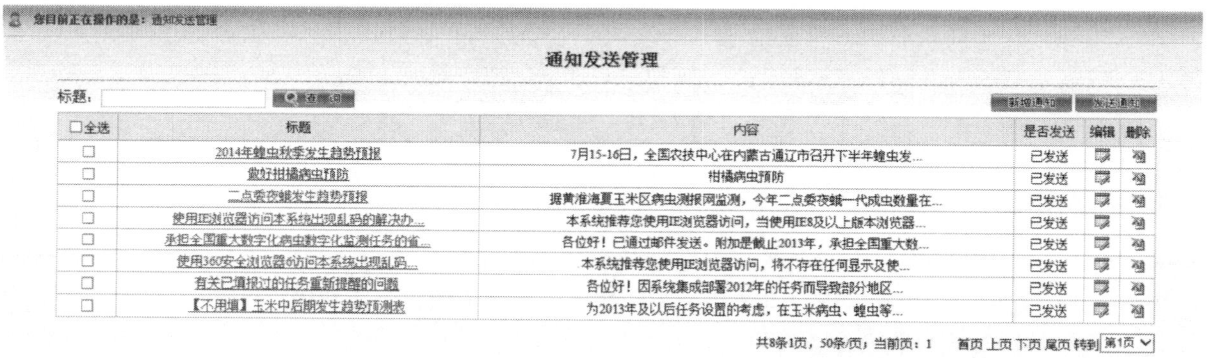

图 7－22 通知发送管理

7.6.3.1 新增通知

用户打开［通知发送管理］界面后，点击［新增通知］按钮即可编辑新增通知内容（图 7－23），依次填写通知标题，选择发送对象单位，编辑通知内容。点击［保存］按钮，该条通知会显示在［通知发送管理］界面（图 7－24）。

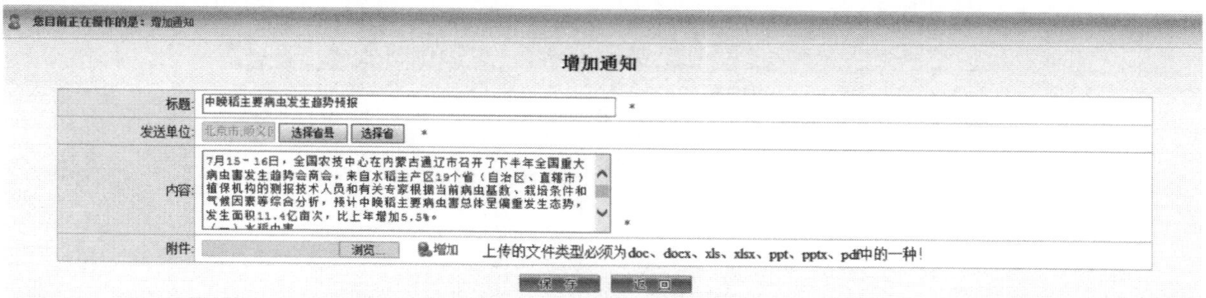

图 7－23 编辑通知

图 7－24 保存通知

7.6.3.2 发送通知

上述刚刚新增编辑的通知尚为未发送状态，选择该条任务点击［发送通知］，弹出图 7－25 确认发送提示，点击［确定］按钮，该条任务会自动通知所选所有接收人查看。

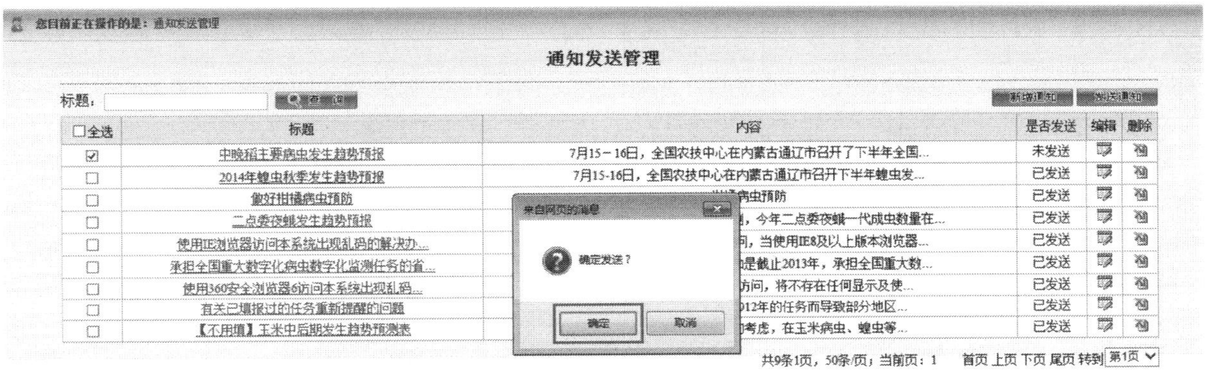

图 7－25 确定发送通知

8 系统管理

系统管理主要是实现对系统用户、权限，以及系统各种功能的设置、配置等。

用户成功登录系统后，移动鼠标到［系统管理］功能菜单上时，［系统管理］下拉菜单自动弹出，如图 8 - 1。

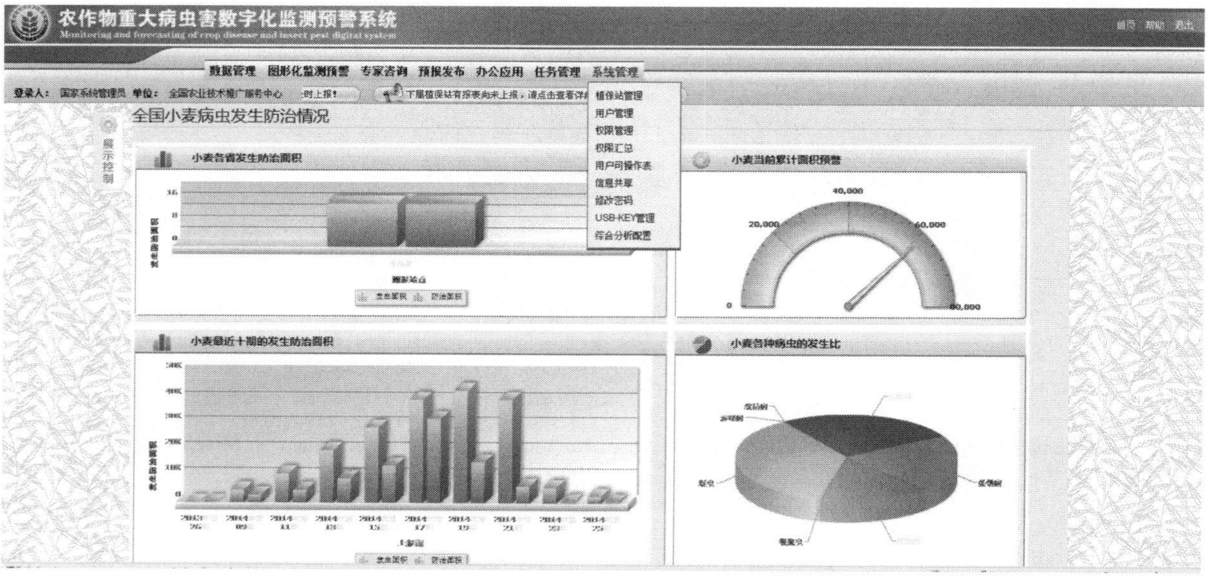

图 8 - 1　系统管理菜单展示

8.1　区域站信息管理

用于本级站点管理员编辑本级区域站基本信息，可查看本级及下级区域站基本信息。

点击功能菜单栏的［系统管理］→［区域站信息管理］，主窗体即会展示全部植保站信息列表界面，如图 8 - 2。

系统默认以列表方式展示全部测报站点的信息，具体包括编码、所属、站点、经度、纬度、海拔、邮政编码、通信地址、网站地址、电子邮箱、电话、负责人、现有专业工作人员数等。用户可以在页面［站点］框内筛选显示选择的测报区域站信息。

点击［管理本站点信息］功能按钮，即可进入编辑当前站点信息页面（图 8 - 3）。

用户可根据需要编辑当前站点的站点信息，点击［保存］功能按钮，可以保存对当前站点信息的编辑操作；点击［返回］功能按钮，可以取消上述编辑站点信息的操作。

站点信息管理
站 点
编码 所属 站点 经度 纬度 海拔 邮政编码 通信地址 网站地址 电子信箱 电话 负责人 现有专业工作人员数
000000 国家中心 国家中心 116.46 39.92
1 1 1
1000 1000 1000
1000 1000 1000
110000 北京市 北京市 116.3604 39.9106
110001 北京市水稻去 北京市水稻去
110001 北京市水稻去 北京市水稻去
110100 北京市 顺义区 116.65 40.13
110117 北京市 平谷区 117.1147 40.1391
110200 北京市 通州区 116.65 39.92
110228 北京市 密云县 116.8371 40.3752
110229 北京市 延庆县 115.9686 40.4554
110300 北京市 房山区 116.13 39.75
110400 北京市 大兴区 116.33 39.73
120000 天津市 天津市 117.214 39.1145
120001 天津市 宝坻 117.2 39.7

图 8-2　植保站信息列表界面

编辑站点
经度： 116.46
纬度： 39.92
海拔：
邮政编码：
通信地址：
网站地址：
电子信箱：
电话：
负责人：
现有专业工作人员数：

图 8-3　编辑站点

8.2 用户管理

主要用于对系统中的各类用户进行管理。各级管理员用户可对本级及下级用户进行管理，包括新增或编辑本级或下级用户、初始化本级及下级用户密码等。

用户成功登录系统后，点击功能菜单栏的［系统管理］→［用户管理］，主窗体即会展示用户管理界面，如图 8-4。

用户管理
站点: 用户名称:
登录用户名 用户名称 所属省份 所属站点 用户身份 职位 手机号码 电话号码 职称 电子邮件 编辑 删除 初始化密码
国家中心 国家中心 普通用户

图 8-4　用户管理列表

用户管理页面由功能栏（[站点] 下拉列表框、[用户名称] 输入框，以及 [查询]、[增加用户] 功能按钮）和用户信息列表两部分组成。用户信息包括登录用户名、用户名称、用户所属省份、用户所属站点、用户身份、职位、手机号码、电话号码、职称、电子邮件等，并且每条用户信息均附有 [编辑]、[删除]、[初始化密码] 三个功能按钮，可对对应用户进行编辑、删除和初始化密码等操作。

8.2.1 查询用户

用户管理界面下部以列表方式展示当前用户可以管理的用户信息列表，具体包括登录用户名、用户名称、用户所属省份、用户所属站点、用户身份、职位、手机号码、电话号码、职称、电子邮件等。

在 [站点] 下拉列表中选择要查询的站点或在 [用户名称] 输入框输入用户名称，点击 [查询] 按钮，数据以列表形式展示筛选的用户信息。具体包括登录用户名、用户名称、用户所属省份、用户所属站点、用户身份、职位、手机号码、电话号码、职称、电子邮件等。

8.2.2 增加用户

点击 [增加用户] 功能按钮，即可进入增加用户页面进行增加用户操作（图 8－5）。在进行增加用户操作时，用户信息中带红色 * 的项目为必填项。选择用户身份（普通用户或管理员）、所属机构（国家、省、县），依次填写登录用户名、用户名称；如果用户名命名时与已存在用户重复，会有信息提示，用户必须更改其他用户名。职位、手机号码、电话号码、职称、电子邮件等用户信息为选填项。

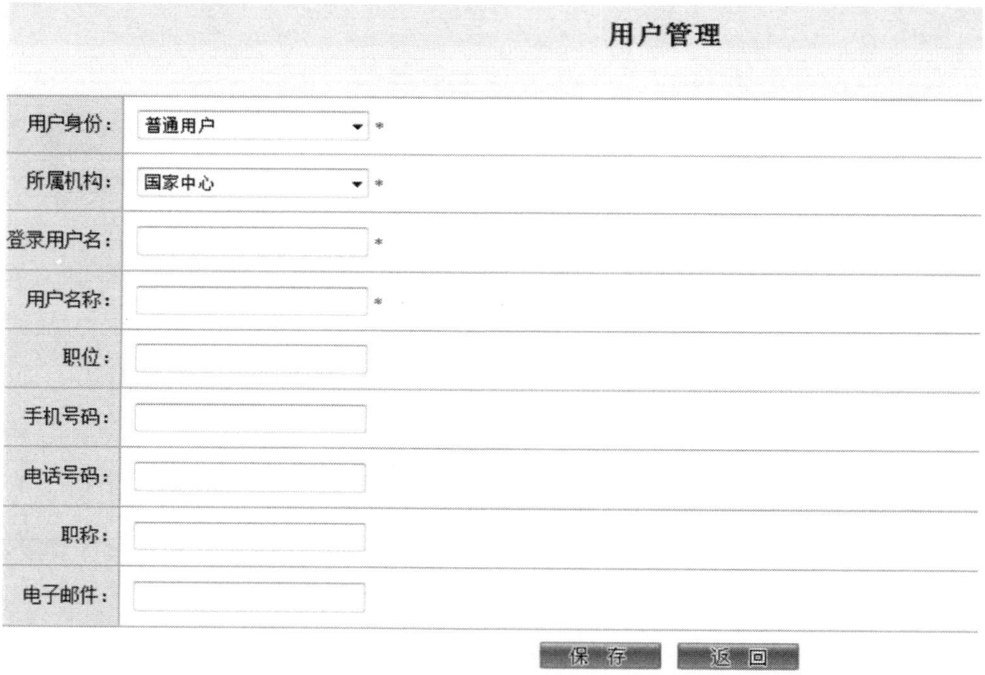

图 8－5　增加用户

8.2.3 管理用户

8.2.3.1 编辑修改用户信息

在用户管理界面用户信息列表中找到需要编辑用户信息的记录，然后点击其后的 [编辑] 功能按钮，即可进入编辑用户页面，对该用户的用户信息进行编辑修改（图 8－6）。

用户可根据需要修改指定用户的信息，用户信息中带红色 * 的项目为必填项。其中，用户身份和所属机构无法修改，但可以修改登录用户名、用户名称、职位等相关信息。点击 [保存] 功能按钮，可以保存对指定用户的信息编辑操作；点击 [返回] 功能按钮，可以取消上述编辑用户信息的操作。

图 8－6 用户编辑

8.2.3.2 删除用户

在用户管理界面下部的用户信息列表中找到需要被删除用户信息的记录，然后点击其后的［删除］功能按钮，即可进入删除用户页面对该用户的用户信息进行删除。系统会弹出确认提示，是否确认删除指定用户的用户信息。点击［确定］，即可删除指定用户的用户信息；点击［取消］，取消上述删除指定用户的用户信息的操作。

8.2.3.3 初始化密码

在用户管理界面下部的用户信息列表中找到需要被初始化密码的用户，然后点击其后的［初始化密码］功能按钮，即可对指定用户进行密码初始化操作。系统会弹出确认提示，是否确认对指定用户进行密码初始化操作（图 8－7）。

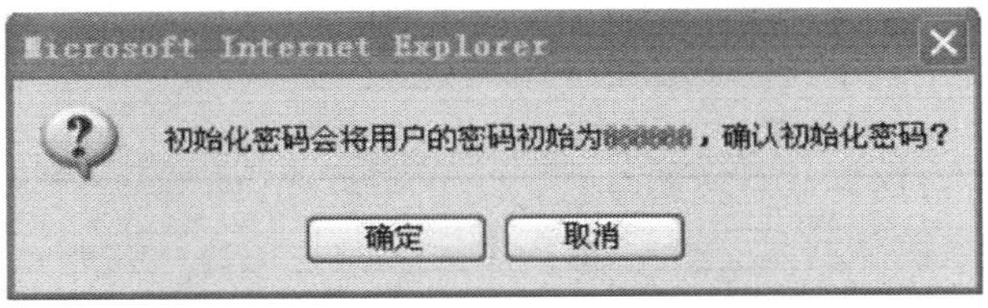

图 8－7 初始化密码提示窗口

被执行密码初始化操作的用户应当尽快登录系统，将初始化密码重新修改为个性化的、更高安全等级的密码。

8.3 权限管理

主要用于为系统中的各级用户分配相应的功能权限。主要包括查看当前用户可以管理的用户列表、查询权限、批量配置权限、批量删除权限、编辑权限和删除权限。

用户成功登录系统后，点击功能菜单栏的［系统管理］→［权限管理］，主窗体即会展示权限管理界面，如图 8－8。

权限管理界面上部分别是［站点］下拉列表框、［用户名称］输入框以及［批量配置权限］与［批量删除权限］两个功能按钮。权限管理界面下部分为普通用户、管理员用户两个部分，以列表方式展示可以配置权限的用户权限信息列表，具体包括用户名称、用户所属省份、用户所属测报站点单位、用户身份、用户被授权的功能列表等，并且每条用户权限信息均附有［编辑］、［删除］两个功能按钮，可对对应用户被授权的功能列表信息进行编辑和删除操作。

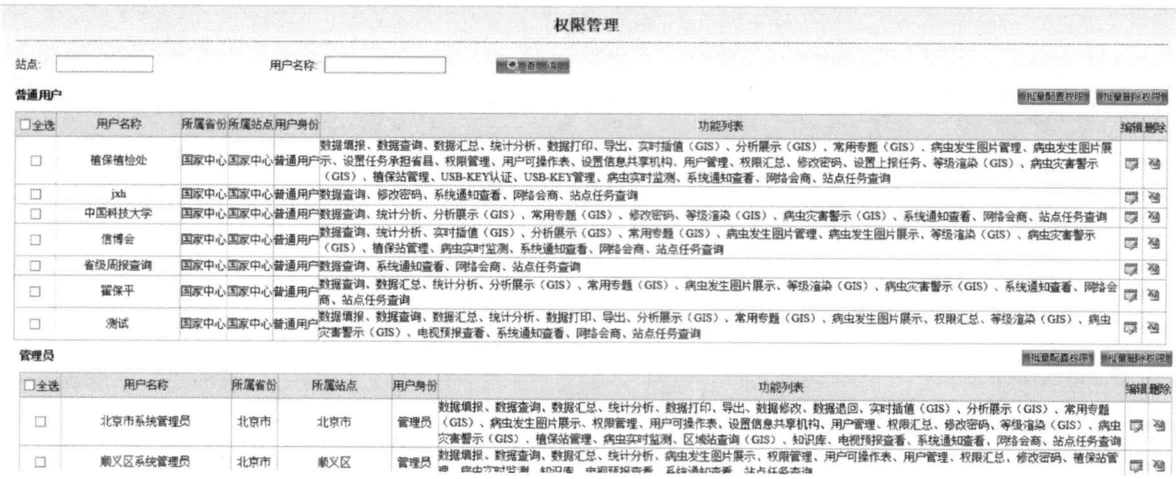

图 8-8　权限管理

8.3.1　查看当前用户可以设置功能权限的用户列表

权限管理界面下部分为普通用户、管理员用户两个部分，以列表方式展示可以配置权限的用户权限信息列表，具体包括用户名称、用户所属省份、用户所属测报站点单位、用户身份、用户被授权的功能列表等。

8.3.2　查询用户

在［站点］下拉列表中选择要查询的站点或在［用户名称］输入框输入用户名称，点击［查询］按钮，数据以列表形式展示筛选的用户信息。具体包括用户名称、用户所属省份、用户所属测报站点单位、用户身份、用户被授权的功能列表等。

8.3.3　批量配置权限

在权限管理界面下部展示的用户权限信息列表中找到需要批量配置权限的多个用户（可以勾选全部，或者逐个勾选指定用户），需要注意的是，普通用户和管理员应该分开配置。然后点击［批量配置权限］功能按钮。系统会弹出确认提示，是否确认批量配置指定多个用户的用户功能权限。点击［确定］，即可批量配置指定多个用户的用户功能权限，并且替代指定多个用户原有的功能权限；点击［取消］，取消下一步批量配置用户功能权限的操作，如图 8-9。

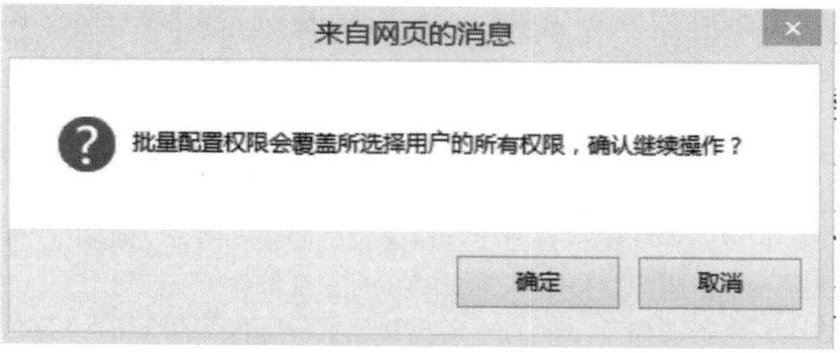

图 8-9　批量配置权限提示窗口

点击［确定］，即可对所选用户进行权限配置，如图 8-10。

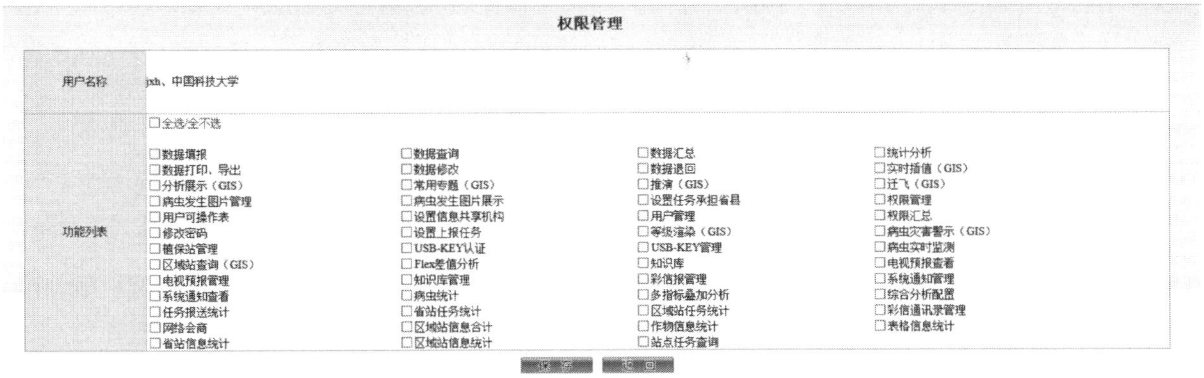

图 8－10　权限选择

用户可根据需要批量配置多个用户的功能权限设置，其中用户名称已经确定，不可以再行编辑修改；用户可以通过勾选或者全选/全不选方式，根据需要为这些用户设置功能权限；点击［保存］功能按钮，即完成对指定用户功能权限的配置；点击［返回］功能按钮，则取消上述对指定用户功能权限的配置操作。

8.3.4　编辑权限

在权限管理界面下部展示的用户权限信息列表中找到需要编辑功能权限的用户，然后点击其后的［编辑］功能按钮，即可进入编辑权限页面，对该用户的功能权限进行编辑，如图 8－11。

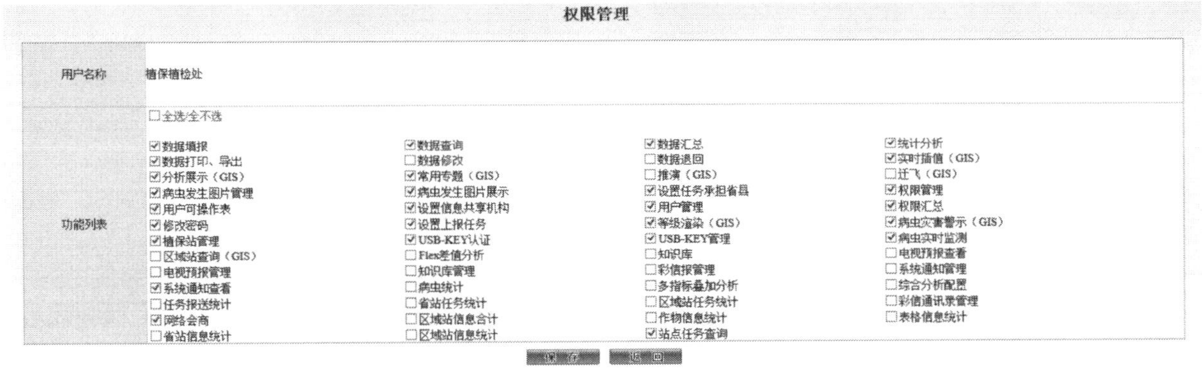

图 8－11　权限编辑

用户可根据需要修改用户权限设置，其中用户名称已经确定，不可以再行编辑修改；用户可以通过勾选或者全选/全不选方式，根据需要为该用户设置功能权限；用户选择好权限后，点击［保存］功能按钮，即完成对该用户功能权限设置的编辑修改；点击［返回］功能按钮，则取消上述对该用户功能权限设置的编辑修改操作。

8.3.5　删除权限

在权限管理界面下部展示的用户权限信息列表中找到需要删除功能权限的用户，然后点击其后的［删除］功能按钮，系统会弹出确认提示，是否确认删除指定用户的功能权限配置。点击［确定］，即可删除指定用户的功能权限配置；点击［取消］，取消上述删除用户功能权限配置的操作，如图 8－12。

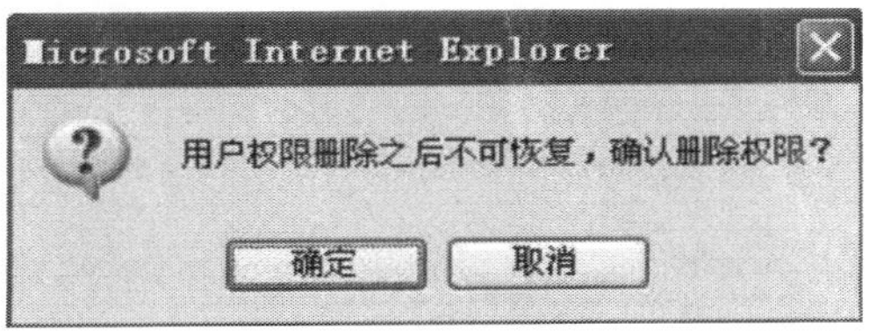

图 8－12　删除权限提示窗口

在权限管理界面下部展示的用户权限信息列表中找到需要批量删除权限的多个用户（可以勾选全部，或者逐个勾选指定用户），需要注意的是，普通用户和管理员应该分开配置。然后点击［批量删除权限］功能按钮，系统会弹出确认提示，是否确认批量删除指定用户的功能权限。点击［确定］，即可批量删除指定用户的功能权限；点击［取消］，取消上述批量删除用户功能权限的操作，如图 8－12。

8.4　权限汇总

主要用于汇总查询用户功能权限和可操作表等信息，可以汇总查询所有下级用户的功能权限和可操作表等信息，列表形式展现，并支持将查询结果导出为 Excel 格式文件，方便用户离线使用。

用户成功登录界面后，点击功能菜单栏的［系统管理］→［权限汇总］，主窗体即会展示用户权限汇总查询界面，如图 8－13。

省	县	用户名称	数据上报	数据查询	数据汇总	统计分析	数据打印、导出	数据修改	数据退回	实时插值（GIS）	分析展示（GIS）
国家中心	国家中心	国家系统管理员	√	√	√	√	√	√	√		√
国家中心	国家中心	测试									
国家中心	国家中心	小麦病虫管理员									
国家中心	国家中心	中国科技大学									
国家中心	国家中心	植保植检处	√	√	√	√	√	√			
国家中心	国家中心	周报查询	√	√	√	√	√	√			
国家中心	国家中心	xyk	√	√	√	√	√	√			
国家中心	国家中心	jxh		√							
国家中心	国家中心	省级周报查询		√							
北京市	北京市	北京市系统管理员	√	√	√	√	√	√	√		√
天津市	天津市	天津市系统管理员	√	√	√	√	√	√	√		√

图 8－13　用户权限汇总查询

用户权限汇总查询界面上部有［导出 Excel］功能按钮，用户权限汇总查询界面下部将以列表方式展示所有下级用户的功能权限和可操作表等信息。

8.5　设置用户可操作表

主要用于设置用户可以操作的业务数据报表权限，具体包括查看当前用户有权限设置和可操作表的用户列表、根据用户名称查询可操作列表、批量配置用户可操作表、批量删除用户可操作表、编辑用户可操作表、删除用户可操作表等。

用户成功登录系统后，点击功能菜单栏的［系统管理］→［用户可操作表］，主窗体即会展示设置用户可操作表界面，如图 8－14。

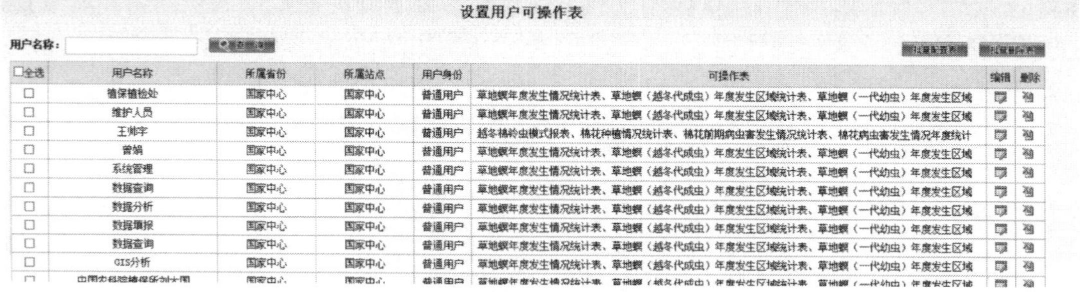
设置用户可操作表

用户名称：

全选	用户名称	所属省份	所属站点	用户身份	可操作表	编辑	删除
□	植保植检处	国家中心	国家中心	普通用户	草地螟年度发生情况统计表、草地螟（越冬代成虫）年度发生区域统计表、草地螟（一代幼虫）年度发生区域		
□	维护人员	国家中心	国家中心	普通用户	草地螟年度发生情况统计表、草地螟（越冬代成虫）年度发生区域统计表、草地螟（一代幼虫）年度发生区域		
□	王琳宇	国家中心	国家中心	普通用户	越冬棉铃虫模式报表、棉花种植情况统计表、棉花前期病虫害发生情况统计表、棉花病虫害发生情况年度统计		
□	曾娟	国家中心	国家中心	普通用户	草地螟年度发生情况统计表、草地螟（越冬代成虫）年度发生区域统计表、草地螟（一代幼虫）年度发生区域		
□	系统管理	国家中心	国家中心	普通用户	草地螟年度发生情况统计表、草地螟（越冬代成虫）年度发生区域统计表、草地螟（一代幼虫）年度发生区域		
□	数据查询	国家中心	国家中心	普通用户	草地螟年度发生情况统计表、草地螟（越冬代成虫）年度发生区域统计表、草地螟（一代幼虫）年度发生区域		
□	数据分析	国家中心	国家中心	普通用户	草地螟年度发生情况统计表、草地螟（越冬代成虫）年度发生区域统计表、草地螟（一代幼虫）年度发生区域		
□	数据填报	国家中心	国家中心	普通用户	草地螟年度发生情况统计表、草地螟（越冬代成虫）年度发生区域统计表、草地螟（一代幼虫）年度发生区域		
□	数据查询	国家中心	国家中心	普通用户	草地螟年度发生情况统计表、草地螟（越冬代成虫）年度发生区域统计表、草地螟（一代幼虫）年度发生区域		
□	GIS分析	国家中心	国家中心	普通用户	草地螟年度发生情况统计表、草地螟（越冬代成虫）年度发生区域统计表、草地螟（一代幼虫）年度发生区域		

图 8－14　设置可操作表

设置用户可操作表界面上部分别是［用户名称］输入框及［查询］、［批量配置表］、［批量删除表］三个功能按钮；设置用户可操作表界面下部将以列表方式展示各用户被授权的可操作业务数据报表信息，具体包括用户名称、用户所属省份、用户所属测报站点单位、用户身份、用户被授权的可操作业务数据报表名称等，并且每条用户被授权的可操作业务数据报表信息均附有［编辑］、［删除］两个功能按钮，可对对应用户被授权的可操作业务数据报表信息进行编辑和删除操作。

8.5.1 查询用户可操作表

设置用户可操作表界面下部将以列表方式展示各用户被授权的可操作业务数据报表信息，具体包括用户名称、用户所属省份、用户所属测报站点单位、用户身份、用户被授权的可操作业务数据报表名称等，如图 8－15。

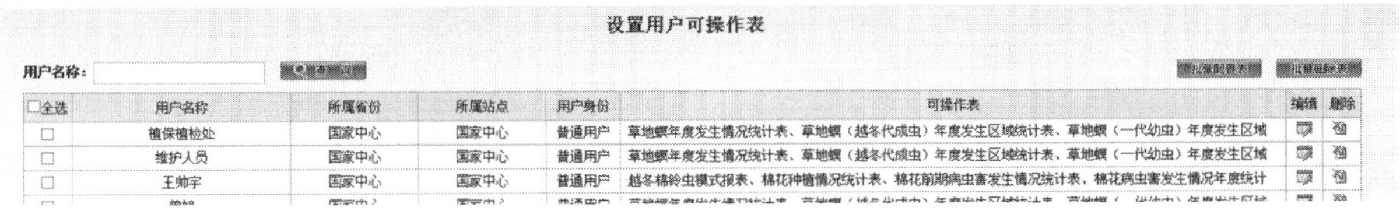

图 8－15 用户可操作表

在［用户名称］输入框输入用户名称，点击［查询］按钮，数据以列表形式展示用户可操作表的列表信息。具体包括用户名称、用户所属省份、用户所属测报站点单位、用户身份、用户被授权的可操作业务数据报表名称等。

8.5.2 批量配置可操作表

在设置用户可操作表界面下部展示的用户可操作列表中找到需要编辑可操作表的多个用户（可以勾选全部，或者逐个勾选指定用户），然后点击［批量配置表］功能按钮，如图 8－16。

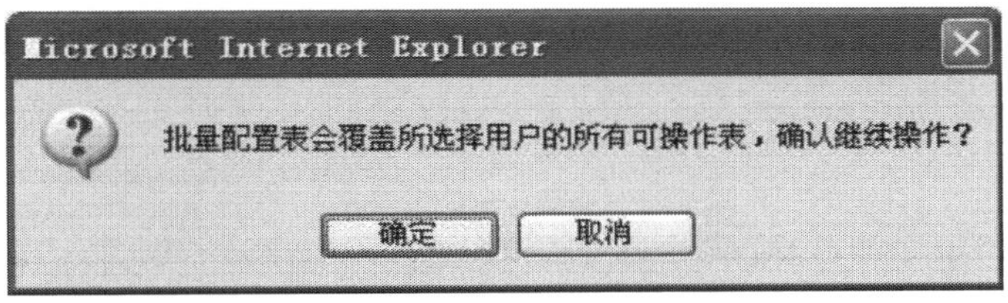

图 8－16 批量配置表提示窗口

系统会弹出确认提示，是否确认批量配置指定多个用户的可操作表。点击［确定］，即可批量配置指定多个用户的可操作表，并且替代指定多个用户原有的可操作表；点击［取消］，取消下一步的批量配置用户可操作表的操作。用户可根据需要批量配置多个用户的可操作表设置，其中用户名称已经确定，不可以再编辑修改；用户可以通过勾选或者全选/全不选方式，根据需要为这些用户设置可操作业务数据报表的权限，如图 8－17。

点击［保存］功能按钮，即完成对指定用户可操作表设置的配置；点击［返回］功能按钮，则取消上述对指定用户可操作表设置的配置操作。

8.5.3 编辑可操作表

在设置用户可操作表界面下部展示的用户可操作列表中找到需要编辑可操作表的用户，然后点击其后的［编辑］功能按钮，即可进入编辑可操作表页面，对该用户的可操作表进行编辑，如图 8－18。

用户可根据需要修改可操作表设置，其中用户名称已经确定，不可以再编辑修改；用户可以通过勾选或者全选/全不选方式，根据需要为该用户设置可操作业务数据报表的权限；点击［保存］功能按钮，

图 8-17　可操作表设置

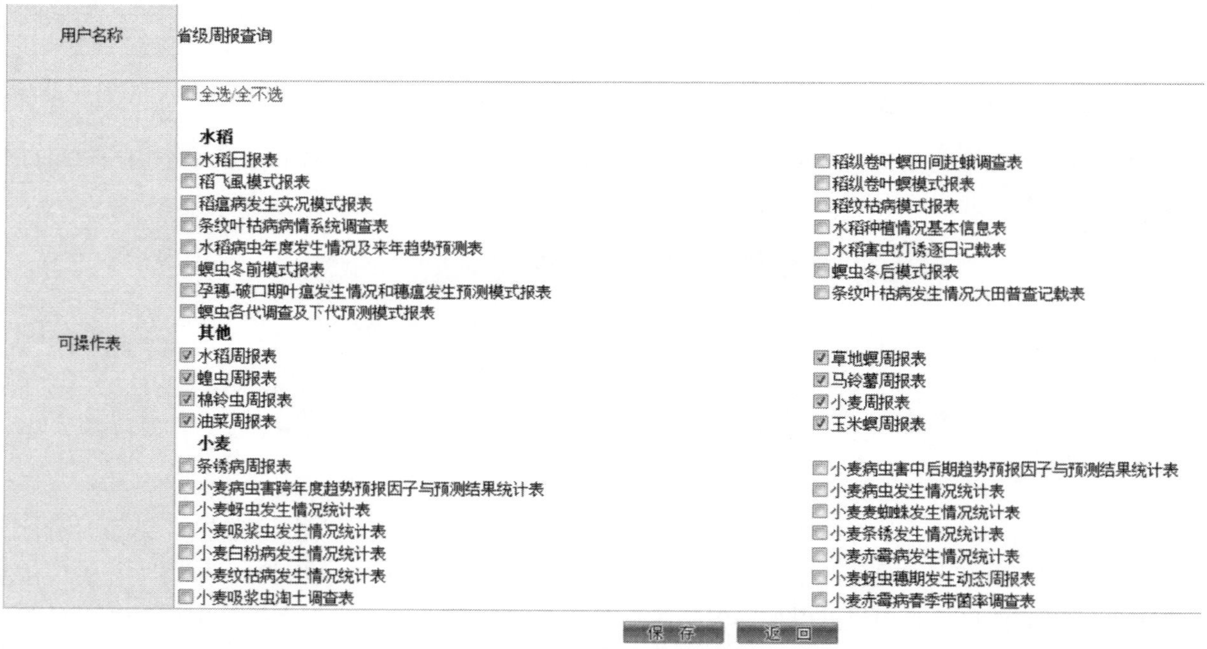

图 8-18　可操作表编辑

即完成对该用户可操作表设置的编辑修改；点击［返回］功能按钮，则取消上述对该用户可操作表设置的编辑修改操作。

8.5.4　删除可操作表

在设置用户可操作表界面下部展示的用户可操作列表中找到需要删除可操作表的用户，然后点击其后的［删除］功能按钮，系统会弹出确认提示，是否确认删除指定的用户可操作表。点击［确定］，即可删除指定的用户可操作表；点击［取消］，取消上述删除用户可操作表的操作，如图 8-19。

在设置用户可操作表界面下部展示的用户可操作列表中找到需要删除可操作表的多个用户（可以勾选全部，或者逐个勾选指定用户），然后点击［批量删除表］功能按钮，系统会弹出确认提示，是否确认批量删除指定的用户可操作表。点击［确定］，即可批量删除指定的用户可操作表；点击［取消］，取消上述批量删除用户可操作表的操作，如图 8－19。

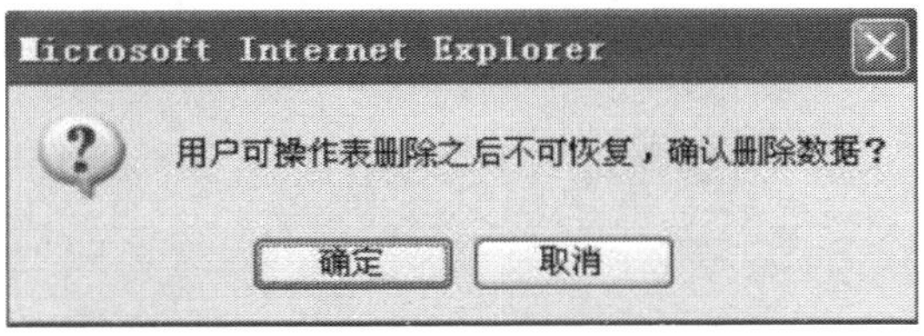

图 8－19　删除可操作表提示窗口

8.6　设置信息共享

主要用于设置测报站点单位共享查看其他测报站点单位的业务数据，具体包括查看用户已设置的信息共享机构列表、设置信息共享机构、编辑信息共享机构、删除信息共享机构等。

超级管理员和国家级用户可以给所有的省级和县级用户设置信息共享机构；省级管理员可以给所有的省级用户和县级用户设置信息共享机构；县级用户无设置信息共享机构的功能权限。

省级用户只能与省级测报站点单位共享信息，与某个省级测报站点单位共享信息后，此省级机构的下属县级测报站点单位都自动将信息共享给此省级用户；县级用户只能与县级测报站点单位共享信息。

用户成功登录系统后，点击功能菜单栏的［系统管理］→［信息共享］，主窗体即会展示设置信息共享机构界面，如图 8－20。

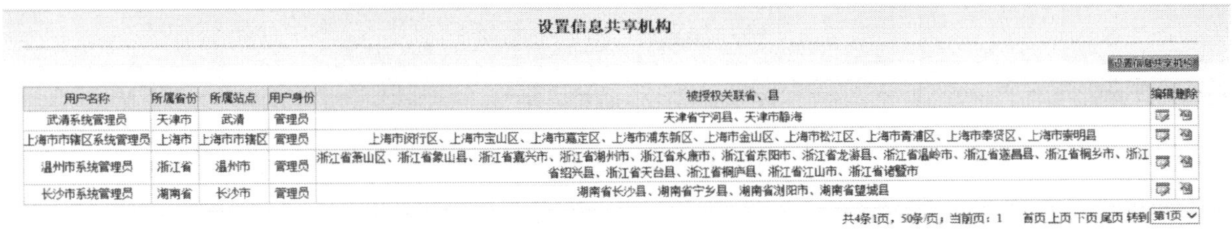

用户名称	所属省份	所属站点	用户身份	被授权关联省、县	编辑	删除
武清系统管理员	天津市	武清	管理员	天津省宁河县、天津市静海		
上海市市辖区系统管理员	上海市	上海市市辖区	管理员	上海市闵行区、上海市宝山区、上海市嘉定区、上海市浦东新区、上海市金山区、上海市松江区、上海市青浦区、上海市奉贤区、上海市崇明县		
温州市系统管理员	浙江省	温州市	管理员	浙江省萧山区、浙江省象山县、浙江省嘉兴市、浙江省湖州市、浙江省永康市、浙江省东阳市、浙江省龙游县、浙江省温岭市、浙江省遂昌县、浙江省桐乡市、浙江省绍兴县、浙江省天台县、浙江省桐庐县、浙江省江山市、浙江省诸暨市		
长沙市系统管理员	湖南省	长沙市	管理员	湖南省长沙县、湖南省宁乡县、湖南省浏阳市、湖南省望城县		

图 8－20　设置共享机构

设置信息共享机构界面上部是［设置信息共享机构］功能按钮；设置信息共享机构界面下部将以列表方式展示用户授权的共享信息的测报站点单位信息，具体包括用户名称、用户所属省份、用户所属测报站点单位、用户身份、被授权关联省级或县级测报站点，并且被授权的共享信息的测报站点单位信息均附有［编辑］、［删除］两个功能按钮，可对对应用户被授权的共享信息的测报站点单位进行编辑和删除。

8.6.1　查看信息共享机构列表

用户成功登录系统后，点击功能菜单栏的［系统管理］→［信息共享］，即进入设置信息共享机构界面，在界面下部可以查看用户已设置的信息共享机构列表，如图 8－21。

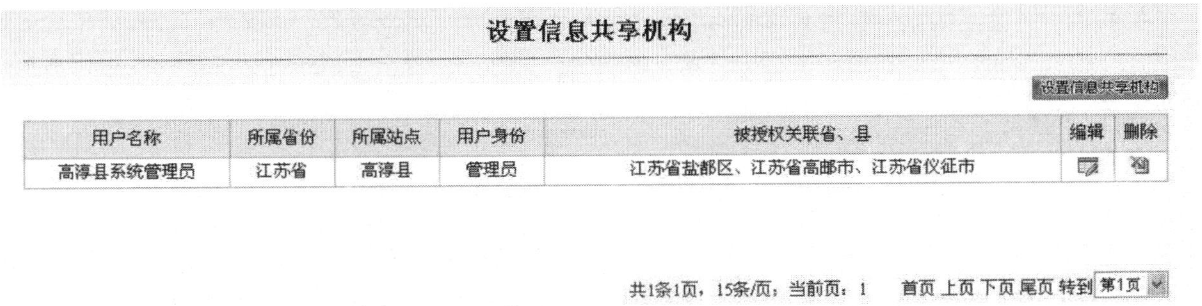

用户名称	所属省份	所属站点	用户身份	被授权关联省、县	编辑	删除
高淳县系统管理员	江苏省	高淳县	管理员	江苏省盐都区、江苏省高邮市、江苏省仪征市		

图 8－21　共享机构列表

8.6.2 设置信息共享机构

点击［设置信息共享机构］功能按钮，即可进入设置信息共享机构页面设置信息共享机构，如图8－22。

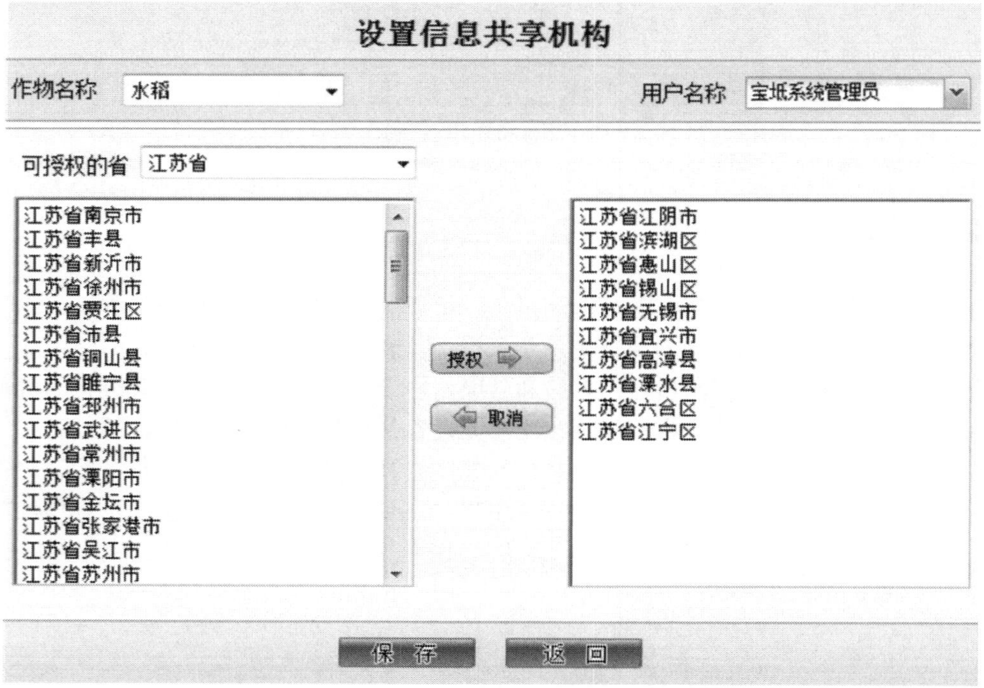

图 8－22 机构列表

用户设置信息共享机构，首先应当明确本次设置信息共享机构涉及的相关作物和用户，即用户需要在［作物名称］下拉列表中选择本次设置信息共享机构涉及的作物，在［用户名称］下拉列表中选择本次设置信息共享机构涉及的用户，然后在［可授权的省］内选择可授权的机构。然后点击［保存］功能按钮，可以保存给指定用户设置的信息共享机构；点击［返回］功能按钮，可以取消上述设置信息共享机构的操作。

8.6.3 编辑用户信息共享机构

在设置信息共享机构界面下部的信息机构共享列表中找到需要编辑信息共享机构的用户，然后点击其后的［编辑］功能按钮，即可进入编辑信息共享机构页面，对该用户的信息共享机构进行编辑，如图8－23。

用户可根据需要修改用户的信息共享机构设置，首先应当明确本次设置信息共享机构涉及的相关作物和用户，即用户需要在［作物名称］下拉列表中选择本次设置信息共享机构涉及的作物，在［用户名称］下拉列表中选择本次设置信息共享机构涉及的用户，然后在［可授权省］内选择可授权的机构。点击［保存］功能按钮，可以保存给指定用户设置的信息共享机构；点击［返回］功能按钮，可以取消上述编辑信息共享机构设置的操作。

8.6.4 删除信息共享机构

在设置信息共享机构界面下部的信息机构共享列表中找到需要删除信息共享机构设置的用户，然后点击其后的［删除］功能按钮。系统会弹出确认提示，是否确认删除指定的信息共享机构设置。点击［确定］，即可删除指定的信息共享机构设置；点击［取消］，取消上述删除信息共享机构设置的操作。

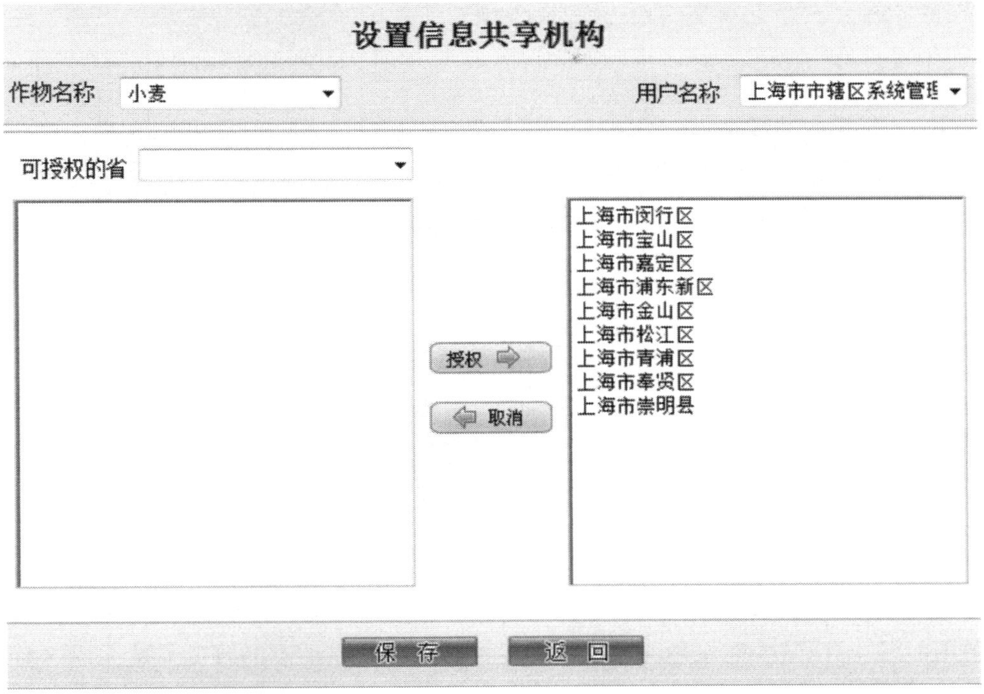

图 8-23　编辑共享机构

8.7　修改密码

主要用于用户修改系统登录密码，以保障系统安全。

点击功能菜单栏的［系统管理］→［修改密码］，主窗体即会展示修改密码界面，如图 8-24。

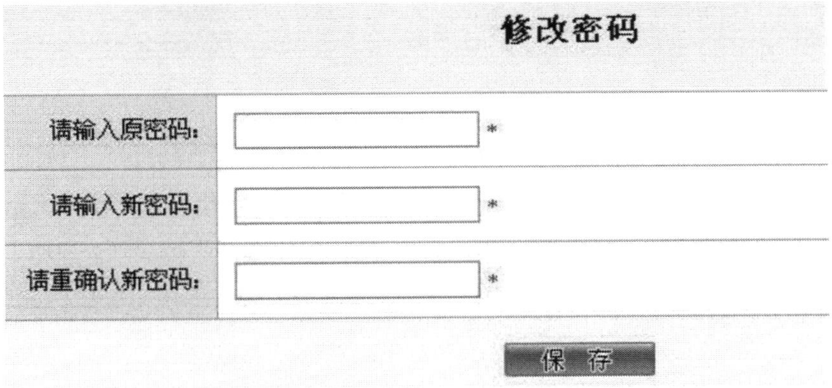

图 8-24　修改密码

用户在修改密码界面内，依次输入原密码，用户拟修改的新密码，以及再次输入确认用户拟修改的新密码；用户点击［保存］功能按钮，即完成修改密码操作。

8.8　USB-KEY 管理

该功能模块主要是对每个 USB-KEY 设置不同的功能权限。通过此功能，每个 USB-KEY 都拥有各自的使用权限。拥有者就能操作该 USB-KEY 上的功能。

点击功能菜单栏的［系统管理］→［USB-KEY 管理］，主窗体即会展示 USB-KEY 管理界面，如图 8-25。

图 8－25　USB－KEY 管理列表

管理页面是以表格的形式将所有通过认证设置的 USB－KEY 以及每个 USB－KEY 能操作的功能列表列举出来，并且每条记录都附有［删除］功能，以及［USB－KEY 认证］、［初始化 KEY］按钮。

8.8.1　USB－KEY 认证

点击［USB－KEY 认证］功能按钮，即可进入 USB－KEY 认证页面，如图 8－26。

图 8－26　USB－KEY 认证功能选择

用户在复选框中选中想用 USE－KEY 认证的功能，点击［保存］就可存入该条记录。以后所选中的功能就必须用 USE－KEY 才能使用。通过此功能，管理员可以动态的改变需要 USB－KEY 访问的模块。设置好的功能模块只有拥有 USB－KEY 的人才能访问。

8.8.2　初始化 KEY

该功能是为系统添加新的 KEY 权限。先插入想要设置的 USB－KEY，点击［初始化 KEY］，页面显示初始页面，如图 8－27。

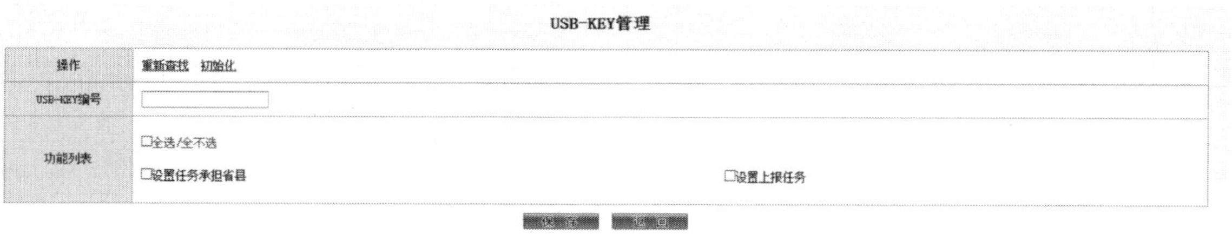

图 8－27　USB－KEY 初始化

如果查找失败，点击［重新查找］，直到查找成功。点击［初始化］会将 KEY 里设置的原有功能清空。填写好 USB－KEY 编码后，用户在功能列表框中选中想要设置的功能，点击［保存］，即可将该功能的使用权限存入 USB－KEY，下次用户登录时想要操作 USB－KEY 保存的功能，只需将 USB－KEY 插入即可使用该功能模块。点击［返回］即取消本次操作。

8.8.3　删除认证

在通过认证的 KEY 列表中找到想要删掉的记录，点击该列表后的［删除］，弹出确认删除对话框，如图 8－28。

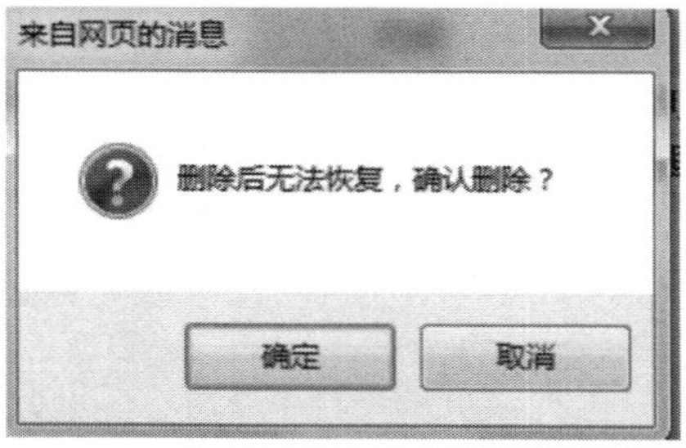

图 8－28　删除 USB－KEY 提示窗口

点击［确认］后，该记录删除。

8.9　综合分析配置

主要用于实现一个简化了的ETL过程，把用户最为关心的病虫害监测指标从病虫害数据库中抽取出来，建立一个包含主要作物、病虫关键指标的数据仓库。数据清洗工作在抽取阶段完成，清洗工作主要包括简单计算、统一单位、消除重复等SQL级别的操作。

按照用户的配置，自动建立数据仓库表，并将原始表中的数据抽取到数据仓库表中，并定期自动执行数据清洗。

数据仓库中数据源类型包括业务系统原始数据、业务系统建立视图、综合展示系统原始数据、通过SQL抽取业务系统数据。

◇ 面板列表：添加面板、修改面板、删除面板、预览面板、查询面板。

◇ 组件列表：添加组件、修改组件、删除组件、预览组件、查询组件。

◇ 数据源列表：添加数据源、修改数据源、删除数据源、查询数据源、刷新数据源。

8.9.1　面板管理

点击［系统管理］→［综合分析配置］，进入综合分析展示平台界面，如图8-29。

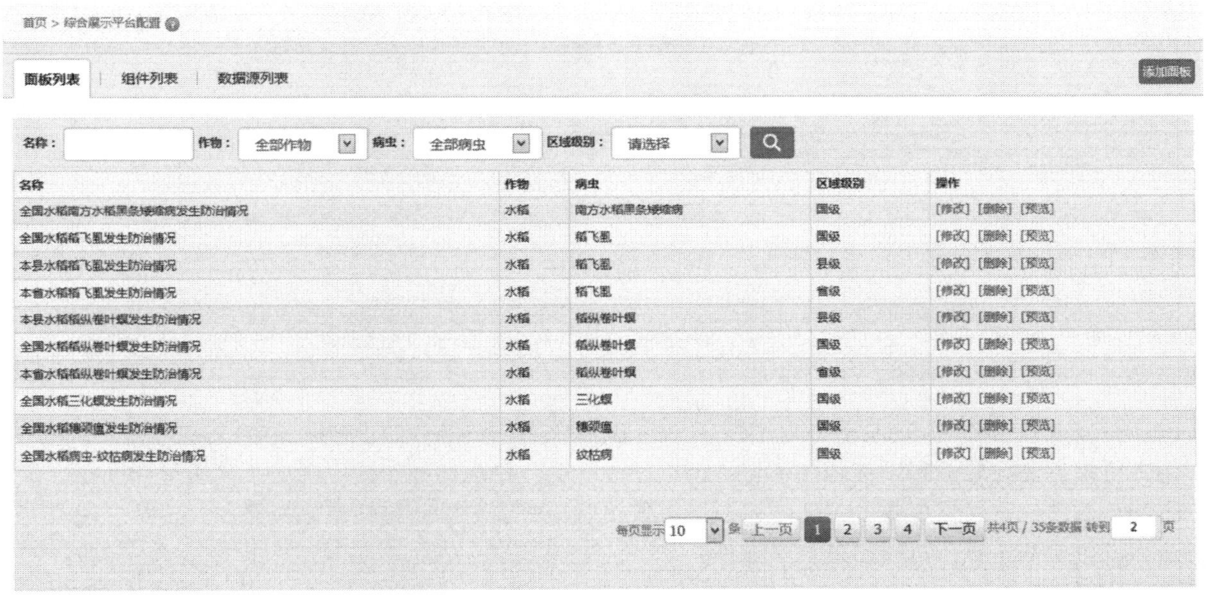

图8-29　综合分析配置列表

面板列表界面下部以列表方式展示面板管理的列表，具体包括名称、作物、病虫、区域级别等，并且每条消息提醒均附有［修改］、［删除］、［预览］三个功能按钮，可对对应面板进行修改、删除和预览等操作。

8.9.1.1　查看面板

面板列表界面下部以列表方式展示当前用户可以管理的面板列表，具体名称、作物、病虫、区域级别等。

用户可以按照名称、作物、病虫和区域级别来查询面板信息，用户选择作物、病虫、区域级别或者是输入名称的关键字，点击查询按钮，页面自动刷新，根据用户所设置的条件显示列表内容。

8.9.1.2　添加面板

面板列表页面中，点击［添加面板］功能按钮，即跳转至面板配置页面进行面板添加操作，如图8-30。

图 8－30　面板配置

在［作物选择］下拉列表中根据所选情况选择作物；在［病虫选择］下拉列表中根据所选情况选择病虫；在［区域级别选择］下拉列表中根据所选情况选择区域级别；在［主题选择］下拉列表中根据所选情况选择主题；然后填写标题。点击［保存］功能按钮，可以保存添加操作。点击［添加组件］按钮，页面下方弹出组件配置框；选择组件与主题，点击［保存］功能按钮。

8.9.1.3　修改面板

在面板列表界面列表中找到需要修改面板信息的记录，然后点击其后的［修改］功能按钮，即可进入面板配置页面，对该面板的面板信息进行修改，如图 8－31。

图 8－31　面板修改

用户可根据需要修改指定面板的信息，可以修改标题、作物选择、病虫选择、区域级别选择、主题选择等相关信息。点击［保存］功能按钮，可以保存对指定面板的面板信息修改操作；点击［取消］功能按钮，可以取消上述修改面板信息的操作。

8.9.1.4　删除面板

在面板列表界面下部的面板信息列表中找到需要被删除面板信息的记录，然后点击其后的［删除］功能按钮，即可进入删除面板页面，对该面板的面板信息进行删除。系统会弹出确认提示，是否确认删除指定面板的面板信息。点击［确定］，即可删除指定面板的面板信息；点击［取消］，取消上述删除指定面板的面板信息的操作。

8.9.1.5　预览面板

在面板列表中找到需要预览面板信息的记录，然后点击其后的［预览］功能按钮，即可进入面板预览页面，对该面板的面板信息进行预览，如图 8－32。

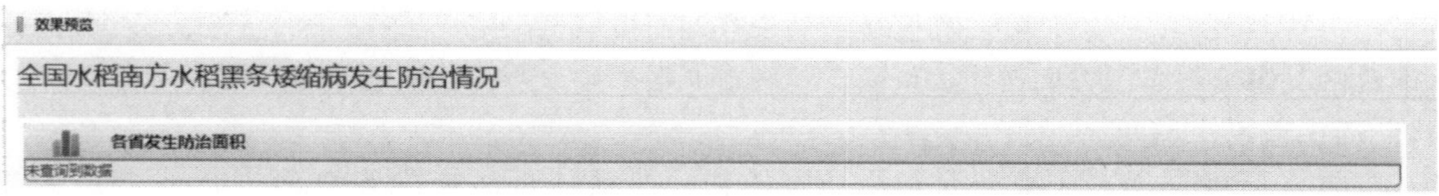

图 8－32　面板预览

用户可根据需要预览指定面板的信息，输入参数区域，输入参数 YEAR、WEEK、TBDWID 等相关信息。点击［确定］功能按钮，效果预览区域显示面板效果图；点击［取消］功能按钮，可以取消上述预览面板信息的操作并返回面板列表页面。

组件列表界面下部以列表方式展示组件管理的列表，具体包括组件名称、图表类型等，并且每条消息提醒均附有［修改］、［删除］、［预览］三个功能按钮，可对对应组件进行修改、删除和预览等操作。

8.9.2 组件管理

8.9.2.1 查看组件

组件列表界面下部以列表方式展示当前用户可以管理的组件列表，具体包括组件名称、图表类型等。

用户可以按照名称、类型来查询组件信息，用户选择类型或者输入名称的关键字，点击查询按钮，页面自动刷新，根据用户所设置的条件显示列表内容。

8.9.2.2 添加组件

组件列表页面中，点击［添加组件］功能按钮，即跳转至组件配置页面进行组件添加操作，如图 8-33。

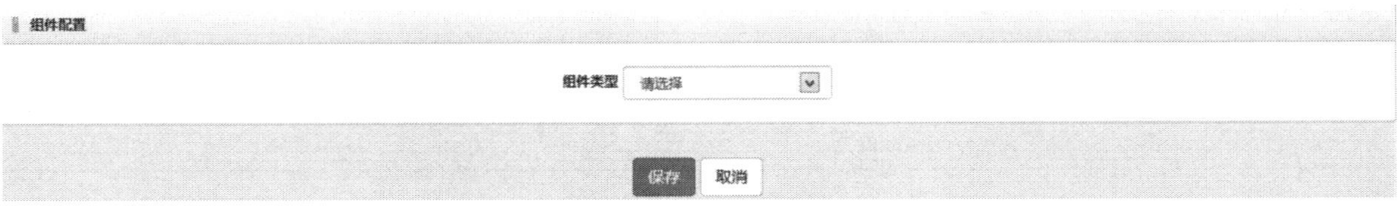

图 8-33 组件配置

在［组件类型］下拉列表中根据所选情况选择组件类型，页面下方出现［基本配置］、［数据及显示样式配置］、［参数配置］三大配置区域，如图 8-34。

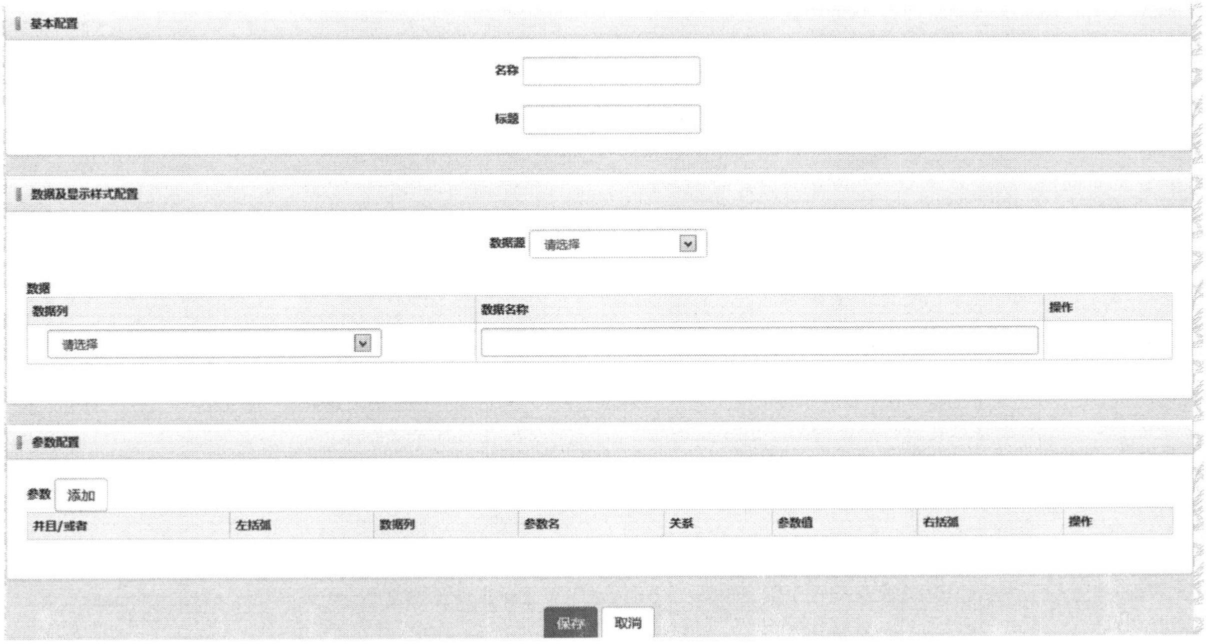

图 8-34 组件配置信息

［基本配置］区域输入必填项［名称］、［标题］；［数据及显示样式配置］区域选择［数据源］、［数据列］，输入必填项［数据名称］，如数据项需删除，则点击操作按钮［删除］。

［参数配置］区域点击操作按钮［添加］，下方弹出参数列，如图 8-35。

图 8－35　组件配置参数配置

参数列中选择［左括弧］、［数据列］、［关系］、［右括弧］，依次输入［参数名］、［参数值］，如数据项需删除，则点击操作按钮［删除］。全部区域必填项输入完毕，点击［保存］功能按钮，可以保存添加操作，点击［取消］功能按钮，可以取消上述添加组件信息操作并返回组件列表页面。

8.9.2.3　修改组件

在组件列表中找到需要修改组件信息的记录，然后点击其后的［修改］功能按钮，即可进入组件配置页面，对该组件的组件信息进行修改。修改组件页面如图 8－36。

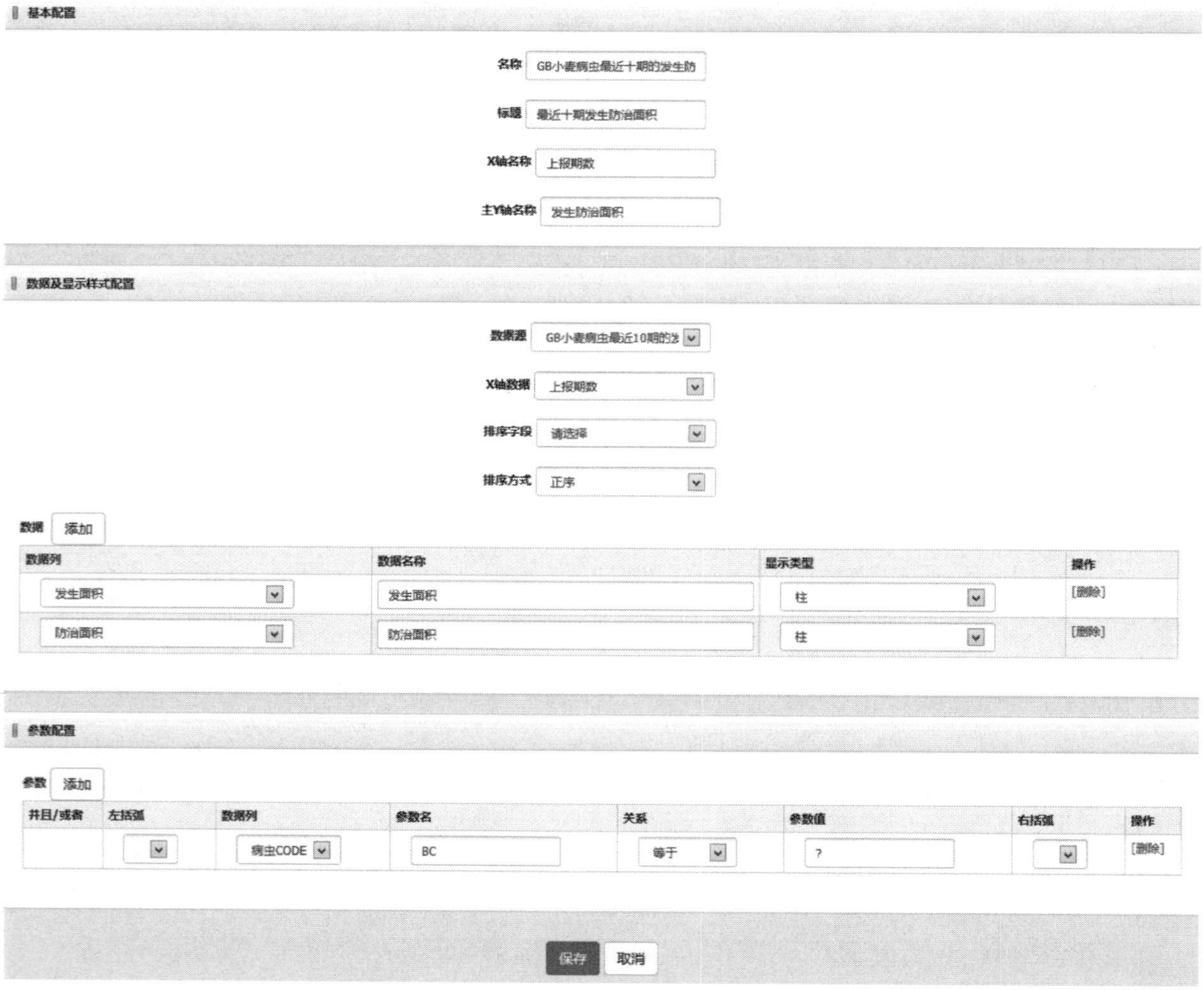

图 8－36　组件修改

用户可根据需要修改指定组件的信息，组件信息中带红色＊的项目为必填项：可以修改组件配置、基本配置、数据及显示样式配置、参数配置等相关信息。点击［保存］功能按钮，可以保存对指定组件的组件信息修改操作；点击［取消］功能按钮，可以取消上述修改组件信息的操作。

8.9.2.4 删除组件

在组件列表界面下部的组件信息列表中找到需要被删除的组件信息的记录，然后点击其后的［删除］功能按钮，即可进入删除组件页面，对该组件的组件信息进行删除。系统会弹出确认提示，是否确认删除指定组件的组件信息。点击［确定］，即可删除指定组件的组件信息；点击［取消］，取消上述删除指定组件的组件信息的操作。

8.9.2.5 预览组件

在组件界面列表中找到需要预览的组件信息的记录，然后点击其后的［预览］功能按钮，即可进入组件预览页面，对该组件的组件信息进行预览。

用户可根据需要预览指定组件的信息，输入参数区域，输入参数 YEAR、WEEK、TBDWID 等相关信息。点击［确定］功能按钮，效果预览区域显示组件效果图；点击［取消］功能按钮，可以取消上述预览组件信息的操作并返回组件列表页面。

数据源列表界面下部以列表方式展示数据源管理的列表，具体包括名称、类型、更新类型、更新周期等，并且每条消息提醒均附有［刷新数据］、［修改］、［删除］三个功能按钮，可对对应数据源进行数据更新、修改、删除等操作。

8.9.3 数据源管理

8.9.3.1 查看数据源

数据源列表界面下部以列表方式展示当前用户可以管理的数据源列表，名称、类型、更新类型、更新周期等。

用户可以按照名称、类型来查询数据源信息，用户选择类型或者输入名称的关键字，点击查询按钮，主页面自动刷新，根据用户所设置的条件显示列表内容。

8.9.3.2 添加数据源

数据源列表页面中，点击［添加数据源］功能按钮，即跳转至数据源配置页面进行数据源添加操作，如图 8－37。

图 8－37 添加数据源

在［数据源类型］下拉列表中根据所选情况选择数据源类型，页面下方出现［数据表］选择区域，根据所选情况选择数据表名。点击［保存］功能按钮，可以保存添加操作，点击［取消］功能按钮，可以取消上述添加数据源信息的操作并返回数据源列表页面，如图 8－38。

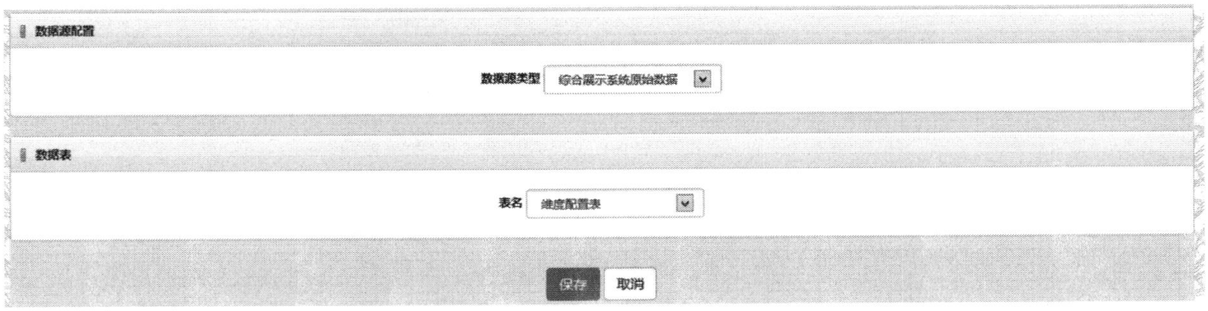

图 8－38 数据源配置

8.9.3.3 修改数据源

在数据源列表中找到需要修改的数据源信息的记录，然后点击其后的［修改］功能按钮，即可进入数据源配置页面，对该数据源的面板信息进行修改，如图 8－39。

图 8－39　修改数据源

用户可根据需要修改指定数据源的信息，可以修改数据源配置、数据表的建表 SQL 等相关信息。点击［保存］功能按钮，可以保存对指定数据源的数据源信息修改操作；点击［取消］功能按钮，可以取消上述修改数据源信息的操作。

8.9.3.4　刷新数据源

在数据源列表界面下部的数据源信息列表中找到需要被刷新的数据源信息的记录，然后点击其后的［刷新数据］功能按钮，系统会弹出确认提示，是否确认刷新数据源信息。点击［确定］，即可刷新指定数据源的数据源信息；点击［取消］，取消上述删除指定数据源的数据源信息的操作，如图 8－40。

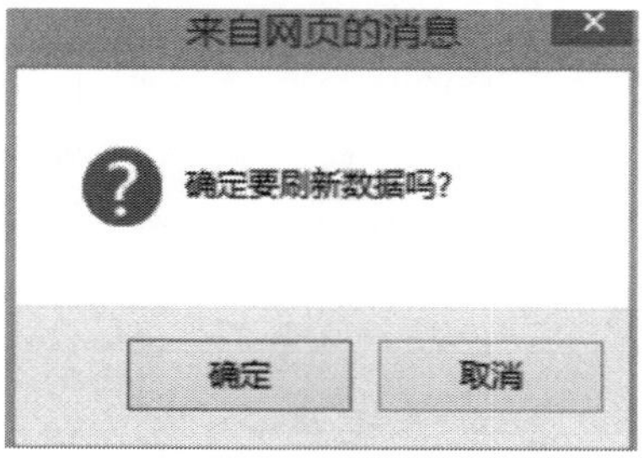

图 8－40　刷新数据源

8.9.3.5　删除数据源

在数据源列表界面下部的数据源信息列表中找到需要被删除的数据源信息的记录，然后点击其后的［删除］功能按钮，即可进入删除数据源页面，对该数据源的数据源信息进行删除。系统会弹出确认提示，是否确认删除指定数据源的数据源信息。点击［确定］，即可删除指定数据源的数据源信息；点击［取消］，取消上述删除指定数据源的数据源信息的操作。

8.10 GIS 功能配置

GIS 功能配置主要是对 GIS 监测预警页面中的站点分类与等级管理进行配置管理，页面样式如图 8－41。

图 8－41　GIS 功能配置页面

8.10.1 站点分类

站点分类主要是对植保站模块中的作物分类名称所对应的定位图标、已上报图标和未上报图标的样式进行修改配置。

◇ 修改图标：是对系统现有作物分类名称所对应的定位图标、已上报图标和未上报图标的样式进行调整。

◇ 清除：是将该作物分类名称所对应的数据进行删除操作。

在站点分类页面点击［修改图标］弹出编辑站点图标弹出层，在弹出层中可以对定位图标、已上报图标和未上报图标进行修改，站点显示类、上报图标类和等级图标显示的是图标种类，页面样式如图 8－42，点击［确定］将会对修改过的内容进行保存，点击［取消］将关闭弹出层；点击站点分类页面中的［清除］操作，将会弹出一个提示框，样式如图 8－43，点击［确定］按钮将会对该数据进行删除操作，点击［取消］按钮将会关闭提示框。

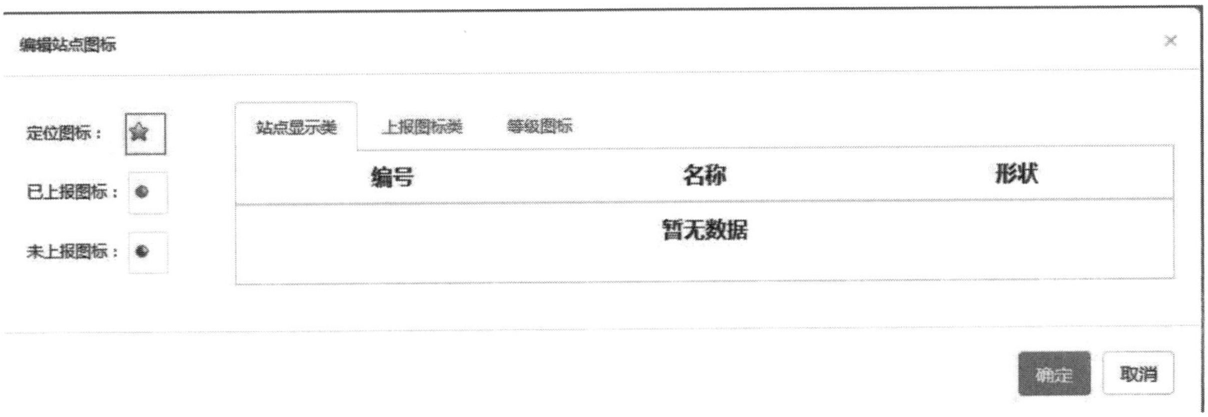

图 8－42　编辑站点图标弹出层

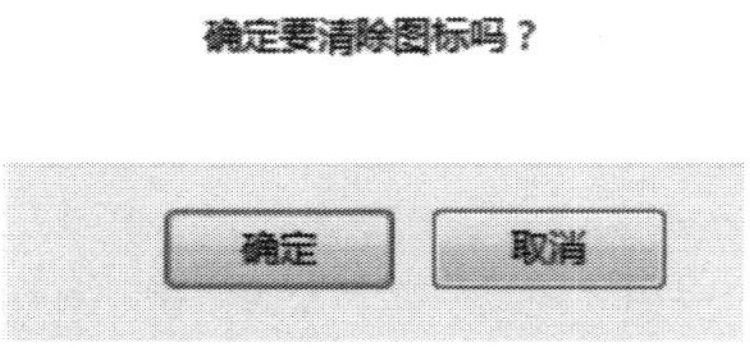

图 8－43　清除提示框

8.10.2　等级管理

等级管理主要是对 GIS 监测预警中的发生预警、空间插值、动态推演和地图对比中的等级标准、分析字段和过滤字段进行配置，效果是当用户在这几个模块选择配置中有的报表名称和分析字段后，系统会自动加载过滤字段与等级分配中的内容，此操作节省了用户的选择时间，等级管理页面如图8－44。

◇ 编辑：对现有的等级进行修改。

◇ 新增标准：用户可以自定义新增一个等级标准。

◇ 删除：将用户勾选的数据删除。

◇ 报表名称搜索：用户输入报表名称，搜索出该报表配置下的等级标准。

图 8－44　等级管理列表页面

在等级管理页面点击操作下的［编辑］，可以对该等级标准进行重新修改，点击［确定］后将对修改的数据进行保存，点击［取消］退出编辑操作；点击右上角的［新增标准］，弹出等级图标编辑弹出层，用户可以按照输入框新增等级标准，弹出层中的站点显示类、上报图标类和等级图标都是供用户选择的图标种类，弹出层样式如图 8－45；点击右上角的［删除］按钮，会弹出一个提示框，点击［确定］会将用户勾选的数据执行删除操作，点击［取消］将退出删除操作，提示框如图8－46。

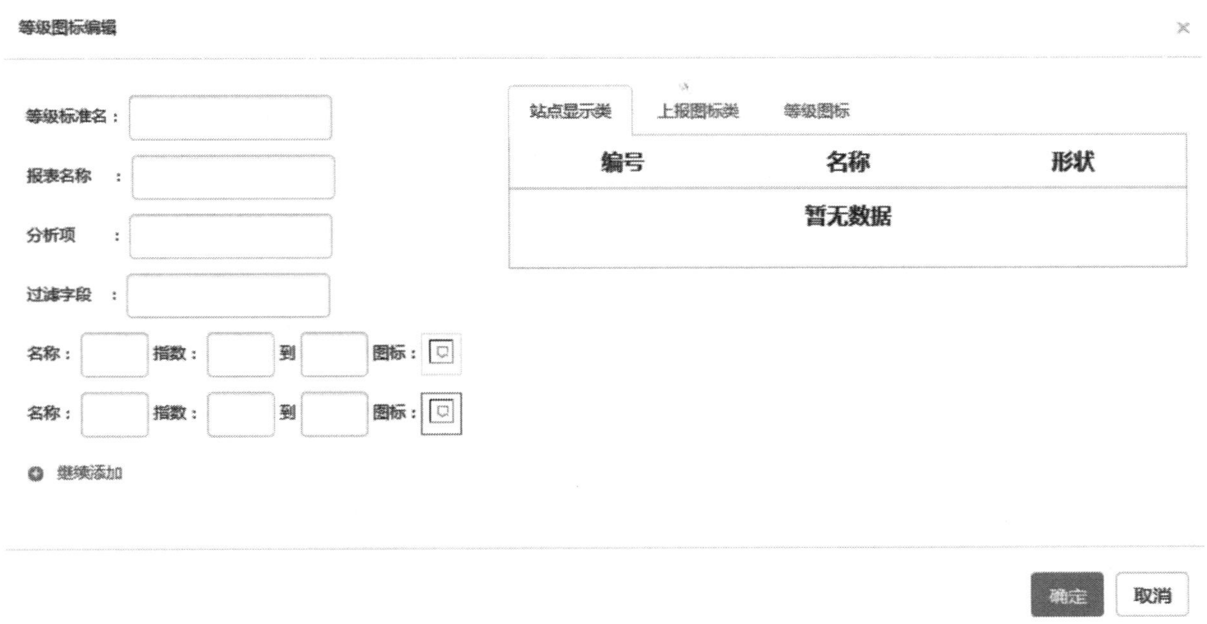

图 8－45　等级管理——等级图标编辑

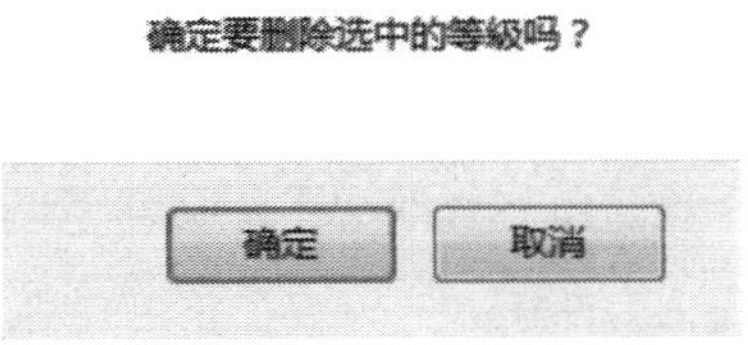

图 8－46　等级管理——删除提示框

9 病虫测报信息查询展示系统

使用大屏幕显示设备和多点触摸技术形象直观展示农作物病虫害统计图表、发生实况、病虫害知识、预报等信息，用手指动态触摸计算机屏幕来与其包含的信息进行交互，展示内容源于农作物重大病虫害数字化监测预警系统。病虫测报信息查询展示包括硬件设备（图 9－1）和软件系统（图 9－2）两个部分。

图 9－1 病虫测报信息查询展示硬件设备

图 9－2 病虫测报信息查询展示软件系统

9.1　病虫测报工作简介

病虫测报工作简介模块系统地介绍了病虫测报工作历史、现状、主要工作内容与重点等（图9－3）。用户可在屏幕任意位置左右滑动进行逐页浏览。

图 9－3　病虫测报工作简介展示界面

9.2　工作动态

以时间为主轴，用一根时间轴将病虫测报工作动态串联起来。时间轴可伸缩变化，可以按照年、月、日等多种维度来查看信息内容；可在图标上点开弹出事件窗口，窗口可移动、缩放（图 9－4）。

图 9－4　工作动态展示

9.3 重大病虫周报

重大病虫周报以折线图、柱状图等形式展示了粮、棉、油农作物重大病虫害每周发生防治动态（图 9－5）。

图 9－5 重大病虫周报展示

将展示的动态报表形式排列在屏幕上，可在任意位置左右滑动，也可打开具体窗口，窗口可移动、缩放（图 9－6）。

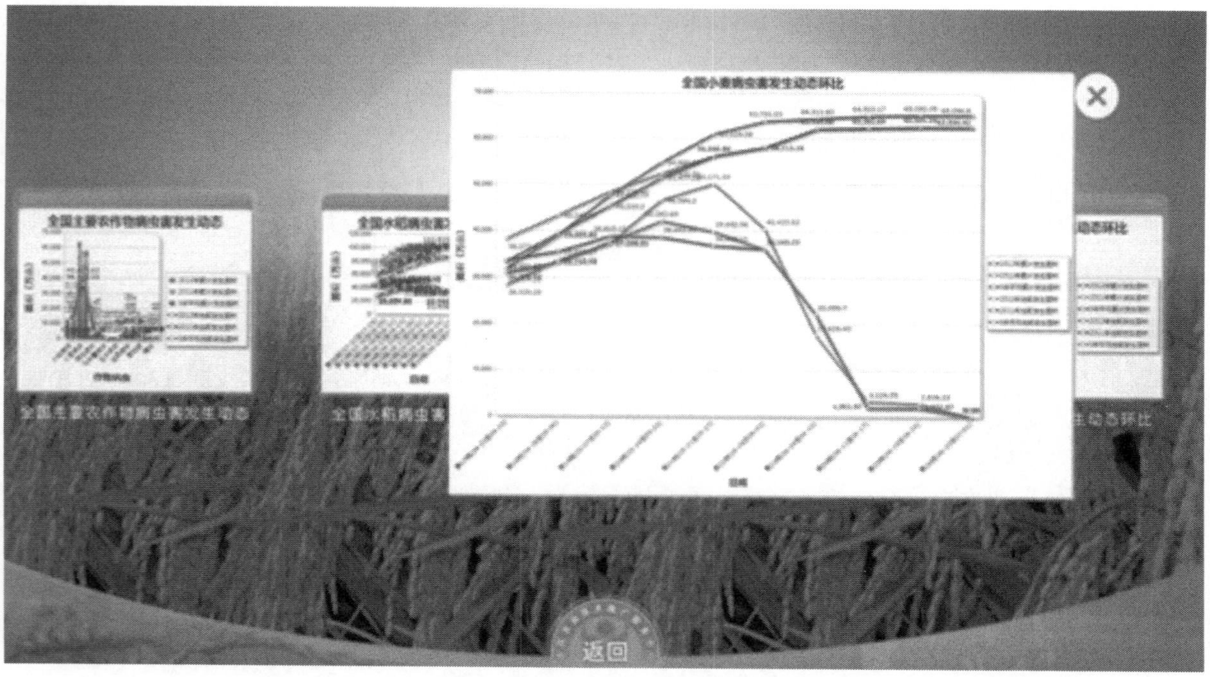

图 9－6 各类重大病虫周报展示

9.4　发生实况

发生实况展示主要用于以 GIS 地图形式展示重大病虫发生实况。重大病虫按照作物进行分类管理（图 9－7），用户点击各分类可进一步展示具体病害或虫害的发生实况（图 9－8）。

图 9－7　发生实况

图 9－8　具体分类界面

（1）通过选项按钮选择“病害”或“虫害”分类。

（2）选择病害或虫害的具体名称，当病害或虫害名称数量超出显示范围时，可左右滑动，点击选择。

（3）点击具体发生实况图名称进入下级页面进行浏览。当具体发生实况图数量超出当前显示范围时，可上下滑动，点击选择。

通过顶端和左侧的时间选项，可查看具体时间的发生实况图。通过选择“浏览”或“GIS”可切换静态和动态的实况图（图 9－9）。

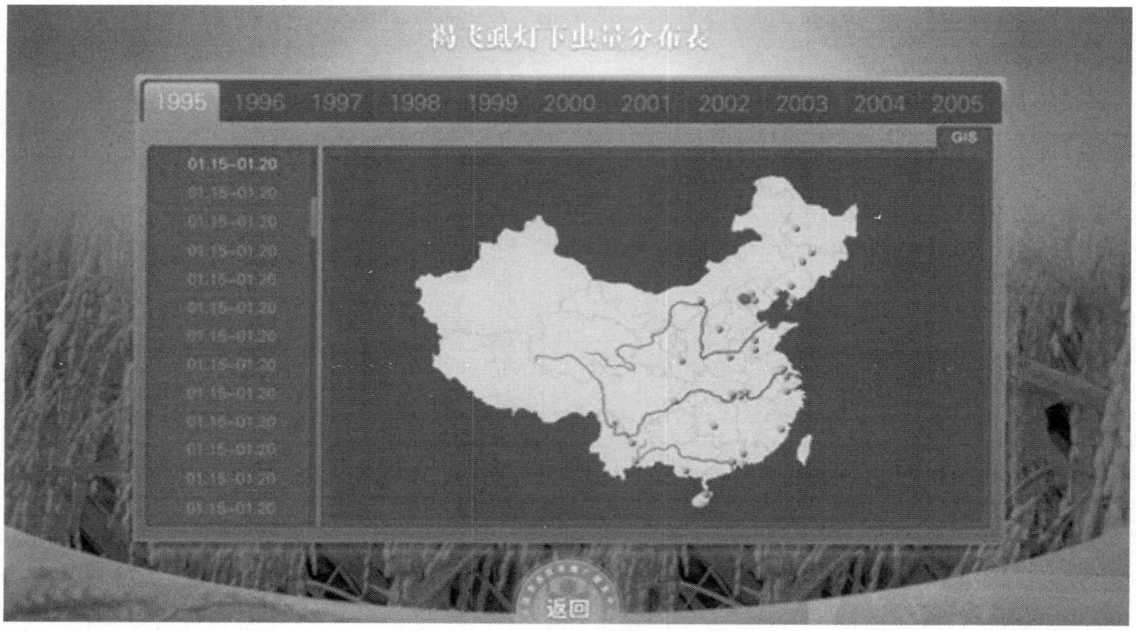

图 9－9　GIS 展示图

9.5　预报发布（图 9－10）

图 9－10　预报发布界面

9.5.1　电视预报

点击有缩略图的气泡可打开具体视频窗口，窗口可移动、伸缩、关闭（图 9－11）。

图 9－11 电视预报界面

9.5.2 病虫情报

点击左侧选项按钮可浏览相关内容（图 9－12）。

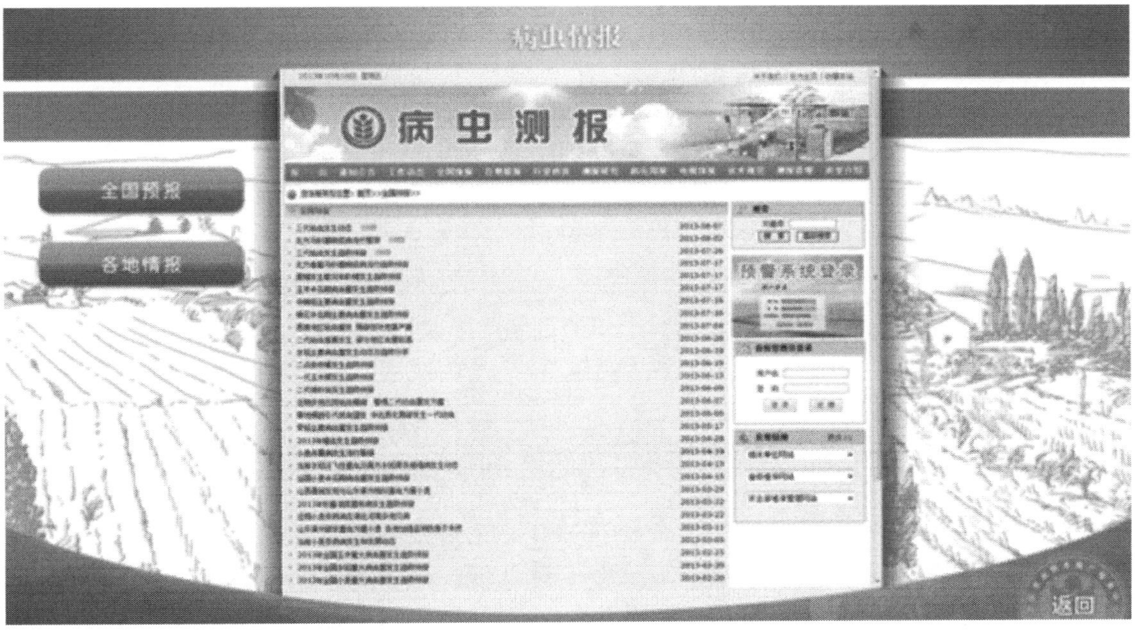

图 9－12 病虫情报界面

9.5.3 彩信报

点击左侧和右侧的选项按钮，可浏览相应的彩信报内容（图 9－13）。

9.6 知识宝库

在导航页选择图标进入具体的电子书页面（图 9－14）。

图 9－13　彩信报界面

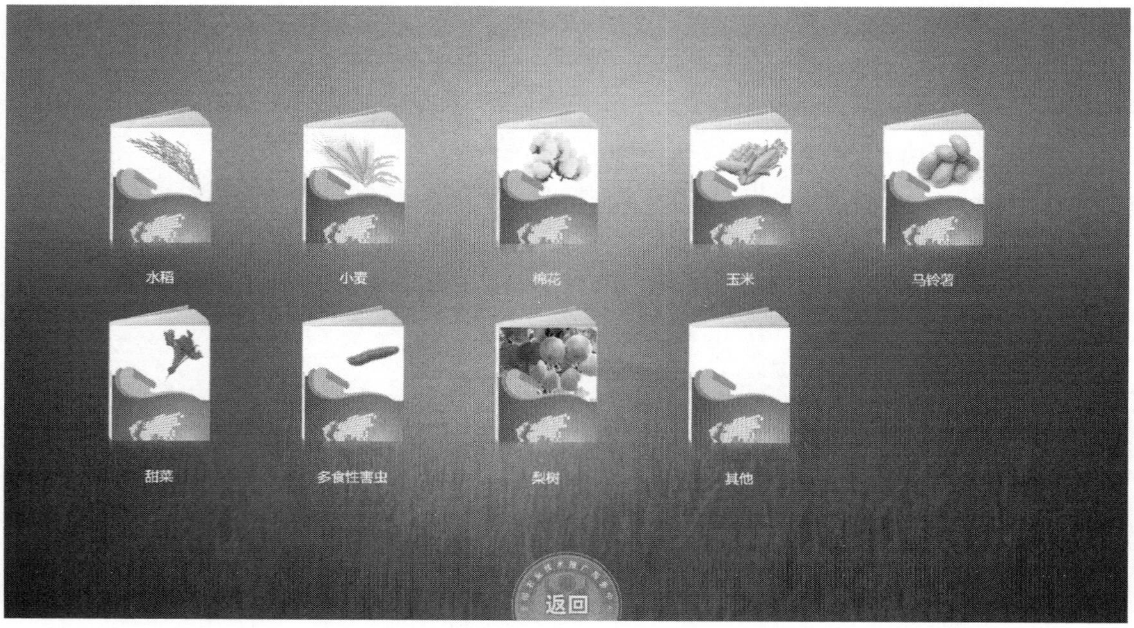

图 9－14　知识库界面

以动态电子书的形式展示各种病虫的详细信息，可滑动分页，也可点击右侧图标选择具体页面进行浏览（图 9－15）。

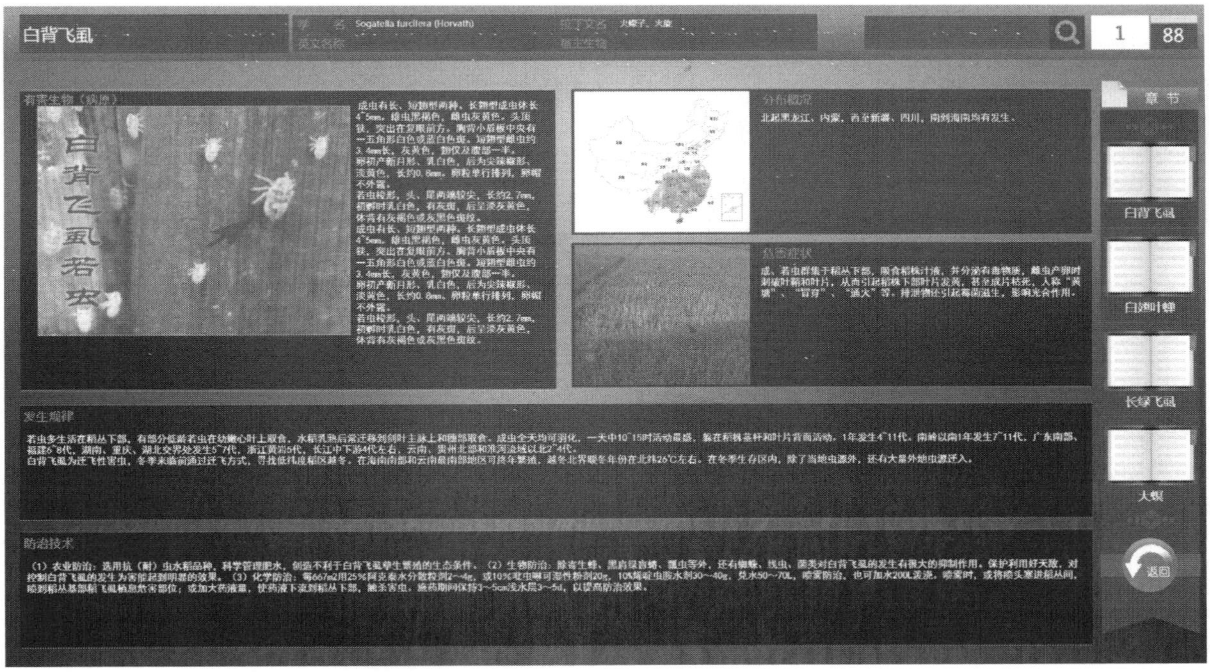

图 9－15 电子书界面

在右上方文本框内输入关键词，点击🔍按钮可进行搜索，并进入图 9－16 所示搜索页面。

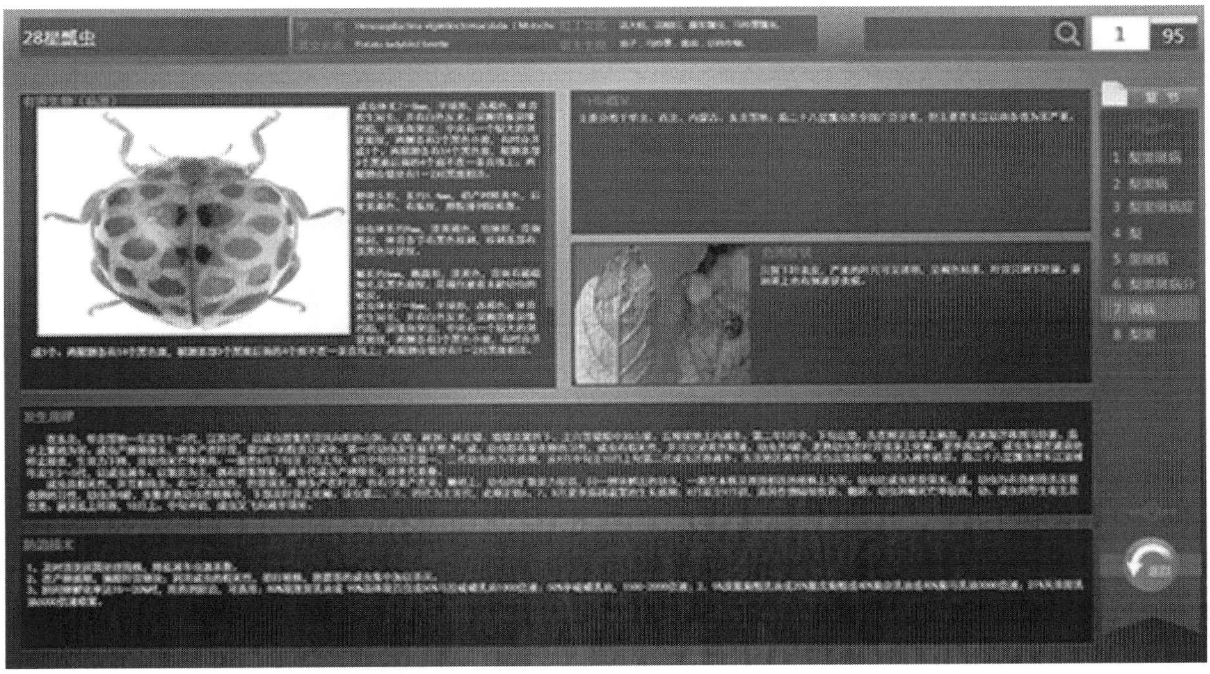

图 9－16 病虫信息搜索界面

搜索结果列表显示在右侧区域内，点击搜索结果可浏览相应页面，同时搜索关键词会高亮显示在页面中。

9.7 综合展示

双击综合展示界面（图 9－17）上的标题，可放大图形，查看图片和数据，如图 9－18。

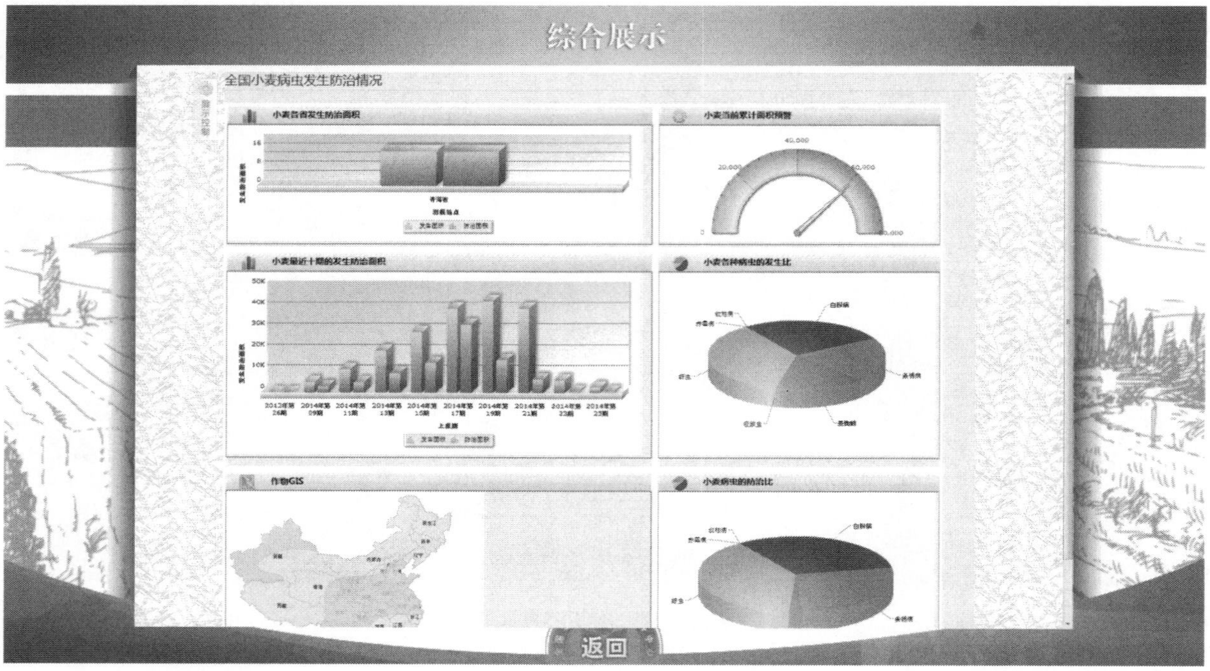

图 9－17　综合展示界面

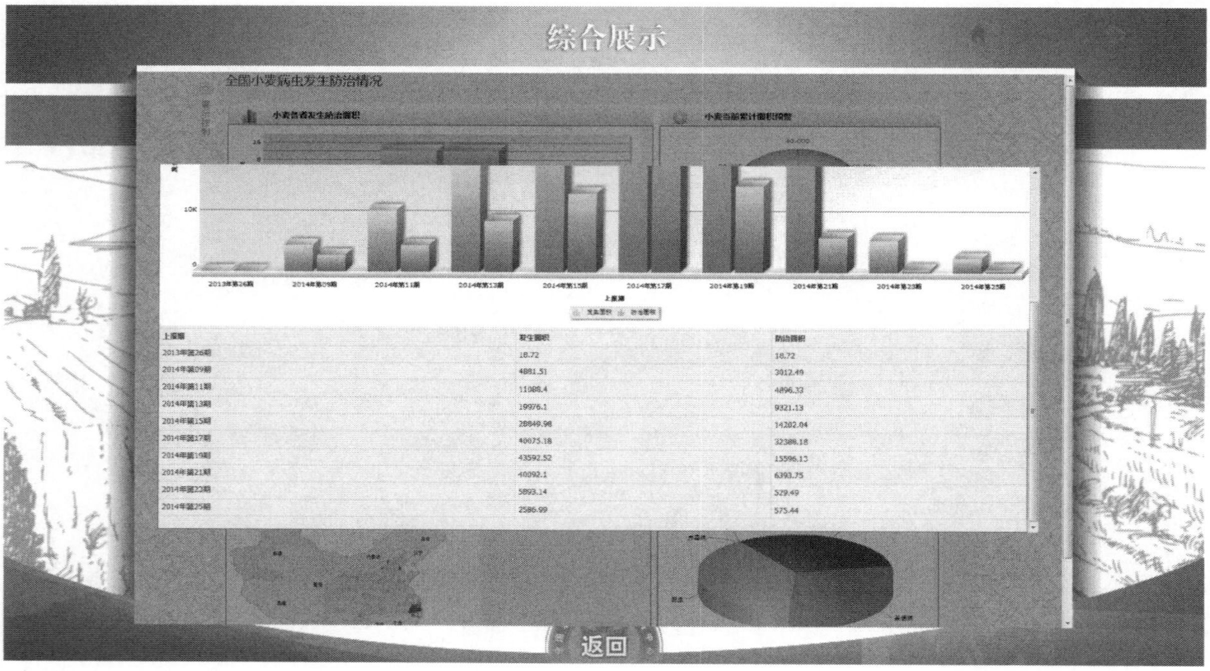

图 9－18　查看图片和数据

10 县级植保信息系统

县级植保信息管理系统是专门为县级植保人员量身打造的数字化平台，解决了当前县级植保信息化工作实时性不强、分析水平不高、历史资料利用率低等问题，实现了县级植保表格自定义、数据本地化、分析结果展现直观化、与国家及省市系统紧密互动，全面提升了县级植保信息化的建设水平，有力支持了国家植保信息化建设。

围绕县级植保工作实际，县级植保信息管理系统设计开发了录入查询、表格管理、数据分析、地图分析、数据上报、数据管理、预测模型、使用帮助等八大功能模块（图 10－1）。

第一次登录系统时需要在服务器获得相关信息，首先检查网络连接是否连接正常，如果网络连接正常，插入植保盾，打开客户端软件。软件第一次登录成功后，以后每次登录系统，仅需插入植保盾，就可正常使用县级植保信息系统。

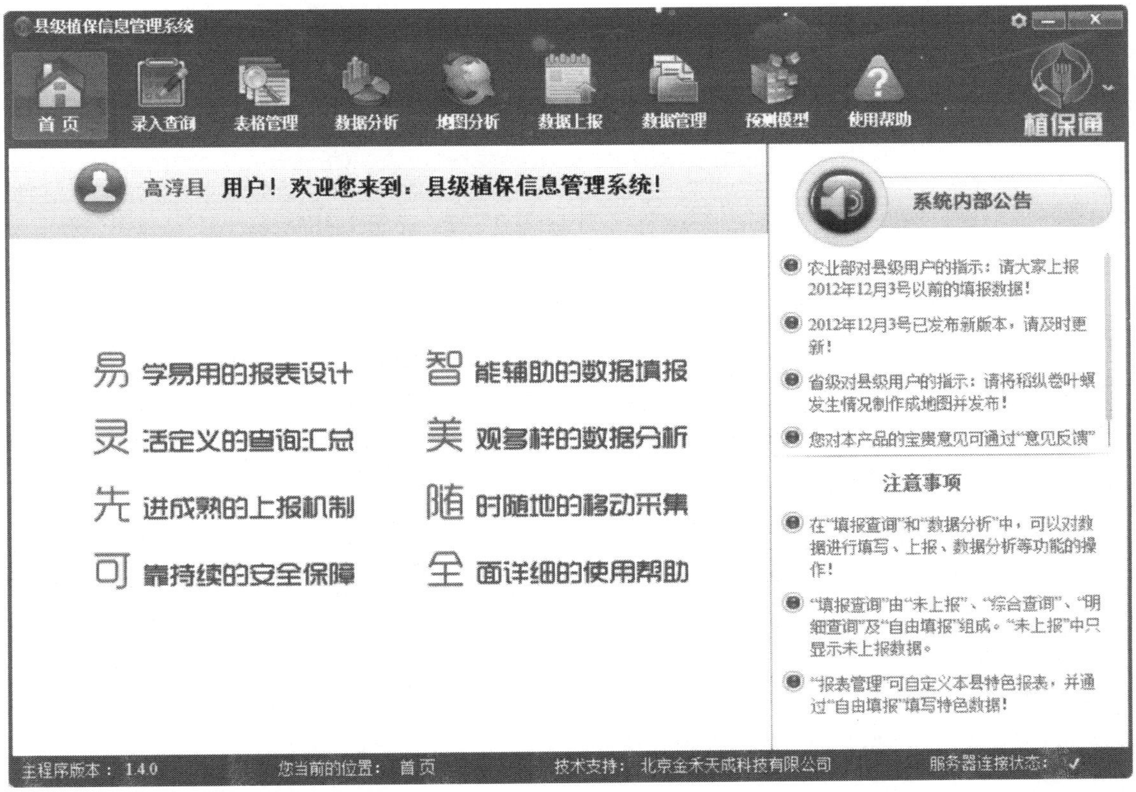

图 10－1　县级植保信息系统主界面

10.1　录入查询

录入查询包括数据录入、状态查询、综合查询等功能。

10.1.1　数据录入

县级植保信息管理系统提供基于动态表关联技术的表格录入功能，解决了数据入库的问题，极大提高了表格的处理效率。植保人员主要填报表格包括本县自定义表格和系统预置的国家规范报表。填报的数据都将进入本地数据库，可以随时调取并进行汇总、分析。

单击功能菜单栏的［录入查询］→［数据录入］→［本县自定义表格］→［测报］→［水稻］→［稻飞虱单记录报表］按钮，进入数据录入界面，录入相应数据，保存即可，保存后数据成功录入本地数据库，如图 10－2。

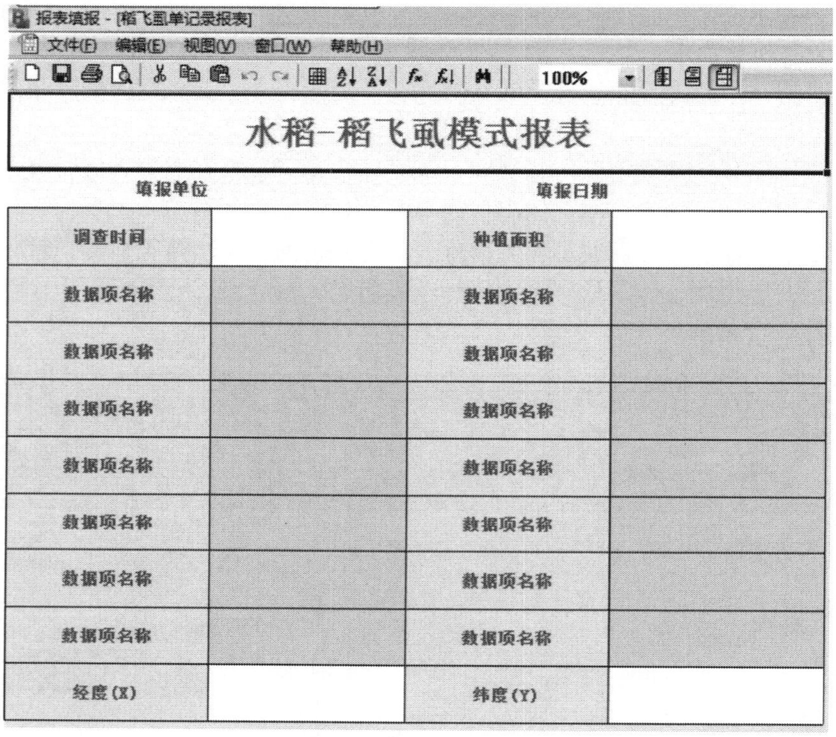

图 10－2　稻飞虱模式报表

10.1.2　状态查询

状态查询是指植保技术人员指定查询条件，对保存在本地数据库中的数据进行便捷查询，并可灵活控制查询结果的数据范围。县级植保信息管理系统通过参数自定义的功能，可以非常灵活地定义各种查询条件，汇总出符合查询条件的所有数据（图 10－3）。

10.1.2.1　编辑与删除表格

在查询结果中，找到需要修改的表格，单击［编辑］，进入表格数据编辑界面，操作同数据录入；单击需要删除的表格后边的［删除］即可删除选定的表格。

10.1.2.2　表格数据导出到 Excel

在查询结果中，找到需要导出到 Excel 的表格数据，然后单击［导出 Excel］按钮即可导出全部或查询页面数据到 Excel。

图 10-3　状态查询

10.1.3　综合查询

县级植保信息管理系统通过参数自定义的功能，可以非常灵活地定义各种查询界面和查询条件，由用户方便地输入查询条件，交互式地控制查询的内容和形式（图 10-4）。

图 10-4　综合查询

除此之外，用户还可以根据自己的需要对输出的内容进行按需调整，生成符合自身需求的多种形式统计报表。用户可以对显示的数据列进行调整，对数值型数据进行智能统计，并且可以隐藏无需关注的字段，把最关注的字段显示在最显眼的地方，方便用户浏览重点关注项。

在查询结果页面，可以对数值型数据进行最大值、最小值、平均值等自动智能统计，如图 10－5。

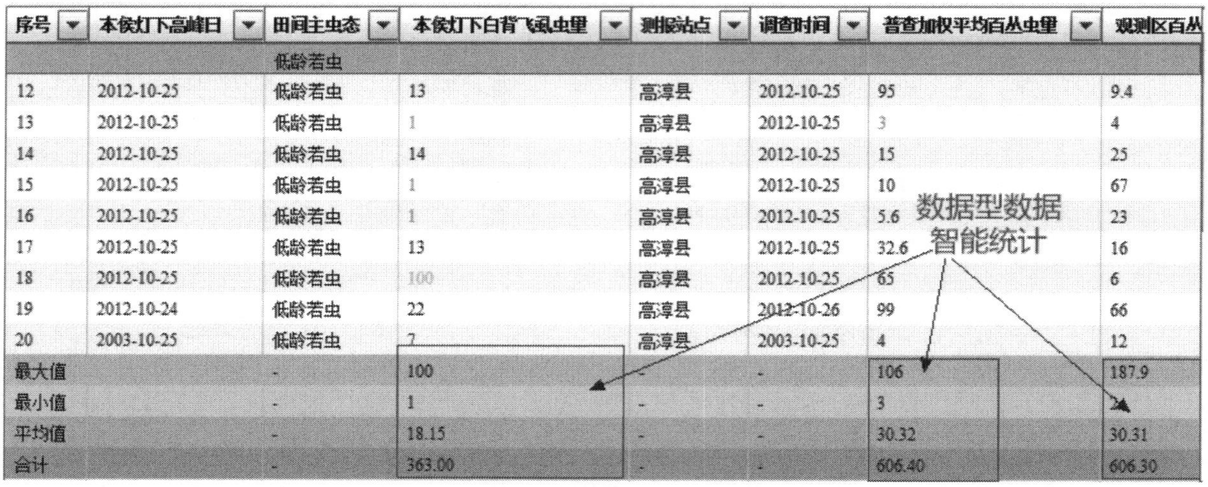

序号	本侯灯下高峰日	田间主虫态	本侯灯下白背飞虱虫量	测报站点	调查时间	普查加权平均百丛虫量	观测区百丛
		低龄若虫					
12	2012-10-25	低龄若虫	13	高淳县	2012-10-25	95	9.4
13	2012-10-25	低龄若虫	1	高淳县	2012-10-25	3	4
14	2012-10-25	低龄若虫	14	高淳县	2012-10-25	15	25
15	2012-10-25	低龄若虫	1	高淳县	2012-10-25	10	67
16	2012-10-25	低龄若虫	1	高淳县	2012-10-25	5.6	23
17	2012-10-25	低龄若虫	13	高淳县	2012-10-25	32.6	16
18	2012-10-25	低龄若虫	100	高淳县	2012-10-25	65	6
19	2012-10-24	低龄若虫	22	高淳县	2012-10-26	99	66
20	2003-10-25	低龄若虫	7	高淳县	2003-10-25	4	12
最大值		-	100	-	-	106	187.9
最小值		-	1	-	-	3	2
平均值		-	18.15	-	-	30.32	30.31
合计		-	363.00	-	-	606.40	606.30

图 10－5　数值型数据智能统计

10.2　表格管理

表格管理包括新增表格、表格查询功能，是县级植保技术人员设计数据库表格的平台。

10.2.1　新增表格

县级植保信息管理系统实现了表格的自定义，植保人员可以使用表格设计器，根据本县的实际情况非常灵活地设计出适合本县植保业务的表格。自定义表格可以自定义本县跟植保信息化相关的所有业务数据表格，如实时表、系统调查表、总结（模式）表等（图 10－6）。

县级植保信息管理系统的表格设计采用了类 Excel 的可视化编辑方式，具有易学易用、所见即所得的特点，植保人员可以用 Excel 的操作习惯来操作表格设计器，只要会使用 Excel，就能很快学会报表设计。表格设计器预设了多套表格模板，简化了表格设计工作，并且大大降低了表格设计难度。表格设计器还内置了根据国家规范制定的标准化报表。

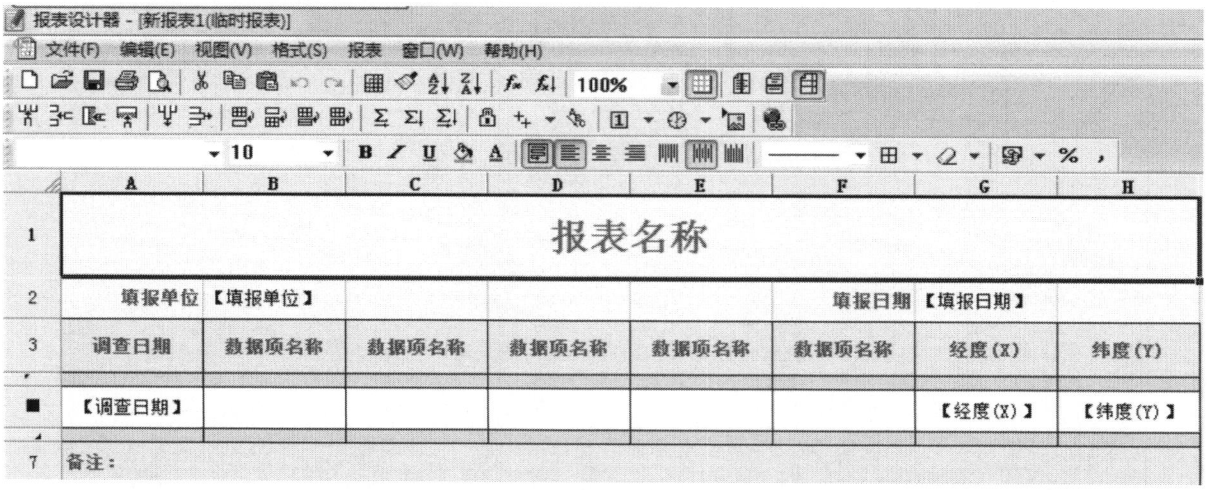

图 10－6　表格设计界面

采用类 Excel 的表格设计器，利用简单易用的快捷工具栏可以非常快速、高效地完成表格设计，然后［发布］到系统数据库中，如图 10－7。

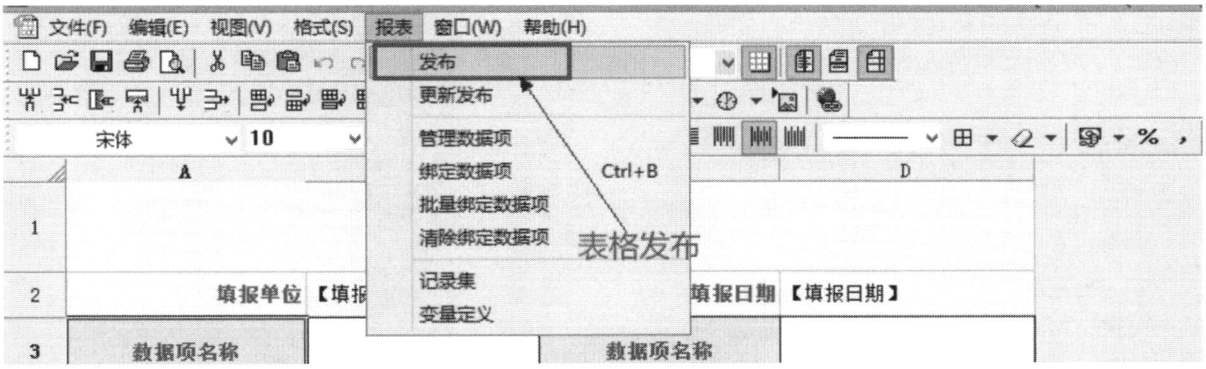

图 10－7 自定义表格发布

10.2.2 查询表格

通过表格查询，根据业务需要植保人员可以第一时间定位到所需表格（图 10－8）。

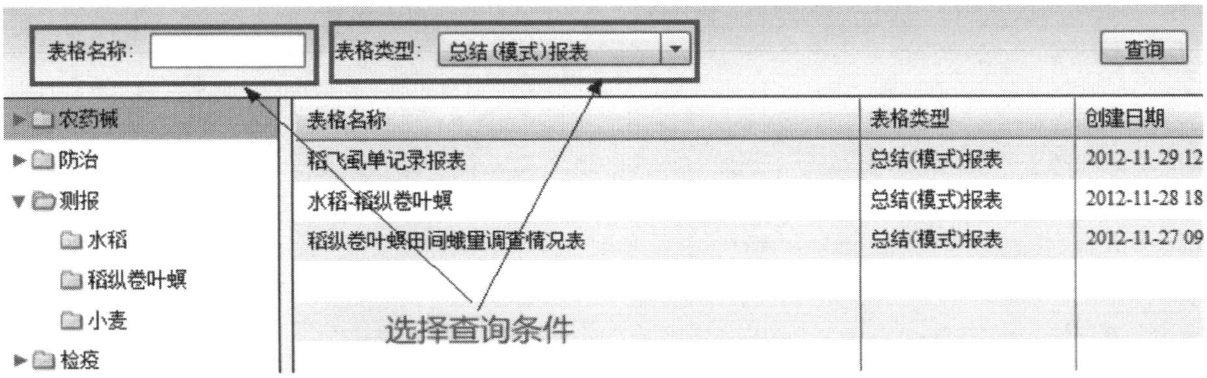

图 10－8 表格查询条件设置及查询结果展示

10.3 数据分析

数据分析包括自定义统计分析和专题统计分析。

10.3.1 自定义统计分析

在多年历史数据逐渐入库的基础上，实现对本县农作物重大病虫害调查数据关联性分析及深层次数据挖掘分析，进一步开发了多种智能化的数据分析、预报方法以及图形化分析处理等功能，实现数据分析处理标准化和图形化，解决目前数据利用率低、分析方法单一等问题。系统能够根据业务规则进行自定义统计图分析（图 10－9），根据不同业务和分析对象提供了多种分析方法和展现形式，例如饼状图、近两年同期增减对比、历史发生趋势、历史平均值对比、单条曲线图等，从各个角度对病虫害的发生情况和发生规律进行实用、高效的分析并展现，为决策提供了直观的图形化支撑。

10.3.1.1 饼状图分析

提供两种分析方式，一方面展示某一时期数值在整体中所占比重，如今年 7 月份田间虫量占全年总虫量的百分比；另一方面展示同一时期内某一指标在所有同类指标中所占比重，如当日灯下虫量中褐飞虱、白背飞虱、灰飞虱虫量占总虫量的百分比（图 10－10）。

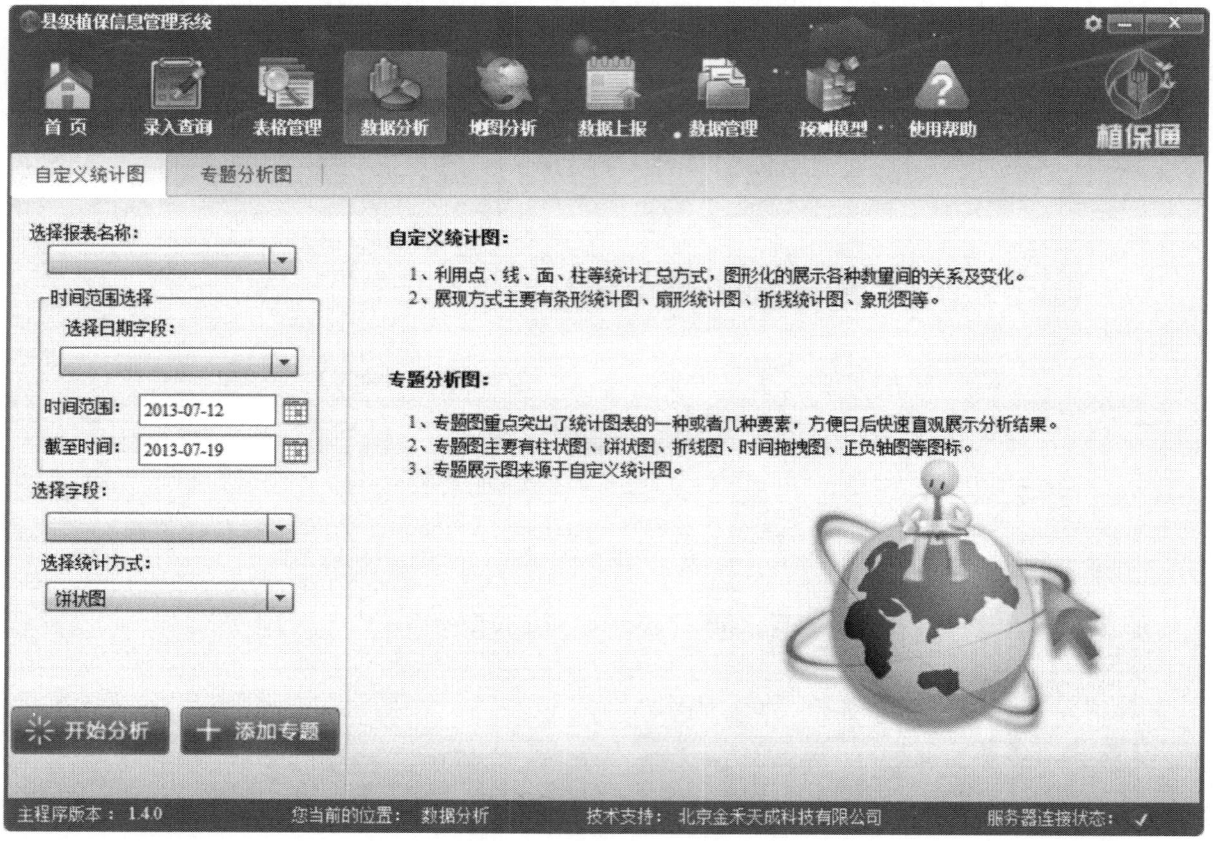

图 10－9　自定义分析

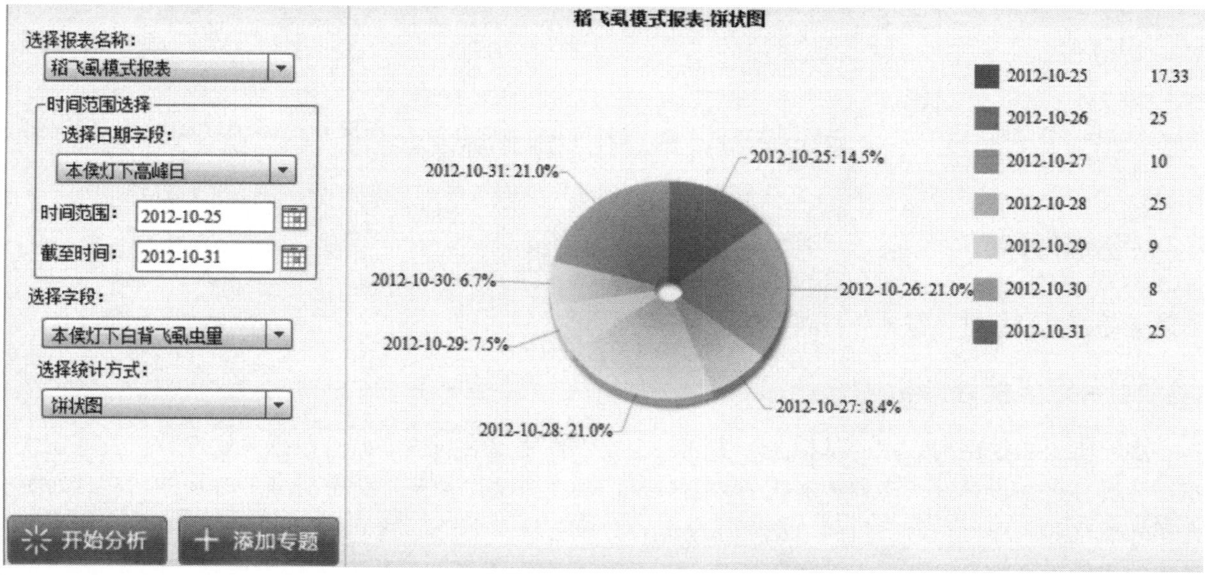

图 10－10　饼状图分析

10.3.1.2　近两年同期增减对比

主要是指某指标今年与去年在同一时期内的增减对比。比如周报中的今年第 10 周发生面积为 100 亩*，去年第 10 周发生面积为 60 亩，这就说明今年比去年同期增加了 66.7%。分析结果如图 10－11。

* 亩为非法定计量单位，15 亩＝1 公顷。全书同。

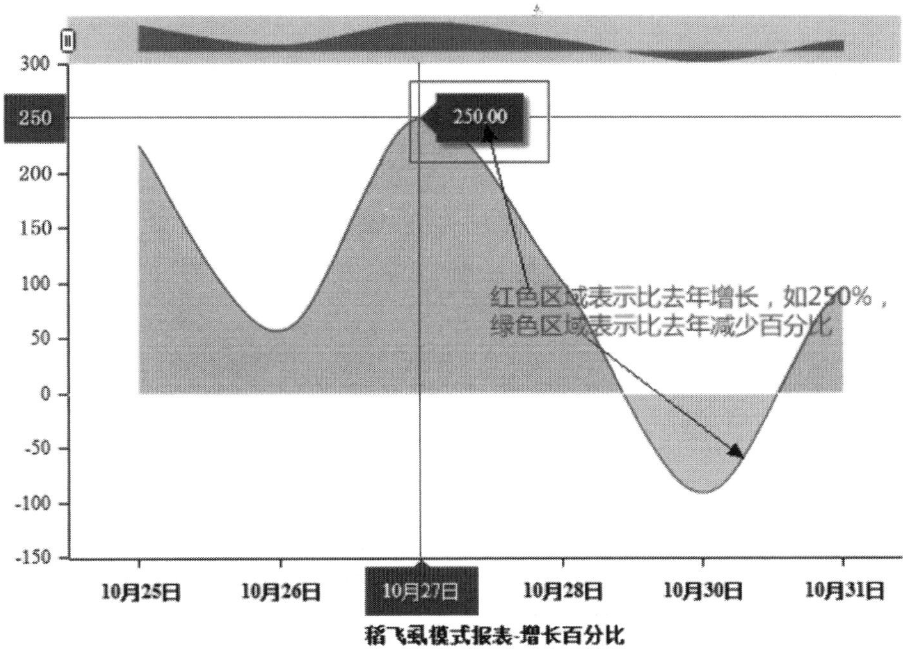

图 10－11　增减对比查看

通过拖动时间滚动条，可以调整查看范围，如图 10－12。

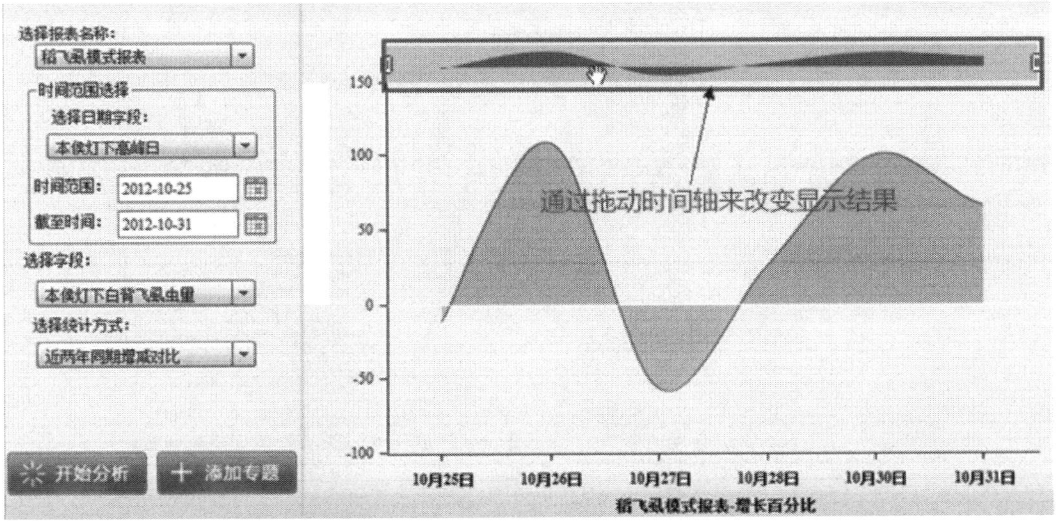

图 10－12　调整查看范围

10.3.1.3　历史发生趋势分析

提供折线图和平滑曲线图两种展现方式。通过 4 条颜色不同的曲线分别展示同一时期内今年、去年、五年平均及十年平均的发生趋势（图 10－13）。

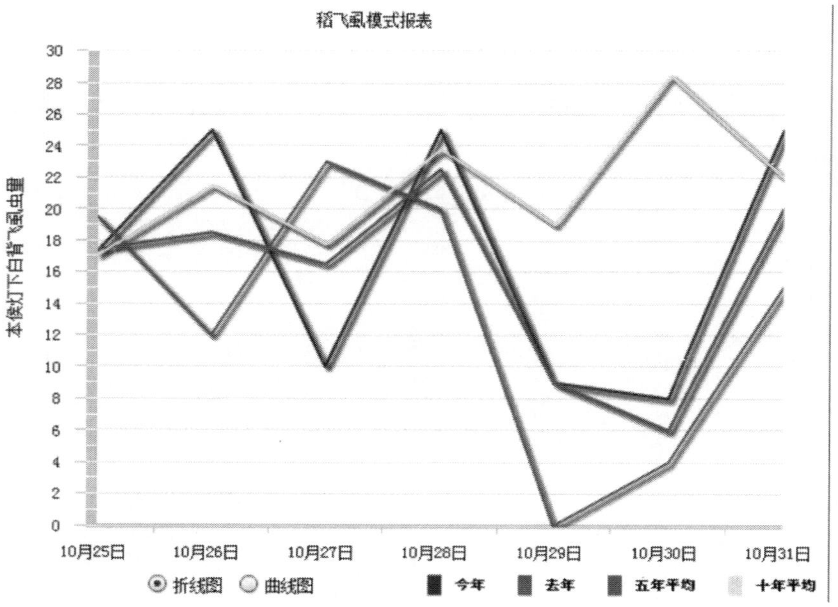

图 10－13　历史发生趋势

历史发生趋势有［折线图］和［曲线图］两种展现，默认为折线图。曲线图如图 10－14。

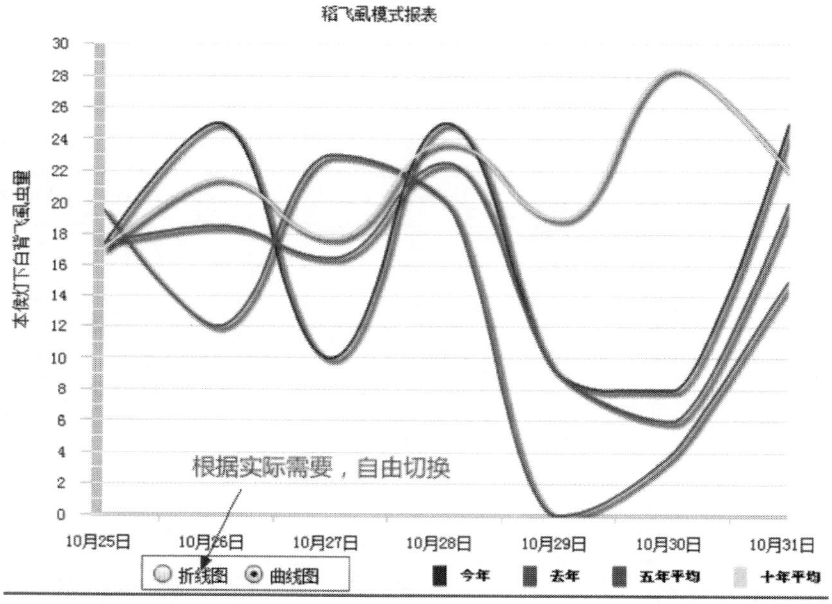

图 10－14　曲线图展现方式

10.3.1.4　历史平均值对比

通过柱形图的方式展示同一时期某一指标今年、去年、最近五年、最近十年的平均值对比。分析结果如图 10－15。

可以通过单击［今年］、［去年］、［最近五年］、［最近十年］左边的正方形重新展现分析结果。

10.3.2　专题统计分析

专题图都来源于自定义统计图。植保人员进行参数设置形成常用的统计图，通过“添加到专题图”功能将该统计图固化成专题，以后无需再重复设置复杂条件，方便使用（图 10－16）。

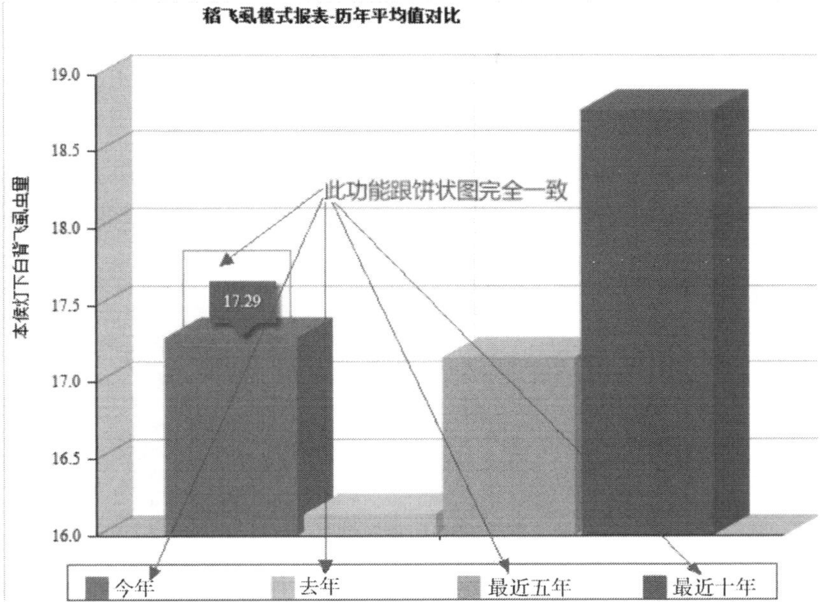

图 10－15　历史平均值对比

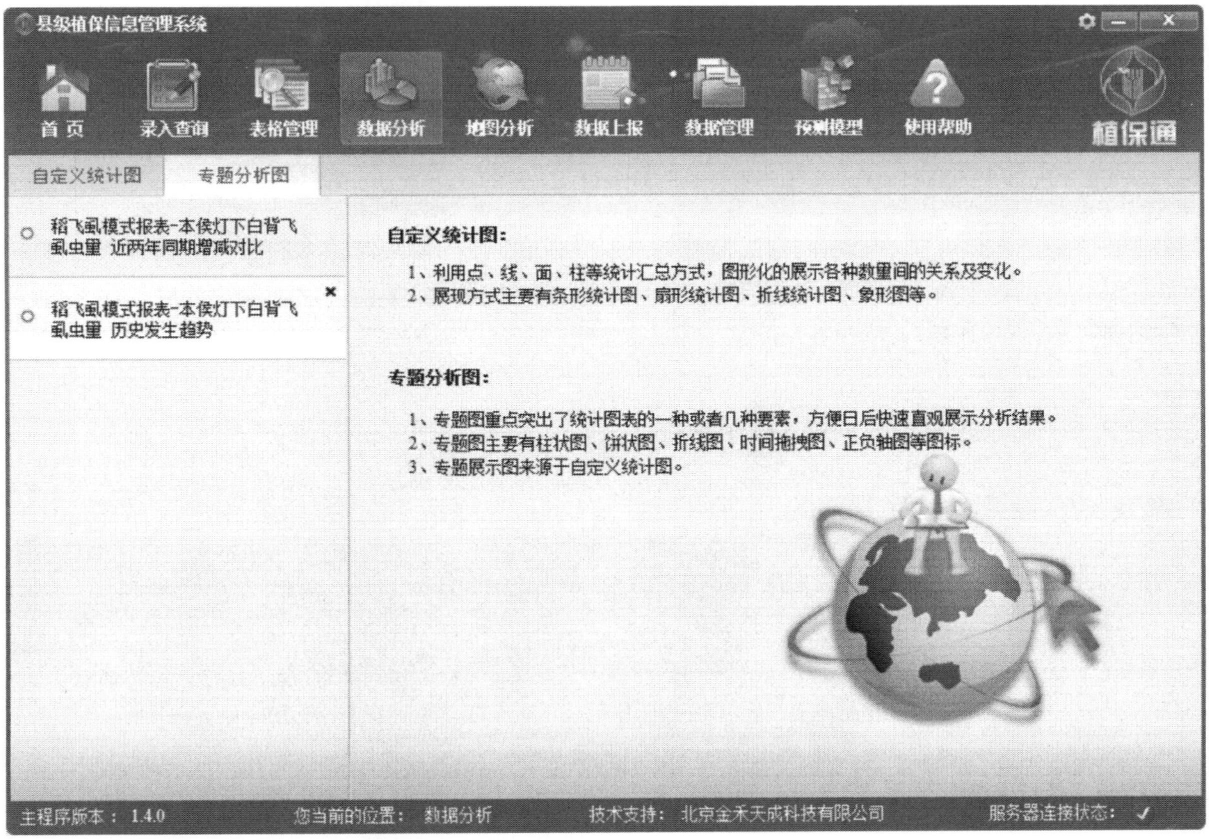

图 10－16　专题分析

10.4　GIS 地图分析

10.4.1　高级分析

采取植保专业技术和地理信息系统（GIS）技术相结合的方式，对本县病虫害监测预警数据进行基于地理信息数据概念上的时间和空间的叠加分析，实现病虫害发生动态与本县矢量或影像地图相关联，按地域图形化实时、直观展示，使用点位图、饼状图、柱状图、插值图等分析手段对需要防治或引起注意的区域进行自动警示，达到一种直观展示的效果，为县级植保人员判断本县病虫害发生及防治趋势提供重要的动态数据依据（图 10－17）。

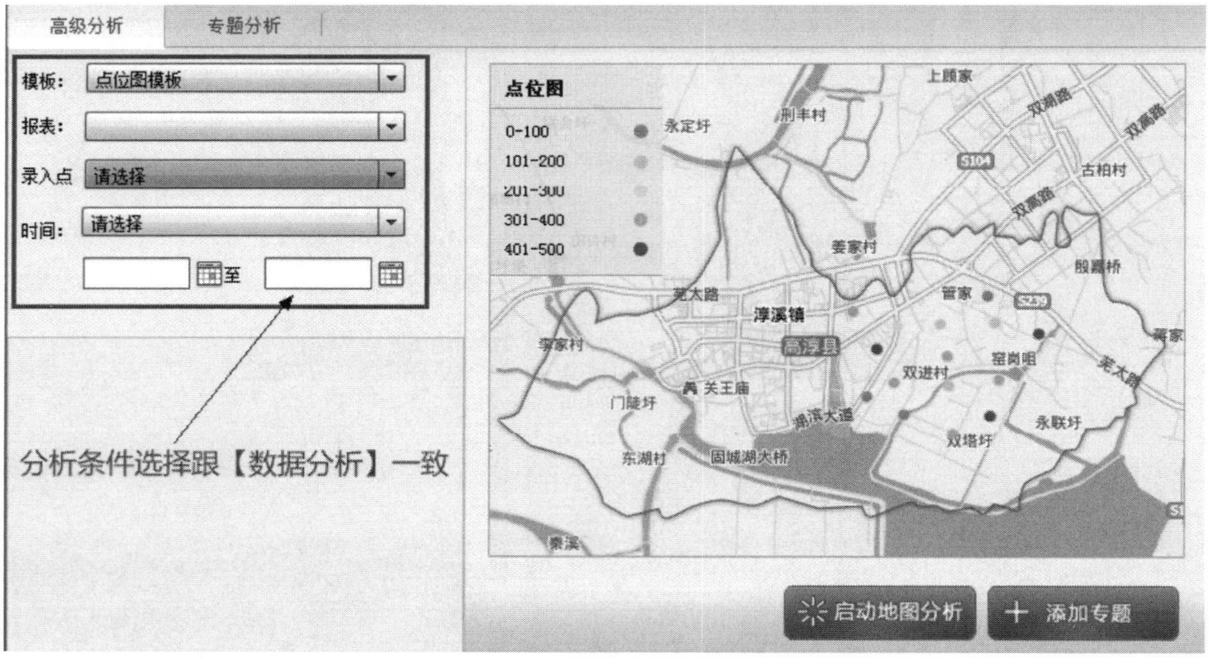

图 10－17　GIS 地图高级分析

10.4.1.1　点位图分析

根据指定的分析指标，对某个时间段数据进行点位分析，分析结果将以不同颜色的点的形式展示在地理信息系统上，其中每个点的信息包括调查地点、调查数据值等。单击［启动地图分析］按钮后，生成分析结果，如图 10－18。

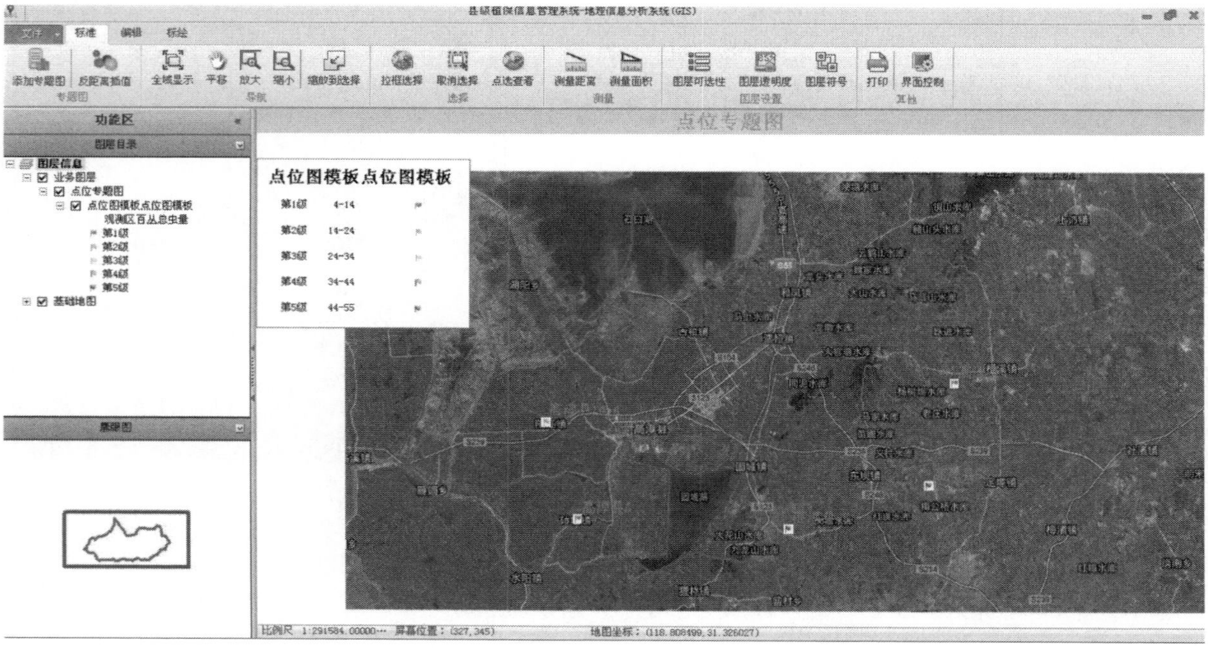

图 10－18　点位图分析结果

10.4.1.2 饼状图分析

根据指定的两个分析指标，对某个时间段数据进行饼状图分析，分析结果将以饼图的形式展示在地图上，信息包括调查地点、两个分析指标的数值。

单击［启动地图分析］按钮后，生成分析结果，如图 10－19。

图 10－19 饼状图分析结果

10.4.1.3 柱状图分析

根据指定的多个分析指标，对某个时间段数据进行柱状图分析，分析结果将以柱状的形式展示在地图上，其中每个柱子上的信息包括调查地点和各个分析指标的数值。单击［启动地图分析］按钮后，生成分析结果，如图 10－20。

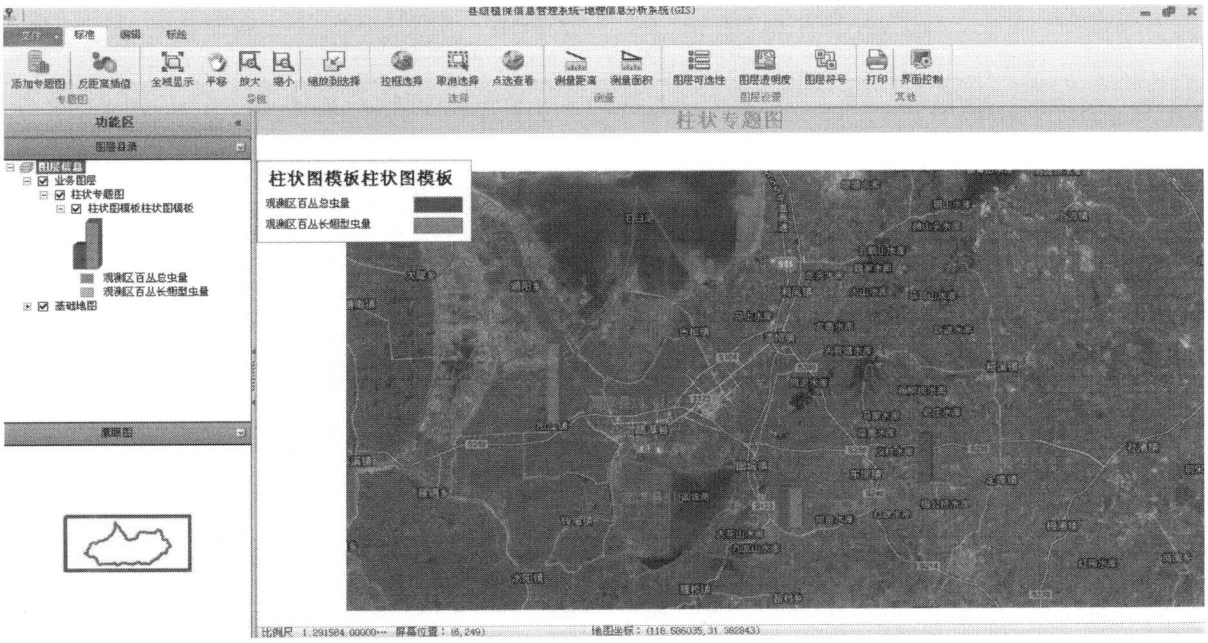

图 10－20 柱状图分析结果

10.4.1.4 插值图分析

通过空间插值数学算法，以病虫害调查的数据和空间数据生成空间插值图层，弥补实际调查点数据不足和分布不均匀的问题，大概估算没有调查的种植地的病虫害发生程度，预测和分析全县调查点之外区域病虫害发生情况。

点位图、饼状图、柱状图都可以直接在县级植保信息管理系统通过单击［启动地图分析］按钮后得到分析结果，而［插值图分析］需要在地理信息分析系统（GIS）中通过［反距离插值］按钮启动，如图 10－21。插值分析结果见图 10－22。

图 10－21 插值分析按钮

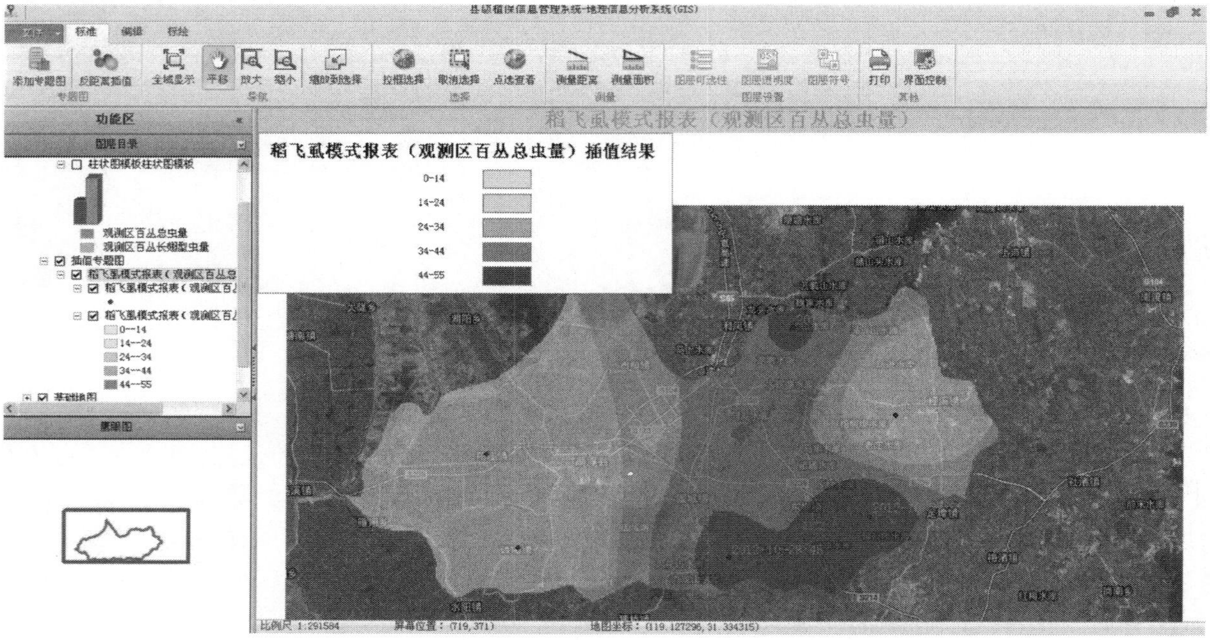

图 10－22 插值分析结果展示

除了以上几种先进的地理信息分析手段外，还提供了影像叠加、框选、测距、侧面、平移、缩小、放大、打印等诸多便捷功能，很大程度上满足了植保人员的日常工作需要。

10.4.2 专题分析

专题分析的数据来源于固化高级分析参数，通过固化一些参数，方便日后快速查看和高效使用，并且可以再次固化专题分析的时间范围，形成新的特色专题。主要涉及专题查看、专题添加、专题删除、专题分析等（图 10－23）。

10.5 数据上报

数据上报包括任务查询、数据录入、报表编辑、报表上报、更新任务等功能，实现通过县级植保信息系统向省级、国家数据上报任务。

10.5.1 任务查询

任务查询主要用于查询当前需要填报的任务。

图 10－23　专题分析

10.5.2　数据录入

数据录入主要是指向国家/省级的任务报表中录入田间调查数据，报表任务类型分国家和省级 2 种（图 10－24）。具体操作同 10.1.1。

棉铃虫成虫（灯诱或性诱）调查表	系统调查表	2012-10-01	2012-10-01	2012-10-01	国家	填报
小麦条锈发生情况统计表	年度统计表	2013-01-09	2013-01-19	2013-01-15	国家	编辑 | 上报
棉红铃虫成虫（灯诱或性诱）调查表	系统调查表	2012-09-03	2012-09-03	2012-09-05	国家	编辑 | 上报

图 10－24　报表填报

10.5.3　数据修改

报表编辑主要是指修改已录入但没有上报的任务报表数据（图 10－25）。具体操作同 10.1.2。

1	棉铃虫成虫（灯诱或性诱）调查表	系统调查表	2012-10-01	2012-10-01	2012-10-01	国家	填报
2	小麦条锈发生情况统计表	年度统计表	2013-01-09	2013-01-19	2013-01-15	国家	编辑 | 上报
3	棉红铃虫成虫（灯诱或性诱）调查表	系统调查表	2012-09-03	2012-09-03	2012-09-05	国家	编辑 | 上报

图 10－25　报表编辑

10.5.4　数据上报

数据上报是指上报填报任务报表给国家/省级系统，完成田间调查数据的上报和本地数据库建设（图 10－26）。

小麦条锈发生情况统计表	年度统计表	2013-01-09	2013-01-19	2013-01-15	国家	编辑 | 上报
棉红铃虫成虫（灯诱或性诱）调查表	系统调查表	2012-09-03	2012-09-03	2012-09-05	国家	编辑 | 上报

图 10－26　数据上报

10.5.5 任务更新

通过任务更新可以获取当前最新的任务，单击［更新任务］按钮即可获取当前最新的国家/省级填报任务，如图 10－27。

图 10－27　更新任务

10.5.6 数据管理

数据管理主要包括本地备份数据、本地还原数据、服务器备份数据、服务器还原数据、更新地图数据、平台软件更新、移动端与 PC 端数据同步等功能（图 10－28）。

图 10－28　数据管理

11 植保信息移动采集系统

县级植保信息移动采集系统是为了满足县级植保人员可以在田间随时随地填报各类农作物病虫的采集数据，通过3G网络或可连接互联网的WiFi网络上报到省级农作物有害生物监控信息系统或者国家有害生物监控系统，移动设备即可完成上报任务。可以对田间病虫害发生情况进行连续拍照，把拍照后的照片通过移动网络实时上传到服务器。在移动设备上可以捕捉多个点的经纬度坐标来测算调查面积，以及实时查看当前的位置信息。

县级植保信息移动采集系统还能够通过在移动设备上建立采集数据库，实现在没有移动网络的情况下把采集的数据保存在设备中，在移动设备接入系统网络后实施上传，或者直接上传到客户端PC机中进行数据分析以及上报操作（图11-1）。

图11-1 移动采集系统主界面

11.1 数据采集

系统业务数据的入口，也是信息系统查询与统计的基本单元模块。把病虫数据采集表格植入手机等移动设备，相关植保人员可以在田间随时填报各类作物病虫的采集数据，通过 3G 网络或可连接互联网的 WiFi 网络上报到省级农作物有害生物监控信息系统或者国家级有害生物监控系统，移动设备即可完成上报任务，无需再通过 PC 进行上报。

11.1.1 下载报表

把植保测报人员需要填报的数据报表下载到移动设备上，以及管理移动设备上的报表。当移动设备接入服务器端系统后，能够自动获取服务器端为该设备添加的报表，以及更新已有的报表实现任务填报。

11.1.2 任务列表

任务列表分四个功能区，分别是未上报任务列表、已完成任务列表、自由填报和自由填报本地查看，如图 11-2，自由填报列表显示可以自由填报的报表；未上报任务列表显示登录站点需要上报的任务；已完成任务列表显示登录站点上报过的任务。自由填报本地查看是指自由填报后的数据。

图 11-2　任务列表

图 11-3　随时上传报表

11.1.3 随时上传报表

随时上传报表可以对未纳入任务体系的业务报表的数据进行上报，没有任何填报限制，各个测报站点根据自身业务需要随时随地填报。选择自由填报分类下的报表，进入随时上传报表填报页面，如图 11-3。

填写完数据后，可以单击［保存］或者［上传］按钮。单击［保存］按钮，则将数据保存在移动设备中，在任务列表界面以“已填报未上报”标记，下次填报该报表时，默认显示本次保存的数据。如果填写完相应数据后希望保存并确认可以直接上报的，单击［上传］按钮，即可保存并上报数据。上报完毕，报表的表单状态又恢复为未上报，可再次随时上报。

11.1.4 填报任务

填报人员能够填报指派给所在站点的任务报表，并且只能填报所在站点的站点管理员指派给当前填报人员的报表。选择待完成任务分类下的报表，进入待完成任务填报页面。任务填写完毕后，与随时上传报表功能类似，填写完数据后，同样可以单击［保存］或者［上传］按钮。上传后，刚刚填报的任务将会移动到已完成任务，如图 11－4。

图 11－4 完成任务

图 11－5 拍照图片

11.1.5 查看已完成任务

用于管理存储在移动端的已经上传到服务器端的数据。主要用于查询数据上传历史，以及简单统计分析上传的数据。

11.2 图像采集

通过移动设备上的摄像设备，可以对田间病虫害发生情况进行连续拍照，把拍照后的照片和经纬度通过移动网络实时上传到服务器。在移动设备上可以捕捉多个点的经纬度坐标来测算调查面积。

11.2.1 拍摄照片

启动移动设备的拍照功能，植保测报人员可以随时随地对农作物以及病虫害发生情况进行拍照，并且可以对拍照的图片编辑名称和描述或者删除。拍照后，图片自动显示在图片框中，并对图片进行文字描述，如图 11－5。

编辑图片标题和描述后，单击［保存］按钮，返回图片列表界面，此时显示已经保存的图片标题和描述，也可以继续拍照或者单击［上传］按钮直接上传到国家、省、市级系统。

11.2.2 上传照片

可将拍摄的图片及其经纬度坐标上传到系统，直接在 PC 端查看上传后的照片数据。

11.3 系统管理

11.3.1 设置

用户在设置功能里可以对软件是否自动更新以及任务的起止时间进行更改设定，如图 11－6。

图 11－6 设置界面

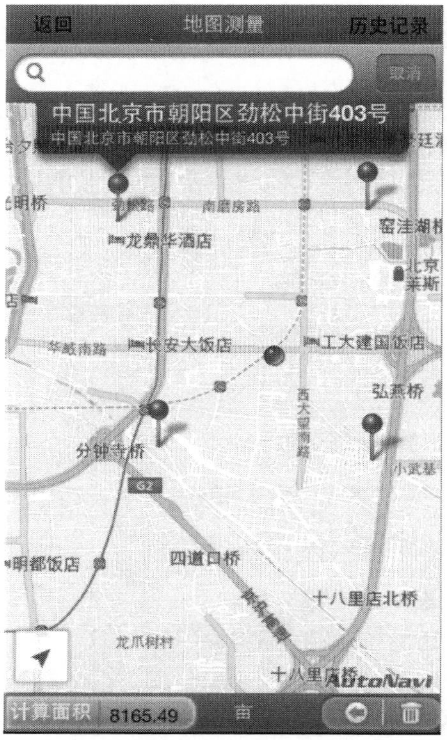

图 11－7 增加定位点计算面积

11.3.2 任务同步

单击［任务同步］按钮会将国家、省、市级系统的填报任务全部同步到本地，供上报人员查看、数据录入及上报。

11.3.3 地理位置

在采集测报调查数据或采集多媒体数据时，都可以随时获取采集点的经纬度坐标。通过 GPS，能够获取当前移动设备所处的经纬度等地理坐标信息。

选择定位后，即可在 GPS 定点位置列表中增加当前移动设备的定位点，如图 11－7。单击地图上的位置，即有绿色的圆钉处，表示该位置已经选取成功，照此方法选取三个或者三个以上位置，单击计算面积即可计算出选取地域的面积，单击右下角的垃圾框即清除所有选定的区域；单击向左箭头，即清除最后一次操作。

增加三个以上定位点后，即可计算出定位点所构区域的面积。

11.3.4 上传管理

上传管理主要是对本地数据进行批量上报给国家、省、市级等上级单位。

用户单击上传管理功能图标进入上传管理界面，用户选择需要上传的文件，然后单击［上传］按钮完成文件上传，上传后会在该界面显示。分为正在上传的任务和已经上传的任务。单击［清除］按钮，完成数据清除。

11.3.5 导出报表

导出报表是对已经上报的数据或者本地存储的数据导入到县级植保信息管理系统中，供县级植保信息管理系统做数据分析。用户单击主界面的［导出报表］按钮，如图 11-8。

图 11-8 导出报表

用户选中要导出的表格，连接好与县级植保信息管理系统上传的数据线，单击［导出］按钮，即将选中的表格数据导入到县级植保信息管理系统中，为县级植保信息管理系统的统计分析做数据支撑。

12 附　　录

12.1 数据报表

12.1.1 水稻病虫报表

表 12-1　稻飞虱模式报表

本候灯下白背飞虱虫量（头）		本候灯下褐飞虱虫量（头）	
本候灯下高峰日		田间主虫态	
观测区百丛总虫量（头）		观测区百丛长翅型虫量（头）	
观测区百丛短翅型虫量（头）		观测区褐飞虱比例（%）	
普查加权平均百丛虫量（头）		需防治面积占种植面积比例（%）	
本候灯下虫量合计（头）			

表 12-2　稻纵卷叶螟田间赶蛾调查表

调查日期	主要稻作类型	水稻生长时期	加权平均亩蛾量（头）	最高田间蛾量（头/亩）	备注

表 12-3　稻纵卷叶螟模式报表

平均田间蛾量（头/亩）		最高田间蛾量（头/亩）	
大田普查百丛幼虫量（头）		大田普查百丛有效卵量（粒）	
大田普查平均卷叶率（%）		需防治面积占种植面积比例（%）	
主害类型田			
备注			

表 12-4　螟虫各代调查及下代预测模式报表

代别		主要螟虫种类	
诱蛾方法		平均单灯全代蛾量（头）	
羽化高峰期		卵孵高峰期	
螟害率（枯心、白穗率）（%）		亩残留虫量（头）	
预计下代发生程度		预计下代螟蛾盛期	
预计下代卵孵盛期		预计下代需防治面积比例（%）	
备注			

表 12-5　螟虫冬前模式报表

二化螟虫源面积（万亩）		三化螟虫源面积（万亩）	
二化螟加权平均活虫数（头/亩）		三化螟加权平均活虫数（头/亩）	
备注			

表 12-6　螟虫冬后模式报表

二化螟加权平均活虫数（头/亩）		二化螟死亡率（%）	
预计二化螟羽化盛期		预计二化螟卵孵盛期	
预计一代二化螟发生程度（级）		预计一代二化螟发生面积比例（%）	
三化螟加权平均活虫数（头/亩）		三化螟死亡率（%）	
预计三化螟羽化盛期		预计三化螟卵孵盛期	
预计一代三化螟发生程度（级）		预计一代三化螟需防治面积比例（%）	
备注			

表 12-7　稻瘟病发生实况模式报表

水稻生育时期		发生面积比例（%）	
感病品种比例（%）			
发生程度（级）		平均病叶（穗）率（%）	
其中急性型病斑病叶率（%）		前五天降水量（毫米）	
前五天雨日数		前五天平均气温（℃）	
备注			

表 12-8　孕穗—破口期叶瘟发生情况和穗瘟发生预测模式报表

感病品种种植比例（%）		当前叶瘟发生面积比例（%）	
发病田平均病叶率（%）		其中急性型病斑病叶率（%）	
预报穗期平均气温与常年比较		预报穗期降雨日数（天）	
预计穗瘟发生面积比例（%）		预计穗瘟发生程度（级）	
备注			

表 12-9　稻纹枯病模式报表

稻作类型		水稻生育期	
需防发生面积比例（%）		发生程度（级）	
普查加权平均病丛率（%）		普查加权平均病株率（%）	
观测区平均病丛率（%）		观测区平均病株率（%）	
主发类型田		备注	

表 12-10　条纹叶枯病病情系统调查表

类型田	品种	生育期	调查丛数	病丛数	病丛率（%）	调查总株数	病株数	病株率（%）

表 12－11　条纹叶枯病发生情况大田普查记载表

显症阶段	品种	稳定期			备注
		日期	平均病丛率（%）	平均病株率（%）	
第一显症期					
第二显症期					

表 12－12　南方水稻黑条矮缩病发生信息周报表

省	县	经度	纬度	累计发生面积（万亩）	绝收面积（万亩）	当前病丛率*	见病稻作类型（"1"表示见病）			灯下虫量（头）	田间虫量（头）	带毒率（%）
							早稻	中稻	晚稻			

*1. 零星发生<3%；2. 中轻度发生 3%～20%；3. 重发生 20%。

表 12－13　水稻种植情况基本信息表

水稻种植面积（万亩）			
早稻种植面积（万亩）		中稻种植面积（万亩）	
晚稻种植面积（万亩）		水稻主要播种方式	
抛秧比例（%）		直播比例（%）	
水稻主栽品种		主栽品种面积（万亩）	
感稻瘟病种植比例（%）		感条纹叶枯病种植比例（%）	
感纹枯病种植比例（%）		测报灯类型及光源	
备注			

表 12－14　水稻病虫年度发生情况及来年趋势预测表

病虫种类		发生程度	发生面积（万亩）	发生范围	防治面积（万亩）	挽回损失（吨）	实际损失（吨）	来年发生程度预测	来年发生面积预测（万亩）	来年发生范围
稻飞虱	白背飞虱									
	褐飞虱									
稻纵卷叶螟										
二化螟										
三化螟										
稻瘟病	叶瘟									
	穗瘟									
稻纹枯病										
条纹叶枯病										
灰飞虱（为害水稻）										
稻曲病										
白叶枯病										
细菌性条斑病										
南方水稻黑条矮缩病										
其他										

表 12－15 水稻害虫灯诱逐日记载表

害虫种类	数量（头）	点灯时天气状况	备注
褐飞虱			
白背飞虱			
稻纵卷叶螟			
二化螟			
三化螟			
大螟			
灰飞虱			

表 12－16 全国早稻病虫害发生趋势预测表

病虫种类	发生基数	比上年增减（%）	比常年增减（%）	气候条件影响	栽培制度影响	预计发生程度	比上年轻重（级）（轻用一、重用＋）	比常年轻重（级）（轻用一、重用＋）	预计发生面积（万亩）	比上年增减（%）	比常年增减（%）	主要发生区域
白背飞虱												
褐飞虱												
稻纵卷叶螟												
二化螟												
三化螟												
灰飞虱												
其他害虫												
虫害合计												
稻瘟病												
稻纹枯病												
条纹叶枯病												
黑条矮缩病												
南方水稻黑条矮缩病												
稻曲病												
其他病害												
病害合计												
病虫害合计												

表 12－17 全国水稻重大病虫害前期发生情况统计及中后期发生趋势预报表

病虫种类	发生程度	比上年增减（%）	比常年增减（%）	发生面积（万亩）	比上年增减（%）	比常年增减（%）	主要发生区域	预计发生程度	比上年增减（%）	比常年增减（%）	预计发生面积（万亩）	比上年增减（%）	比常年增减（%）	主要发生区域
白背飞虱														
褐飞虱														
稻纵卷叶螟														
二化螟														
三化螟														
灰飞虱														
其他害虫														
虫害合计														

（续）

病虫种类	发生程度	比上年增减（%）	比常年增减（%）	发生面积（万亩）	比上年增减（%）	比常年增减（%）	主要发生区域	预计发生程度	比上年增减（%）	比常年增减（%）	预计发生面积（万亩）	比上年增减（%）	比常年增减（%）	主要发生区域
稻瘟病														
稻纹枯病														
条纹叶枯病														
黑条矮缩病														
南方水稻黑条矮缩病														
稻曲病														
其他病害														
病害合计														
病虫害合计														

12.1.2 小麦病虫报表

表 12-18 小麦病虫害中后期趋势预报因子与预测结果统计表

冬麦种植面积（万亩）			春麦种植面积（万亩）	一类苗面积比例（%）	二类苗面积比例（%）	三类苗面积比例（%）	总体苗情与常年比较		长势	主栽品种抗病虫性
病虫名称	当前发生情况						未来发生			
	程度	面积（万亩）	发生指标	发生基数	比常年±（%）	比上年±（%）	程度	面积（万亩）	程度与上年比±	重点发生区域
条锈病			病叶率（%）							
白粉病			病叶率（%）							
纹枯病			病株率（%）							
赤霉病			株带菌率（%）							
叶锈病			病叶率（%）							
黑穗病			病株率（%）							
病毒病			病株率（%）							
全蚀病			病株率（%）							
根腐病			病株率（%）							
叶枯病			病株率（%）							
线虫病			病株率（%）							
雪腐病			病株率（%）							
其他病害										
蚜虫			百株虫量（头）							
蜘蛛			每尺单行虫量（头）							
吸浆虫			每小方虫量（头）							
一代黏虫			每平方米虫量（头）							
地下害虫			被害株率（%）							
灰飞虱			亩虫量（万头）							
土蝗			每平方米虫量（头）							
麦叶蜂			每平方米虫量（头）							
麦茎蜂			被害株率（%）							
其他害虫										

表 12－19 小麦病虫害跨年度趋势预报因子与预测结果统计表

冬麦种植面积（万亩）	春麦种植面积（万亩）	播种期	一类苗面积比例（%）	二类苗面积比例（%）	三类苗面积比例（%）	总体苗情与常年比较	长势	主栽品种抗病虫性
								中抗

病虫名称	当前发生情况					未来发生				
	面积（万亩）	发生指标	发生基数	比常年±（%）	比上年±（%）	程度	面积（万亩）	程度与上年比±	重点发生区域	流行盛期
条锈病		病叶率（%）								
		见病市、县								
白粉病		病叶率（%）								
纹枯病		病株率（%）								
赤霉病		株带菌率（%）								
叶锈病		病叶率（%）								
黑穗病		病株率（%）								
病毒病		病株率（%）								
全蚀病		病株率（%）								
根腐病		病株率（%）								
叶枯病		病株率（%）								
线虫病		病株率（%）								
雪腐病		病株率（%）								
其他病害										
蚜虫		百株虫量（头）								
蜘蛛		每尺单行虫量（头）								
吸浆虫		每小方虫量（头）								
一代黏虫		每平方米虫量（头）								
地下害虫		被害株率（%）								
灰飞虱		亩虫量（万头）								
土蝗		每平方米虫量（头）								
麦叶蜂		每平方米虫量（头）								
麦茎蜂		被害株率（%）								
其他害虫										

表 12－20 小麦病虫发生情况统计表

病虫名称	发生程度	发生面积（万亩次）	防治面积（万亩次）	实际损失（吨）	挽回损失（吨）
麦蚜					
麦蜘蛛					
吸浆虫					
一代黏虫					
地下害虫					
灰飞虱					
土蝗					
麦叶蜂					
麦茎蜂					

（续）

病虫名称	发生程度	发生面积（万亩次）	防治面积（万亩次）	实际损失（吨）	挽回损失（吨）
其他虫害					
虫害合计					
条锈病					
叶锈病					
赤霉病					
白粉病					
纹枯病					
黑穗病					
病毒病					
全蚀病					
根腐病					
叶枯病					
线虫病					
雪腐病					
其他病害					
病害合计					
病虫合计					

表 12－21　小麦蚜虫发生情况统计表

早春基数调查	调查时间开始		发生盛期	调查时间开始	
	调查时间结束			调查时间结束	
	平均百株蚜量（头）			盛期持续时间（天）	
发生始盛期	调查时间开始			有蚜株率（%）	
	调查时间结束			平均百株蚜量（头）	
	始盛期开始			最高百株蚜量（头）	
	始盛期结束			发生面积比（%）	
	有蚜株率（%）			发生程度	
	平均百株蚜量（头）				

表 12－22　小麦麦蜘蛛发生情况统计表

秋苗高峰期调查	调查时间开始		春季发生盛期	调查时间开始	
	调查时间结束			调查时间结束	
	平均虫株率（%）			平均虫株率（%）	
	每尺单行虫量（头）			每尺单行虫量（头）	
返青拔节期	调查时间开始			发生面积比例（%）	
	调查时间结束				
	平均虫株率（%）			发生程度	
	每尺单行虫量（头）				

表 12－23　小麦吸浆虫发生情况统计表

春季淘土调查	调查时间开始		为害调查	调查时间开始	
	调查时间结束			调查时间结束	
	平均每小方虫量（头）			虫穗率（%）	
成虫期调查	调查时间开始			百穗虫量（头）	
	调查时间结束			籽粒被害率（%）	
	平均百复网虫量（头）			发生面积比例（%）	
				发生程度	

表 12－24　小麦条锈病发生情况统计表

秋苗病情	病害始见日	
	病田率（%）	
	亩平均单片病叶数（片）	
	亩平均传病中心数（个）	
	平均普遍率（%）	
返青拔节期病情	病害始见日	
	病田率（%）	
	亩平均单片病叶数（片）	
	亩平均传病中心数（个）	
	平均普遍率（%）	
生长后期病情	流行盛期开始	
	流行盛期结束	
	普遍率（%）	
	严重度（%）	
	发病面积比例（%）	
	发生程度	

表 12－25　小麦白粉病发生情况统计表

早春病情	调查时间开始		乳熟期	调查时间开始	
	调查时间结束			调查时间结束	
	平均病叶率（%）			平均病叶率（%）	
	平均病指			平均病指	
抽穗扬花期	调查时间开始			发病面积比例（%）	
	调查时间结束			发病程度	
	平均病叶率（%）				
	平均病指				
	发病面积比例（%）				

表 12-26　小麦赤霉病发生情况统计表

抽穗扬花期	调查时间开始		乳熟期	调查时间开始	
	调查时间结束			调查时间结束	
	病田率（%）			病田率（%）	
	病穗率（%）			病穗率（%）	
				病情指数	
	病情指数			发病面积比（%）	
				发病程度	

表 12-27　小麦纹枯病发生情况统计表

返青拔节期	调查时间开始		乳熟期	调查时间开始	
	调查时间结束			调查时间结束	
	平均病株率（%）			平均病株率（%）	
	平均病指			白穗率（%）	
抽穗扬花期	调查时间开始			平均病指	
	调查时间结束			发病面积比例（%）	
	平均病株率（%）				
	平均病指			发病程度	
	发病面积比例（%）				

表 12-28　小麦条锈病周报表

省	市	县	经度	纬度	始见期	发生面积（万亩）	发生状态（1. 零星发生；2. 点片发生；3. 扩散流行；\. 发生结束）

表 12-29　小麦蚜虫穗期发生动态周报表

有蚜株率（%）	平均百株蚜量（头）	最高百株蚜量（头）	发生面积比例（%）

表 12-30　棉花种植情况统计表

棉花种植面积（万亩）		套种棉占播种面积比例（%）	
比去年增（+）减（−）（万亩）		抗虫棉占播种面积比例（%）	
春播棉占播种面积比例（%）		一类苗面积比例（%）	
夏播棉占播种面积比例（%）		一类苗面积比率比历年平均增（+）减（−）比例（%）	

12.1.3　棉花病虫报表

表 12-31　棉花前期病虫害发生情况统计表

病虫名称		发生程度	发生面积（万亩）	重点发生区域	发生盛期	备注
棉铃虫	二代					
	三代					

（续）

病虫名称		发生程度	发生面积（万亩）	重点发生区域	发生盛期	备注
棉盲蝽	二代					
	三代					
棉蚜	苗蚜					
	伏蚜					
棉叶螨						
烟粉虱						
其他虫害						
虫害合计						
苗期病害						
棉枯萎病						
棉黄萎病						
其他病害						
病害合计						
病虫合计						
发生特点						

表 12-32 棉花病虫害发生情况年度统计表

病虫名称		发生程度	发生面积（万亩）	防治面积（万亩次）	挽回损失（吨）	实际损失（吨）	重点发生区域	发生盛期	备注
棉铃虫	二代								
	三代								
	四代								
	五代								
棉盲蝽	二代								
	三代								
	四代								
	五代								
棉蚜	苗蚜								
	伏蚜								
棉叶螨									
烟粉虱									
棉蓟马									
斜纹夜蛾									
甜菜叶蛾									
玉米螟									
棉红铃虫									
其他虫害									
虫害小计									
棉枯萎病									
棉黄萎病									
苗期病害									

（续）

病虫名称	发生程度	发生面积（万亩）	防治面积（万亩次）	挽回损失（吨）	实际损失（吨）	重点发生区域	发生盛期	备注
铃期病害								
红叶茎枯病								
棉花早衰								
其他病害								
病害小计								
病虫合计								
全年发生特点								

表 12－33　棉花中后期病虫害发生趋势预测表

<table>
<tr><th colspan="2" rowspan="2">病虫名称</th><th rowspan="2">预计发生程度</th><th rowspan="2">预计发生面积（万亩）</th><th rowspan="2">预计发生盛期</th><th rowspan="2">预计重点发生区域</th><th colspan="3">当前发生基数</th><th rowspan="2">备注</th></tr>
<tr><th>发生指标</th><th>一般值</th><th>最高值</th></tr>
<tr><td rowspan="3">棉铃虫</td><td>三代</td><td></td><td></td><td></td><td></td><td></td><td></td><td></td><td></td></tr>
<tr><td>四代</td><td></td><td></td><td></td><td></td><td></td><td></td><td></td><td></td></tr>
<tr><td>五代</td><td></td><td></td><td></td><td></td><td></td><td></td><td></td><td></td></tr>
<tr><td rowspan="3">棉盲蝽</td><td>三代</td><td></td><td></td><td></td><td></td><td></td><td></td><td></td><td></td></tr>
<tr><td>四代</td><td></td><td></td><td></td><td></td><td></td><td></td><td></td><td></td></tr>
<tr><td>五代</td><td></td><td></td><td></td><td></td><td></td><td></td><td></td><td></td></tr>
<tr><td>棉蚜</td><td>伏蚜</td><td></td><td></td><td></td><td></td><td></td><td></td><td></td><td></td></tr>
<tr><td colspan="2">棉叶螨</td><td></td><td></td><td></td><td></td><td></td><td></td><td></td><td></td></tr>
<tr><td colspan="2">烟粉虱</td><td></td><td></td><td></td><td></td><td></td><td></td><td></td><td></td></tr>
<tr><td colspan="2">其他虫害</td><td></td><td></td><td></td><td></td><td></td><td></td><td></td><td></td></tr>
<tr><td colspan="2">虫害合计</td><td></td><td></td><td></td><td></td><td></td><td></td><td></td><td></td></tr>
<tr><td colspan="2">棉枯萎病</td><td></td><td></td><td></td><td></td><td></td><td></td><td></td><td></td></tr>
<tr><td colspan="2">棉黄萎病</td><td></td><td></td><td></td><td></td><td></td><td></td><td></td><td></td></tr>
<tr><td colspan="2">铃期病害</td><td></td><td></td><td></td><td></td><td></td><td></td><td></td><td></td></tr>
<tr><td colspan="2">红叶茎枯病</td><td></td><td></td><td></td><td></td><td></td><td></td><td></td><td></td></tr>
<tr><td colspan="2">其他病害</td><td></td><td></td><td></td><td></td><td></td><td></td><td></td><td></td></tr>
<tr><td colspan="2">病害合计</td><td></td><td></td><td></td><td></td><td></td><td></td><td></td><td></td></tr>
<tr><td colspan="2">病虫合计</td><td></td><td></td><td></td><td></td><td></td><td></td><td></td><td></td></tr>
<tr><td colspan="2">分析棉花中后期生长、气候条件对病虫未来发生的影响</td><td colspan="8"></td></tr>
</table>

表 12－34　棉花病虫害翌年发生趋势预测表

病虫名称		翌年发生程度	翌年发生面积（万亩）	翌年重点发生区域	预测依据		备注
棉铃虫	一代				越冬亩蛹量（头）		
	二代						
	三代						
	四代						
	五代						
棉盲蝽	一代				亩残虫量（头）		
	二代						
	三代						
	四代						
	五代						
棉蚜	苗蚜				15 厘米枝条卵量（粒）		
	伏蚜						
棉叶螨					后期螨株率（%）		
烟粉虱					后期虫株率（%）		
其他虫害					后期虫株率（%）		
虫害合计							
棉枯萎病					后期病田率（%）		
棉黄萎病					后期病田率（%）		
苗期病害					后期病田率（%）		
铃期病害					后期病田率（%）		
红叶茎枯病					后期病田率（%）		
棉花早衰							
其他病害					后期病田率（%）		
病害合计							
病虫合计							

表 12－35　棉铃虫成虫（灯诱或性诱）调查表

诱捕方式	世代	雌蛾（头）	雄蛾（头）	合计（头）	雌雄比	累计蛾量（头）	备注（当晚天气状况和测报灯类型及光源等）

表 12－36　棉红铃虫成虫（灯诱或性诱）调查表

诱捕方式	雌蛾（头）	雄蛾（头）	合计（头）	备注（当晚天气状况和测报灯类型及光源等）

表 12－37　棉盲蝽单灯诱测逐日记载表

世代	绿盲蝽（头/灯）	中黑盲蝽（头/灯）	苜蓿盲蝽（头/灯）	三点盲蝽（头/灯）	牧草盲蝽（头/灯）	其他盲蝽（头/灯）	合计（头/灯）	累计（头/灯）	备注（当晚天气状况和测报灯类型及光源等）

表 12－38　棉铃虫卵量系统调查表

调查时间	世代	百株卵量（粒）	百株累计卵量（粒）	备注

表 12－39　棉铃虫幼虫系统调查表（3 天 1 报、候报）

调查时间	世代	百株虫量（头）	累计虫量（头）	备注

表 12－40　棉蚜系统调查表

调查时间	蚜株率（%）	卷叶株率（%）	百株（三叶）蚜量（头）	备注

表 12－41　棉叶螨系统调查表

调查时间	有螨株率（%）	百株（三叶）螨量（头）	螨害级数	备注

表 12－42　棉盲蝽棉田虫量系统调查表

类型			世代				调查株数				新被害株率（%）		
病虫种类	调查虫量（头）	百株虫量（头）	优势种比率（%）	各虫态虫量（头）及占该种棉盲蝽总虫量比例（%）									
				一龄		二龄		三龄		四龄		五龄	
				头	%	头	%	头	%	头	%	头	%
绿盲蝽													
中黑盲蝽													
苜蓿盲蝽													
三点盲蝽													
牧草盲蝽													
其他盲蝽													

表 12－43　棉红铃虫系统调查表

虫害花数（朵/百株）	累计虫害花数（朵/百株）	羽化孔数（朵/百株）	累计羽化孔数（朵/百株）	单铃活虫（头）	备注

表 12－44　棉花害虫天敌系统调查表

瓢虫类（头/百株）	草蛉类（头/百株）	蜘蛛类（头/百株）	蚜茧蜂（头/百株）	其他（头/百株）	合计（头/百株）	备注（优势种等）

表 12－45　棉花苗期病害系统调查表

调查日期	苗期病害				备注
	病田率（%）		病株率（%）		
	一般	最高	一般	最高	

表 12－46　棉花枯萎病、黄萎病系统调查表

调查日期	枯萎病				黄萎病				备注
	病田率（%）		病株率（%）		病田率（%）		病株率（%）		
	一般	最高	一般	最高	一般	最高	一般	最高	

表 12－47　棉花铃期病害系统调查表

调查日期	铃期病害						备注
	病田率（%）		病铃率（%）		烂铃率（%）		
	一般	最高	一般	最高	一般	最高	

表 12－48　越冬棉铃虫模式报表

棉田平均亩越冬蛹量（头）		越冬总蛹量（头）	
玉米田平均亩越冬蛹量（头）		总蛹量比历年平均值增减比例（±%）	
大豆田平均亩越冬蛹量（头）		总蛹量比 1992 年同期增减比例（±%）	
花生田平均亩越冬蛹量（头）		一类麦田面积比例比历年平均值增减比例（±%）	
平均蛹滞育率（%）		预计翌年一代棉铃虫发生程度	

表 12－49　越冬代棉铃虫模式报表

越冬蛹平均死亡率（%）		累计诱蛾量比 1992 年同期增减比例（±%）	
越冬蛹死亡率比历年平均值增减率（±%）		当地麦田面积比历年平均值增减比例（±%）	
越冬代成虫始见期（月/日）		一类麦田面积比例比历年平均值增减比例（±%）	
成虫始见期比历年平均早晚（±天）		当地小麦吐穗期（月/日）	
成虫始见期比 1992 年早晚（±天）		当地小麦扬花灌浆期（月/日）	
截至 5 月 10 日越冬代累计单灯诱蛾量（头）		当地小麦扬花灌浆期比历年平均值早晚（±天）	
累计诱蛾量比历年平均值增减比例（±%）		预计一代棉铃虫发生程度（级）	

表 12－50　一代棉铃虫模式报表

越冬代棉铃虫成虫发生盛期开始日期（月/日）		据各种寄主作物总面积计算的总幼虫量（万头）	
越冬代棉铃虫成虫发生盛期截止日期（月/日）		总幼虫量比历年平均值增减比例（±%）	
一代幼虫龄期调查时间（月/日）		预计一代成虫盛期开始日期（月/日）	
一代寄主作物田一龄幼虫比例（%）		预计一代成虫盛期截止日期（月/日）	
一代寄主作物田二龄幼虫比例（%）		一代成虫高峰期比历年平均早晚（±天）	
一代寄主作物田三龄幼虫比例（%）		一类棉田占棉田总面积的比例（%）	

（续）

一代寄主作物田四龄幼虫比例（%）		一类棉田面积比例比历年平均值增减比例（±%）	
一代寄主作物田五龄幼虫比例（%）		预计二代发生程度	
一代寄主作物田六龄幼虫比例（%）		预计二代用药防治面积占棉田总面积比例（%）	
加权平均每亩幼虫量（头）		预计二代用药防治棉田平均用药次数（次）	
平均每亩幼虫量比历年平均值增减比例（±%）			

表 12-51　二代棉铃虫模式报表

一代成虫盛期开始日期（月/日）		二代幼虫龄期调查日期（月/日）	
一代成虫盛期截止日期（月/日）		一龄幼虫比例（%）	
一代成虫高峰期比历年平均早晚（±天）		二龄幼虫比例（%）	
二代平均百株累计卵量（粒）		三龄幼虫比例（%）	
二代平均百株累计卵量比历年平均值增减比例（±%）		四龄幼虫比例（%）	
二代发生程度（级）		五龄幼虫比例（%）	
二代需要用药防治面积占棉田总面积比例（%）		六龄幼虫比例（%）	
二代实际用药防治面积占棉田总面积比例（%）		预计二代成虫盛期开始日期（月/日）	
二代用药田平均防治次数（次）		预计二代成虫盛期截止日期（月/日）	
二代平均亩残虫量（头）		二代成虫高峰期比历年平均早晚（±天）	
二代平均亩残虫量比历年平均值增减比例（±%）		预计三代发生程度	
据各种寄主作物总面积计算的总幼虫量（万头）		预计三代应用药防治面积占棉田总面积比例（%）	
总幼虫量比历年平均值增减率（±%）		预计三代需要用药防治棉田平均用药次数（次）	

表 12-52　三代棉铃虫模式报表

二代成虫盛期开始日期（月/日）		一龄幼虫占百分率（%）	
二代成虫盛期截止日期（月/日）		二龄幼虫占百分率（%）	
二代成虫高峰期比历年平均早晚（±天）		三龄幼虫占百分率（%）	
三代平均百株累计卵量（粒）		四龄幼虫占百分率（%）	
平均百株累计卵量比历年平均值增减比例（±%）		五龄幼虫占百分率（%）	
三代发生程度（级）		六龄幼虫占百分率（%）	
三代需要用药防治面积占棉田总面积比例（%）		预计三代成虫盛期开始日期（月/日）	
三代实际用药防治面积占棉田总面积比例（%）		预计三代成虫盛期截止日期（月/日）	
三代用药田平均防治次数（次）		三代成虫高峰期比历年平均早晚（±天）	
三代平均亩残虫量（头）		晚发迟衰棉田面积占棉田总面积比例（%）	
三代平均亩残虫量比历年平均值增减比例（±%）		晚发迟衰棉田面积比历年平均值增减比例（±%）	
据各种寄主作物总面积计算的总幼虫量（万头）		预计四代发生程度	
总幼虫量比历年平均值增减比例（±%）		预计四代应用药防治面积占棉田总面积比例（%）	
三代幼虫龄期调查日期（月/日）		预计四代需用药防治棉田平均用药次数（次）	

表 12－53 四代棉铃虫模式报表

三代成虫盛期开始日期（月/日）		四代玉米田防治后平均亩残虫量（头）	
三代成虫盛期截止日期（月/日）		四代大豆田防治后平均亩残虫量（头）	
三代成虫高峰期比历年平均早晚（±天）		四代花生田防治后平均亩残虫量（头）	
四代平均百株累计卵量（粒）		当年越冬田面积比历年平均值增减比例（±%）	
平均百株累计卵量比历年平均值增减比例（±%）		当年越冬田面积比 1992 年同期增减比例（±%）	
四代发生程度（级）		越冬蛹滞育率（%）	
四代需要用药防治面积占棉田总面积比例（%）		当年实际越冬总虫量（万头）	
四代实际用药防治面积占棉田总面积比例（%）		越冬总虫量比历年平均值增减比例（±%）	
四代用药田平均防治次数（次）		越冬总虫量比 1992 年同期增减比例（±%）	
四代棉田防治后平均亩残虫量（头）			

表 12－54 早春棉蚜模式报表

早春木本寄生平均每枝蚜量（头）		早播棉田平均最高天敌单位（个）	
每枝蚜数比历年平均值增减比例（%）		早播棉田平均最高天敌单位比历年平均值增减比例（±%）	
平均每株杂草蚜量（头）		早播棉田益害比值	
每株杂草蚜量比历年增减比例（±%）		当地麦（菜）棉间作套种面积占棉田总面积的比例（%）	
早播棉田平均百株蚜量（头）		麦（菜）棉间作套种面积比例比历年平均值增减比例（±%）	
平均百株蚜量比历年平均值增减比例（%）		当地用药剂拌种棉田面积占棉田总面积的比例（%）	
早播棉田平均最高百株蚜量（头）		药剂拌种棉田面积比历年平均值增减比例（±%）	
平均最高百株蚜量比历年平均值增减比例（%）		预计苗期棉蚜危害高峰期（月/日）	
早播棉田平均最高有蚜株率（%）		危害高峰期比历年平均值早晚（±天）	
平均最高有蚜株率比历年平均值增减比例（±%）		预计苗期棉蚜发生程度（级）	
早播棉田平均最高卷叶株率（%）		预计苗期棉蚜应用药防治面积占棉田总面积的比例（%）	
平均最高卷叶株率比历年平均值增减比例（±%）		预计苗期棉蚜用药防治棉田平均用药次数（次）	

表 12－55 苗期棉蚜模式报表

苗期棉蚜始盛期（月/日）		苗期棉蚜发生危害期平均最高天敌单位（个）	
苗期棉蚜发生危害高峰期（月/日）		平均最高天敌单位比历年平均值增减比例（±%）	
苗期棉蚜发生危害高峰期比历年平均早晚（±天）		苗期棉蚜实际发生程度（级）	
苗期棉蚜发生危害盛末期（月/日）		苗期棉蚜需要用药剂防治面积占棉田总面积的比例（%）	
苗期棉蚜发生危害盛末期比历年平均早晚（±天）		苗期棉蚜实际用药剂防治面积占棉田总面积的比例（%）	
苗期棉蚜发生危害期天数比历年平均值增减（±天）		苗期棉蚜用药防治棉田平均用药防治次数（次）	
苗期棉蚜平均百株蚜量（头）		苗期棉蚜经最后一次防治后系统调查田平均最高百株蚜量（头）	
平均百株蚜量比历年平均值增减比例（±%）		最后一次防治后棉田平均最高百株蚜量比历年平均值增减比例（±%）	
苗期棉蚜平均最高百株蚜量（头）		预计伏期棉蚜发生危害高峰期（月/日）	
平均最高百株蚜量比历年平均值增减比例（±%）		伏期棉蚜发生危害高峰期比历年平均值早晚（±天）	
苗期棉蚜平均卷叶株率（%）		预计伏期棉蚜发生程度（级）	
平均卷叶株率比历年平均值增减比例（±%）		预计伏期棉蚜需要用药剂防治面积占棉田总面积的比例（%）	
苗期棉蚜平均最高卷叶株率（%）		预计伏期棉蚜用药防治面田平均用药防治次数（次）	
平均最高卷叶株率比历年平均值增减比例（±%）			

表 12－56　伏期棉蚜模式报表

伏期棉蚜发生危害始盛期（月/日）		伏期棉蚜发生危害期平均最高天敌单位（个）	
伏期棉蚜发生危害高峰期（月/日）		平均最高天敌单位比历年平均值增减比例（±%）	
伏期棉蚜发生危害盛末期（月/日）		蚜霉菌发生始期（月/日）	
伏期棉蚜发生危害高峰期比历年平均早晚（±天）		蚜霉菌发生始期比历年平均早晚（±天）	
伏期棉蚜发生危害期天数比历年平均值增减（±%）		蚜霉菌发生高峰期（月/日）	
伏期棉蚜平均百株蚜量（头）		蚜霉菌发生高峰期比历年平均早晚（±天）	
平均百株蚜量比历年平均值增减比例（±%）		蚜霉菌发生末期（月/日）	
伏期棉蚜平均最高百株蚜量（头）		蚜霉菌发生末期比历年平均早晚（±天）	
平均最高百株蚜量比历年平均值增减比例（±%）		伏期棉蚜发生程度（级）	
伏期棉蚜平均卷叶株率（%）		伏期棉蚜需要用药防治面积占棉田总面积的比例（%）	
平均卷叶株率比历年平均值增减比例（±%）		伏期棉蚜实际用药防治面积占棉田总面积的比例（%）	
伏期棉蚜平均最高卷叶株率（%）		伏期棉蚜用药防治棉田平均用药防治次数（次）	
平均最高卷叶株率比历年平均值增减比例（±%）			

表 12－57　苗期棉叶螨模式报表

苗期叶螨发生危害始盛期（月/日）		苗期叶螨应用药防治面积占棉田总面积的比例（%）	
苗期叶螨发生危害高峰期（月/日）		苗期叶螨实际用药防治面积占棉田总面积的比例（%）	
苗期叶螨发生危害盛末期（月/日）		苗期叶螨平均用药防治次数（次）	
苗期叶螨发生危害天数比历年平均值增减天数（±天）		苗期叶螨经最后一次防治后系统调查田最高平均百株螨量（头）	
棉田平均百株螨量（头）		最后一次防治后棉田最高平均百株螨量比历年平均值增减比例（±%）	
平均百株螨量比历年平均值增减比例（±%）		当地套种棉田面积占棉田总面积比例（%）	
棉田最高平均百株螨量（头）		套种棉田面积比例比历年平均值增减比例（±%）	
最高平均百株螨量比历年平均值增减比例（±%）		预计蕾期叶螨发生危害高峰期（月/日）	
棉田平均螨害级数（级）		预计蕾期叶螨发生程度（级）	
平均螨害级数比历年平均值增减级别（±级）		预计蕾期叶螨用药防治面积占棉田总面积的比例（%）	
棉田最高平均螨害级数（级）		预计蕾期叶螨需用药田平均防治次数（次）	
最高平均螨害级数比历年平均值增减级别（±级）			

表 12－58　蕾花期棉叶螨模式报表

蕾期叶螨发生危害始盛期（月/日）		棉田最高平均螨害级数（级）	
蕾期叶螨发生危害高峰期（月/日）		最高平均螨害级数比历年平均值增减级别（±级）	
蕾期叶螨发生危害盛末期（月/日）		蕾期叶螨应用药防治面积占棉田总面积的比例（%）	
蕾期叶螨发生危害期天数比历年平均值增减（±天）		蕾期叶螨实际用药防治面积占棉田总面积的比例（%）	
棉田平均百株螨量（头）		蕾期叶螨平均实际用药防治次数（次）	
平均百株螨量比历年平均值增减比例（±%）		蕾期叶螨经最后一次防治后系统调查田最高平均百株螨量（头）	
棉田最高平均百株螨量（头）		最后一次防治后棉田最高平均百株螨量比历年平均值增减比例（±%）	
最高平均百株螨量比历年平均值增减比例（±%）		预计花铃期叶螨发生程度	
棉田平均螨害级数（级）		预计花铃期叶螨用药防治面积占棉田总面积的比例（%）	
平均螨害级数比历年平均值增减级别（±级）		预计花铃期叶螨需用药田平均防治次数（次）	

表 12-59　花铃期棉叶螨模式报表

花铃期叶螨发生危害始盛期（月/日）		最高平均百株螨量比历年平均值增减百分率（±%）	
花铃期叶螨发生危害高峰期（月/日）		棉田最高平均螨害级数（级）	
花铃期叶螨发生危害盛末期（月/日）		最高平均螨害级数比历年平均值增减级别（±级）	
花铃期叶螨发生危害期天数比历年平均值增减天数（±天）		花铃期叶螨需应用药防治面积占棉田总面积的比例（%）	
棉田平均百株螨量（头）		花铃期叶螨实际用药防治面积占棉田总面积的比例（%）	
平均百株螨量比历年平均值增减比例（±%）		花铃期叶螨需用药田平均防治次数（次）	
棉田最高平均百株螨量（头）			

表 12-60　一代盲蝽模式报表

一代四、五龄若虫高峰期（月/日）		一代成虫发生高峰期比常年早晚（±天）	
一代四、五龄若虫高峰期比常年早晚（±天）		一代成虫发生高峰期比上年早晚（±天）	
一代四、五龄若虫高峰期比上年早晚（±天）		棉田外寄主作物面积比例（%）	
一代四、五龄若虫高峰期平均虫量（头/米^2）		棉田外寄主作物面积比例比常年增减比例（±%）	
一代四、五龄若虫高峰期虫量比常年增减比例（±%）		棉田外寄主作物面积比例比上年增减比例（±%）	
一代四、五龄若虫高峰期虫量比上年增减比例（±%）		预计二代发生程度（级）	
截至 5 月 20 日单灯累计诱虫量（头）		预计二代二、三龄若虫发生高峰期（月/日）	
单灯累计诱虫量比常年增减比例（±%）		预计二代棉田药剂防治面积占棉田总面积比例（%）	
单灯累计诱虫量比上年增减比例（±%）		预计二代棉田平均用药次数（次）	
一代成虫发生盛期开始日期（月/日）		棉盲蝽优势种类	
一代成虫发生盛期截止日期（月/日）			

表 12-61　二代盲蝽模式报表

二代四、五龄若虫高峰期（月/日）		二代成虫发生高峰期比上年早晚（±天）	
二代四、五龄若虫高峰期比常年早晚（±天）		二代棉田药剂防治面积占棉田总面积比例（%）	
二代四、五龄若虫高峰期比上年早晚（±天）		二代棉田平均用药次数（次）	
二代四、五龄若虫高峰期棉田平均百株虫量（头）		棉花嫩头被害率（%）	
棉田平均百株虫量比常年增减比例（±%）		棉蕾被害率（%）	
棉田平均百株虫量比上年增减比例（±%）		棉小铃被害率（%）	
二代四、五龄若虫高峰期其他作物田平均每平方米虫量（头）		寄主作物面积比例（%）	
其他作物田平均每平方米虫量比常年增减比例（±%）		寄主作物面积比例比历年平均值增减比例（±%）	
其他作物田平均每平方米虫量比上年增减比例（±%）		寄主作物面积比例比上年增减比例（±%）	
截至 7 月 10 日当代单灯累计诱虫量（头）		预计三代发生程度（级）	
单灯累计诱虫量比常年增减比例（±%）		预计三代二、三龄若虫发生高峰期（月/日）	
单灯累计诱虫量比上年增减比例（±%）		预计三代棉田药剂防治面积占棉田总面积比例（%）	
二代成虫发生盛期开始日期（月/日）		预计三代棉田平均用药次数（次）	
二代成虫发生盛期截止日期（月/日）		棉盲蝽优势种类	
二代成虫发生高峰期比常年早晚（±天）			

表 12-62　三代盲蝽模式报表

三代四、五龄若虫高峰期（月/日）		三代成虫发生高峰期比常年早晚（±天）	
三代四、五龄若虫高峰期比常年早晚（±天）		三代成虫发生高峰期比上年早晚（±天）	
三代四、五龄若虫高峰期比上年早晚（±天）		三代棉田药剂防治面积占棉田总面积比例（%）	
三代四、五龄若虫高峰期棉田平均百株虫量（头）		三代棉田平均用药次数（次）	
棉田平均百株虫量比常年增减比例（±%）		棉蕾被害率（%）	
棉田平均百株虫量比上年增减比例（±%）		棉小铃被害率（%）	
三代四、五龄若虫高峰期其他作物田平均每平方米虫量（头）		寄主作物面积比例（%）	
其他作物田平均每平方米虫量比常年增减比例（±%）		寄主作物面积比例比历年平均值增减比例（±%）	
其他作物田平均每平方米虫量比上年增减比例（±%）		寄主作物面积比例比上年增减比例（±%）	
截至 8 月 15 日当代单灯累计诱虫量（头）		预计四代发生程度（级）	
单灯累计诱虫量比常年增减比例（±%）		预计四代二、三龄若虫发生高峰期（月/日）	
单灯累计诱虫量比上年增减比例（±%）		预计四代棉田药剂防治面积占棉田总面积比例（%）	
三代成虫发生盛期开始日期（月/日）		预计四代棉田平均用药次数（次）	
三代成虫发生盛期截止日期（月/日）		棉盲蝽优势种类	

表 12-63　四代盲蝽模式报表

末代四、五龄若虫高峰期（月/日）		末代棉田平均百株虫量比常年增减比例（±%）	
末代四、五龄若虫高峰期棉田平均百株虫量（头）		末代棉田平均百株虫量比上年增减比例（±%）	
末代四、五龄若虫高峰期其他作物田平均每平方米虫量（头）		末代其他作物田平均每平方米虫量（头）	
末代单灯累计诱虫量（头）		其他作物田平均每平方米虫量比常年增减比例（±%）	
末代棉田药剂防治面积占棉田总面积比例（%）		其他作物田平均每平方米虫量比上年增减比例（±%）	
末代棉田平均用药次数（次）		寄主作物面积比例（%）	
末代期间棉蕾被害率（%）		寄主作物面积比例比常年增减比例（±%）	
末代期间棉小铃被害率（%）		寄主作物面积比例比上年增减比例（±%）	
最终棉蕾被害率（%）		棉盲蝽优势种类	
最终棉小铃被害率（%）		预计翌年一代发生程度（级）	
末代棉田平均百株虫量（头）			

表 12-64　一代红铃虫模式报表

越冬代成虫始盛期（月/日）		迟发棉田面积比例比历年平均值增减比例（±%）	
越冬代成虫高峰期（月/日）		一代百株累计虫害花数（朵）	
越冬代成虫盛末期（月/日）		一代百株累计虫害花数比历年平均值增减比例（±%）	
越冬代成虫高峰期比历年平均早晚（±天）		一代累计虫害花率（%）	
一代产卵始盛期（月/日）		一代累计虫害花率比历年平均值增减比例（±%）	
一代产卵高峰期（月/日）		一代虫害花高峰日（月/日）	

（续）

一代产卵盛末期（月/日）		一代虫害花高峰日比历年平均早晚（±天）	
各类型田平均百株累计卵量（粒）		一代发生程度（级）	
平均百株累计卵量比历年平均值增减比例（±%）		一代需要用药剂防治面积占棉田总面积比例（%）	
早发棉田面积比例（%）		一代实际用药剂防治面积占棉田总面积比例（%）	
早发棉田面积比例比历年平均值增减比例（±%）		预计二代发生程度（级）	
中发棉田面积比例（%）		预计二代用药防治面积占棉田总面积比例（%）	
中发棉田面积比例比历年平均值增减比例（±%）		预计二代需用药田平均用药次数（次）	
迟发棉田面积比例（%）			

表 12－65 二代红铃虫模式报表

一代成虫始盛期（月/日）		二代平均百株累计虫害花数（朵）	
一代成虫高峰期（月/日）		二代平均百株累计虫害花数比历年平均值增减比例（±%）	
一代成虫盛末期（月/日）		二代累计虫害花率（%）	
一代成虫高峰期比历年平均早晚（±天）		二代累计虫害花率比历年平均值增减比例（±%）	
二代产卵始盛期（月/日）		二代平均百株累计青铃羽化孔数（个）	
二代产卵高峰期（月/日）		二代平均百株累计青铃羽化孔比历年同期平均值增减比例（±%）	
二代产卵盛末期（月/日）		二代平均单铃活虫数（头）	
二代平均百株累计卵量（粒）		二代平均单铃活虫数比历年平均值增减比例（±%）	
平均百株累计卵量比历年平均值增减比例（±%）		二代发生程度（级）	
迟熟棉田面积比例（%）		二代需要用药防治面积占棉田总面积比例（%）	
迟熟棉田面积比例比历年平均值增减比例（±%）		二代实际用药剂防治面积占棉田总面积比例（%）	
二代虫害花高峰期（月/日）		二代用药防治棉田平均用药次数（次）	
二代虫害花高峰期比历年平均早晚（±天）		预计三代发生程度（级）	
二代青铃羽化孔高峰期（月/日）		预计三代用药防治面积占棉田总面积比例（%）	
二代青铃羽化孔高峰期比历年平均早晚（±天）		预计三代需用药田平均用药次数（次）	

表 12－66 三代红铃虫模式报表

二代成虫高峰期（月/日）		三代发生程度（级）	
二代成虫盛末期（月/日）		三代需用药剂防治面积占棉田总面积比例（%）	
二代成虫高峰期比历年平均值早晚（±天）		三代实际用药防治面积占棉田总面积比例（%）	
三代卵始盛期（月/日）		三代用药防治棉田平均用药次数（次）	
三代卵高峰期（月/日）		平均每 0.5 千克籽棉含虫量（头）	
三代卵末期（月/日）		每 0.5 千克籽棉含虫量比历年平均值增减比例（±%）	
三代平均百株累计卵量（粒）		平均每亩枯铃含虫量（头）	
三代平均百株累计卵量比历年平均值增减比例（±%）		平均每亩枯铃含虫量比历年平均值增减比例（±%）	
三代平均单铃活虫数（头）		平均每亩越冬幼虫量（头）	
三代平均单铃活虫数比历年平均值增减比例（±%）		平均每亩越冬幼虫量比历年平均值增减比例（±%）	

12.1.4　玉米病虫报表

表 12-67　玉米病虫中后期发生趋势预测表

春、夏玉米种植面积合计（万亩）	面积合计比常年增减比例（±%）	预计玉米病虫害下半年总体发生程度（级）	主要种植区域	当前总体长势（好/中/差）	比上年（轻/重）

病虫名称	前期发生情况统计			中后期发生趋势预测		
	发生程度（级）	发生面积（万亩）	重点发生区域	发生程度（级）	发生面积（万亩）	重点发生区域
一代玉米螟						
二代玉米螟						
三代玉米螟						
二点委夜蛾						
二代黏虫						
三代黏虫						
三代棉铃虫						
草地螟						
蚜虫						
蓟马						
叶螨						
双斑萤叶甲						
土蝗（玉米田）						
地下害虫						
其他害虫						
虫害合计						
大斑病						
小斑病						
褐斑病						
玉米弯孢霉叶斑病						
纹枯病						
丝黑穗病						
锈病						
瘤黑粉病						
粗缩病						
顶腐病						
其他病害						
病害合计						
病虫合计						

表 12－68　玉米病虫害跨年预测表

病虫名称	当年发生情况统计			下年发生趋势预测		
	发生程度（级）	发生面积（万亩）	重点发生区域	发生程度（级）	发生面积（万亩）	重点发生区域
一代玉米螟						
二代玉米螟						
三代玉米螟						
二点委夜蛾						
二代黏虫						
三代黏虫						
二代棉铃虫						
三代棉铃虫						
四代棉铃虫						
草地螟						
蚜虫						
蓟马						
叶螨						
双斑萤叶甲						
土蝗（玉米田）						
地下害虫						
其他害虫						
虫害合计						
大斑病						
小斑病						
褐斑病						
玉米弯孢霉叶斑病						
纹枯病						
丝黑穗病						
锈病						
瘤黑粉病						
粗缩病						
顶腐病						
其他病害						
病害合计						
病虫合计						

表 12－69　二点委夜蛾二代幼虫发生趋势预测表

夏玉米播期比常年早晚天数（±天）	苗期与幼虫发生吻合度（好/一般/差）	小麦秸秆还田面积比（%）	玉米田覆盖物厚度与常年比（高/中/低）	预计发生程度	预计发生面积（万亩）	预计发生区域	备注

表 12－70　二点委夜蛾越冬虫源调查统计表

见越冬虫源区域（市和县名称）	估算越冬面积（万亩）	虫源分布作物种类	平均虫口密度（头/米^2）	最高虫口密度（头/米^2）	最高虫口密度出现县点

表 12－71　二点委夜蛾蛾量系统调查表（月报表、周报表）

日期	诱蛾工具	诱蛾量

表 12－72　春玉米种植情况表

春玉米种植面积（万亩）	春玉米播种面积比历年平均值增减比例（%）	春玉米播种面积比去年增减比例（%）	玉米播种期比常年早晚（天）	当前玉米生育期	当前玉米长势

表 12－73　玉米病虫害年度统计表

病虫名称	发生程度（级）	发生面积（万亩）	防治面积（万亩）	实际损失（吨）	挽回损失（吨）	重点发生区域	发生盛期	备注
一代玉米螟								
二代玉米螟								
三代玉米螟								
二点委夜蛾								
二代黏虫								
三代黏虫								
二代棉铃虫								
三代棉铃虫								
四代棉铃虫								
草地螟								
蚜虫								
蓟马								
叶螨								
双斑萤叶甲								
土蝗（玉米田）								
地下害虫								
其他害虫								
虫害合计								
大斑病								
小斑病								
褐斑病								
玉米弯孢霉叶斑病								
纹枯病								
丝黑穗病								

（续）

病虫名称	发生程度（级）	发生面积（万亩）	防治面积（万亩）	实际损失（吨）	挽回损失（吨）	重点发生区域	发生盛期	备注
锈病								
瘤黑粉病								
粗缩病								
顶腐病								
其他病害								
病害合计								
病虫合计								

表 12－74　玉米螟冬前越冬基数调查模式报表

调查乡镇数（个）		越冬幼虫因寄生菌致病死亡率（%）	
调查总秆数（秆）		越冬幼虫因寄生蜂（蝇）寄生死亡率（%）	
平均百秆活虫数（头）		越冬幼虫死亡率（%）	
平均百秆活虫最高数值（头）		越冬幼虫死亡率比历年平均值增减比例（±%）	
平均百秆活虫最高年份（年）		越冬幼虫死亡率比上年值增减比例（±%）	
平均百秆活虫数比最高年份数量增减比例（±%）		秸秆贮存量比历年平均值增减比例（±%）	
平均百秆活虫数比历年平均值增减比例（±%）		预计一代玉米螟发生程度	

表 12－75　玉米螟冬后基数模式报表

春玉米播种面积（万亩）		越冬幼虫死亡率比上年值增减比例（±%）	
春玉米播种面积比历年平均值增减比例（%）		平均化蛹率（%）	
调查乡镇数（个）		预计成虫羽化盛期开始日期（月/日）	
调查总秆数（秆）		预计成虫羽化盛期结束日期（月/日）	
平均百秆活虫数（头）		成虫羽化高峰期比历年平均值早晚天数（±天）	
平均百秆活虫数比历年平均值增减比例（±%）		预计一代发生面积比例（%）	
平均百秆活虫数比上年值增减比例（±%）		预计一代发生程度	
越冬幼虫死亡率（%）		预测防治适期开始日期（月/日）	
越冬幼虫死亡率比历年平均值增减比例（±%）		预测防治适期结束日期（月/日）	

表 12－76　一代玉米螟发生情况模式报表

代别		平均百株活虫数（头）	
灯诱累计成虫量（头/只）		平均百株活虫数比历年平均值增减比例（±%）	
灯诱累计成虫量比历年平均值增减比例（±%）		平均百株活虫数比上年值增减比例（±%）	
灯诱累计成虫量比上年增减比例（±%）		预计化蛹盛期（月/日）	
测诱剂诱测累计成虫量（头/枚）		化蛹盛期比历年平均值早晚天数（±天）	
测诱剂诱测累计成虫量比历年平均值增减比例（±%）		预计成虫羽化盛期（月/日）	
测诱剂诱测灯诱累计成虫量比上年增减比例（±%）		成虫羽化盛期比历年平均值早晚天数（±天）	
平均百株有效卵块数（块）		预计下代发生面积比例（%）	
百株有效卵块数比历年平均值增减比例（±%）		预计下代发生程度	
百株有效卵块数比上年值增减比例（±%）		预测卵高峰期开始日期（月/日）	
		预测卵高峰期结束日期（月/日）	

表 12-77　二代玉米螟发生情况模式报表

代别		平均百株活虫数（头）	
灯诱累计成虫量（头/灯）		平均百株活虫数比历年平均值增减比例（±%）	
灯诱累计成虫量比历年平均值增减比例（±%）		平均百株活虫数比上年值增减比例（±%）	
灯诱累计成虫量比上年增减比例（±%）		预计化蛹盛期（月/日）	
测诱剂诱测累计成虫量（头/枚）		化蛹盛期比历年平均值早晚天数（±天）	
测诱剂诱测累计成虫量比历年平均值增减比例（±%）		预计成虫羽化盛期（月/日）	
测诱剂诱测灯诱累计成虫量比上年增减比例（±%）		成虫羽化盛期比历年平均值早晚天数（±天）	
平均百株有效卵块数（块）		预计下代发生面积比例（%）	
百株有效卵块数比历年平均值增减比例（±%）		预计下代发生程度	
百株有效卵块数比上年值增减比例（±%）		预测卵高峰期开始日期（月/日）	
		预测卵高峰期结束日期（月/日）	

表 12-78　三代玉米螟发生情况模式报表

代别		平均百株活虫数（头）	
灯诱累计成虫量（头/灯）		平均百株活虫数比历年平均值增减比例（±%）	
灯诱累计成虫量比历年平均值增减比例（±%）		平均百株活虫数比上年值增减比例（±%）	
灯诱累计成虫量比上年增减比例（±%）		预计化蛹盛期（月/日）	
测诱剂诱测累计成虫量（头/枚）		化蛹盛期比历年平均值早晚天数（±天）	
测诱剂诱测累计成虫量比历年平均值增减比例（±%）		预计成虫羽化盛期（月/日）	
测诱剂诱测灯诱累计成虫量比上年增减比例（±%）		成虫羽化盛期比历年平均值早晚天数（±天）	
平均百株有效卵块数（块）		预计下代发生面积比例（%）	
百株有效卵块数比历年平均值增减比例（±%）		预计下代发生程度	
百株有效卵块数比上年值增减比例（±%）		预测卵高峰期开始日期（月/日）	
		预测卵高峰期结束日期（月/日）	

12.1.5　马铃薯病虫报表

表 12-79　马铃薯病虫害发生情况年度统计表

病虫害名称	发生程度	发生面积（万亩）	防治面积（万亩次）	实际损失（万吨）	挽回损失（万吨）	重点发生区域	发生盛期	备注
马铃薯晚疫病								
马铃薯早疫病								
马铃薯环腐病								
马铃薯黑胫病								
马铃薯病毒病								
其他病害								
病害合计								
马铃薯二十八星瓢虫								
地下害虫								
蚜虫								
其他害虫								
虫害合计								
病虫合计								
全年发生特点								

表 12 - 80 马铃薯晚疫病模式报表

调查日期			生育期		
目前发生面积（万亩）			总体发生程度		
播种面积（万亩）			中心病株发现时间		
主要发生区域					
病田率（%）	平均		病株率（%）	平均	
	最高			最高	
	最高出现地区			最高出现地区	
病情指数	平均病指		最高病指		
	最高病指出现地区				
下阶段发生趋势预测	发生盛期				
	发生面积（万亩）				
	发生程度				
	主要发生区域				
备注					

注：最后一次填报发生定局时的数据，趋势预测不用填写。

表 12 - 81 马铃薯病虫害翌年发生趋势预测表

病虫害名称	当年发生情况		预计翌年发生趋势					
	当年病虫基数		发生程度	发生面积（万亩）	主要发生区域	发生盛期	主要品种	备注
合计								
病害								
马铃薯晚疫病	病株率（%）							
马铃薯早疫病	病株率（%）							
马铃薯环腐病	病株率（%）							
马铃薯病毒病	病株率（%）							
马铃薯黑胫病	病株率（%）							
马铃薯青枯病	病株率（%）							
马铃薯疮痂病	病株率（%）							
马铃薯干腐病	病株率（%）							
马铃薯根结线虫病	病株率（%）							
其他病害	病株率（%）							
虫害								
马铃薯二十八星瓢虫	百株虫量（头）							
马铃薯蚜虫	百株虫量（头）							
马铃薯豆芫菁	百株虫量（头）							
马铃薯块茎蛾	百株虫量（头）							
草地螟	百株虫量（头）							
地下害虫	百株虫量（头）							
其中：蛴螬	百株虫量（头）							
蝼蛄	百株虫量（头）							
金针虫	百株虫量（头）							
地老虎	百株虫量（头）							
其他虫害	百株虫量（头）							
预计马铃薯种植情况	种植面积（万亩）		主要种植品种		感病品种比例（%）			

表 12－82　马铃薯晚疫病发生趋势预测表

生育期			每亩发病中心个数	平均	
主要品种				最多	
播种面积（万亩）				最多的出现地区	
感病品种比例（%）			病田率（%）	平均	
				最高	
目前发生面积（万亩）				最高出现地区	
中心病株出现时间	日期		病株率（%）	平均	
	比去年早晚天数(±天)				
	比常年早晚天数(±天)			最高	
	出现地区			最高出现地区	
下阶段发生趋势预测		发生盛期	发生面积（万亩）	发生程度	主要发生区域
备注					

12.1.6　油菜病虫报表

表 12－83　油菜种植情况统计表

秋播油菜面积（万亩）	播种时间	油菜长势	主栽品种抗病虫性

表 12－84　油菜病虫害年度发生与预测统计表

油菜病虫种类	本年度发生情况总结					下年度发生情况预测					
	发生程度	发生面积（万亩）	防治面积（万亩次）	发生代次	重点发生区域	发生程度	发生面积（万亩）	冬前发生基数指标	发生基数	冬前基数比常年（±%）	重点发生区域
蚜虫								百株蚜量			
黄曲条跳甲								百株虫量			
茎象甲								百株虫量			
黑缝叶甲								百株虫量			
露尾甲								百株虫量			
潜叶蝇								百株虫量			
角野螟								百株虫量			
其他害虫								百株虫量			
虫害合计											
菌核病								叶病株率			
病毒病								病株率			
霜霉病								病株率			
其他病害											
病害合计											
病虫合计											

表 12-85 油菜菌核病定局普查表

调查日期	调查田块						叶发病		茎发病							备注
	田块序号	调查地点	田块类型	油菜品种	生育期早晚（与常年相比）	调查株数（株）	叶病株（株）	叶病株率（%）	茎病株（株）	茎病株率（%）	各级严重度发病株数（株）				病情指数	
											0	1	2	3		
总体发生情况	普查病田率（%）				本地油菜种植面积（万亩）				本地油菜菌核病发生面积（万亩）				本地油菜菌核病总体发生程度			

表 12-86 油菜蚜虫和病毒病定局普查表

调查日期	调查田块						蚜虫发生情况				病毒病发生情况						
	田块序号	调查地点	田块类型	油菜品种	生育期早晚（与常年相比）	调查株数（株）	有蚜株数	有蚜株率（%）	平均百株蚜量（头）	最高百株蚜量（头）	有病株数	病株率（%）	各级严重度发病株数（株）				病情指数
													0	1	2	3	
总体发生情况	普查蚜虫虫田率（%）		普查病毒病病田率（%）	·	本地油菜种植面积（万亩）		本地油菜蚜虫发生面积（万亩）		本地油菜蚜虫总体发生程度		本地油菜病毒病发生面积（万亩）		·		本地油菜病毒病总体发生程度		

表 12-87 油菜菌核病测报模式报表

油菜种植总面积（万亩）	甘蓝型油菜面积比例（%）	白菜型油菜面积比例（%）	芥菜型油菜面积比例（%）	油菜品种总体感病程度	感病品种种植面积比例（%）	播种期（月/日）	前茬作物	当前发生程度	子囊盘平均密度（个/米²）	子囊盘平均密度比上年同期增减（±%）	子囊盘平均密度比常年同期增减（±%）	子囊盘最高密度（个/米²）

预计子囊盘萌发盛期（月/日～月/日）	平均叶病株率（%）	平均叶病株率比上年同期增减（%）	平均叶病株率比常年同期增减（%）	平均茎病株率（%）	平均茎病株率比上年同期增减（%）	平均茎病株率比常年同期增减（%）	最高茎病株率（%）	普查平均病田率（%）	预计盛花期（月/日～月/日）	盛花期比常年早晚（±天）	预计花期雨量比常年同期增减（±%）	预计发生盛期	预计发生程度

12.1.7 杂食性害虫报表

表 12-88 东亚飞蝗夏蝗发生预测表

单位	调查日期	调查样点数（个）	有卵点数（个）	有卵样点率（%）	总卵块数（块）	平均卵密度（粒/米^2）	最高卵密度（粒/米^2）	越冬卵死亡率（%）	活卵胚胎发育进度				预计蝗蝻			预计夏蝗发生趋势			预计主要发生区域	备注
									原头期（%）	胚转期（%）	显节期（%）	胚熟期（%）	出土始期	出土盛期	三龄蝗蝻盛期	发生面积（万亩）	达标面积（万亩）	发生程度（级）		

表 12-89 东亚飞蝗夏蝗发生实况统计表

单位	发生面积（万亩）	达标面积（万亩）	防治面积（万亩）	发生程度（级）	不同密度（头/米^2）的面积（万亩）						平均密度（头/米^2）	最高密度（头/米^2）	最高密度分布地区	蝗蝻出土始期	蝗蝻出土盛期	三龄蝗蝻峰期	主要分布区域	简述气象、生态条件	备注
					0.2～0.4	0.5～1.0	1.1～3.0	3.1～6.0	6.1～10.0	>10									

表 12-90 东亚飞蝗秋蝗发生趋势预测表

单位	调查时间	夏残蝗基数									预计秋蝗发生趋势								备注
		普查面积（万亩）	残蝗面积（万亩）	不同残蝗密度（头/亩）的面积（万亩）				平均密度（头/亩）	最高密度（头/亩）	最高密度出现区域	现有宜蝗面积（万亩）	发生面积（万亩）	达防治指标面积（万亩）	发生程度（级）	出土始期	出土盛期	三龄高峰期	主要发生区域	
				6～10.0	10.1～30.0	30.1～100.0	>100												

表 12-91 东亚飞蝗秋蝗发生实况统计表

单位	发生面积（万亩）	达标面积（万亩）	防治面积（万亩）	发生程度（级）	不同密度（头/米^2）的面积（万亩）						平均密度（头/米^2）	最高密度（头/米^2）	最高密度分布地区	蝗蝻出土始见期	蝗蝻出土盛期	三龄若虫高峰期	主要分布区域	简述气象、生态条件	备注
					0.2～0.4	0.5～1.0	1.1～3.0	3.1～6.0	6.1～10.0	>10									

表 12-92 东亚飞蝗翌年发生趋势预测表

单位	调查时间	秋残蝗基数										预计翌年发生趋势							备注
		普查面积（万亩）	残蝗面积（万亩）	不同残蝗密度（头/亩）的面积（万亩）				平均密度（头/亩）	最高密度（头/亩）	最高密度出现区域	现有宜蝗面积（万亩）	夏蝗发生面积（万亩）	夏蝗达标面积（万亩）	夏蝗发生程度（级）	秋蝗发生面积（万亩）	秋蝗达标面积（万亩）	主要发生区域		
				6～10.0	10.1～30.0	30.1～100.0	>100												

表 12-93 东亚飞蝗全年发生实况统计表

省份	总体发生程度	夏蝗（万亩）				秋蝗（万亩）				全年（万亩）				备注
		发生程度	发生面积	达标面积	防治面积	发生程度	发生面积	达标面积	防治面积	发生程度	发生面积	达标面积	防治面积	

表 12-94 西藏飞蝗夏季发生趋势预测表

调查日期	调查地点	调查面积（万亩）	代表面积（万亩）	调查样点数（个）	有卵样点数（个）	有卵样点率（%）	总卵块数（块）	平均每块卵粒数（粒/块）	平均蝗卵密度（粒/米²）	最高蝗卵密度（粒/米²）	越冬卵死亡率（%）	预计蝗蝻			预计夏蝗发生趋势			预计主要发生区域	备注
												出土始期	出土盛期	三龄蝗蝻盛期	发生面积（万亩）	达标面积（万亩）	发生程度（级）		

表 12-95 西藏飞蝗夏蝗发生实况统计表

填报时间	单位	发生面积（万亩）	达标面积（万亩）	防治面积（万亩）	发生程度（级）	侵入农田面积（万亩）	不同虫口密度（头/亩）的面积（万亩）					最高密度			蝗蝻出土始期	蝗蝻出土盛期	三龄蝗蝻峰期	主要分布区域	简述气象、生态条件	备注
							0.2～1.0	1.0～3.0	3.1～6.0	6.1～10	>10	密度（头/米²）	面积（万亩）	分布地点						

表 12-96 西藏飞蝗秋蝗发生趋势预测表

单位	取样点数（个）	有蝗点数（个）	有蝗样点比例（%）	夏残蝗基数										预计秋蝗发生趋势					备注
				普查面积（万亩）	残蝗面积（万亩）	不同残蝗密度（头/亩）的面积（万亩）				平均密度（头/亩）	最高密度（头/亩）	群居型蝗蝻比例（%）	最高密度出现区域	现有宜蝗面积（万亩）	发生面积（万亩）	达防治指标面积（万亩）	发生程度（级）	主要发生区域	
						6～10.0	10.1～30.0	30.1～100.0	>100										

表 12-97　西藏飞蝗秋蝗发生实况统计表

填报时间	单位	发生面积	达标面积（万亩）	防治面积（万亩）	发生程度（级）	侵入农田面积（万亩）	不同虫口密度（头/亩）的面积（万亩）					最高密度			蝗蝻出土始期	蝗蝻出土盛期	三龄蝗蝻峰期	主要分布区域	简述气象、生态条件	备注
							0.2～1.0	1.0～3.0	3.1～6.0	6.1～10	>10	密度（头/米²）	面积（万亩）	分布地点						

表 12-98　西藏飞蝗翌年发生趋势预测表

调查日期	调查地点	普查面积（万亩）	残蝗面积（万亩）	不同残蝗密度（头/亩）的面积（万亩）				平均密度（头/亩）	最高密度（头/亩）	最高密度出现区域	翌年发生趋势预测				备注
				6～10	11～30	31～100	>100				发生程度（级）	发生面积（万亩）	需防治面积（万亩）	重点发生区域	

表 12-99　西藏飞蝗全年发生实况统计表

省份	总体发生程度	夏蝗（万亩）					秋蝗（万亩）					全年（万亩）					备注
		发生程度	发生面积	达标面积	侵入农田	防治面积	发生程度	发生面积	达标面积	侵入农田	防治面积	发生程度	发生面积	达标面积	侵入农田	防治面积	

表 12-100　亚洲飞蝗夏季发生趋势预测表

调查日期	单位	调查生境	代表面积（万亩）	调查样点数（个）	有卵样点数（个）	有卵样点率（%）	平均蝗卵密度（粒/米²）	最高蝗卵密度（粒/米²）	卵粒越冬死亡率（%）	预计蝗蝻							备注
										出土始期	出土盛期	三龄盛期	发生面积（万亩）	达防治指标面积（万亩）	发生程度	预计主要发生区域	

表 12-101　亚洲飞蝗夏季发生实况统计表

调查日期	调查地点	宜蝗面积（万亩）	普查面积（万亩）	取样点数（个）	有蝗点数（个）	有蝗样点率（%）	平均密度（头/米²）	群居型蝗蝻比例（%）	发生面积（万亩）	侵入农田面积（万亩）	不同虫口密度（头/米²）的面积（万亩）						最高密度			备注
											0.02～0.05	0.06～0.10	0.11～0.30	0.31～0.50	0.51～1.00	>1	密度（头/米²）	面积（万亩）	分布地点	

表 12 - 102 亚洲飞蝗秋蝗发生趋势预测表

调查时间	单位	夏残蝗基数										预计秋蝗发生趋势					备注
		普查面积（万亩）	残蝗面积（万亩）	不同残蝗密度（头/亩）的面积（万亩）					平均密度（头/亩）	最高密度（头/亩）	最高密度出现区域	现有宜蝗面积（万亩）	发生面积（万亩）	达防治指标面积（万亩）	发生程度（级）	主要发生区域	
				1～5	6～20	21～50	50～100	>100									

表 12 - 103 亚洲飞蝗秋季发生实况统计表

调查日期	调查地点	宜蝗面积（万亩）	普查面积（万亩）	取样点数（个）	有蝗点数（个）	有蝗样点率（%）	平均密度（头/米^2）	群居型蝗蝻比例（%）	发生面积（万亩）	侵入农田面积（万亩）	不同虫口密度（头/米^2）的面积（万亩）						最高密度			备注
											0.02～0.05	0.06～0.10	0.11～0.30	0.31～0.50	0.51～1.00	>1	密度（头/米^2）	面积（万亩）	分布地点	

表 12 - 104 亚洲飞蝗翌年发生预测表

调查日期	调查地点	普查面积（万亩）	取样点数（个）	有蝗点数（个）	有蝗样点比例（%）	残蝗面积（万亩）	不同残蝗密度（头/亩）的面积（万亩）					最高密度（头/亩）	平均密度（头/亩）	预计翌年夏蝗发生趋势					备注
							1～5	6～20	21～50	50～100	>100			现有宜蝗面积（万亩）	发生面积（万亩）	达防治指标面积（万亩）	发生程度（级）	主要发生区域	

表 12 - 105 亚洲飞蝗全年发生实况统计表

省份	总体发生程度	夏季（万亩）				秋季（万亩）				全年（万亩）				备注
		发生程度	发生面积	达标面积	防治面积	发生程度	发生面积	达标面积	防治面积	发生程度	发生面积	达标面积	防治面积	

表 12 - 106 土蝗夏季发生趋势预测表

调查日期	单位	调查生境	代表面积（万亩）	调查样点数（个）	有卵样点数（个）	有卵样点率（%）	平均蝗卵密度（粒/米^2）	最高蝗卵密度（粒/米^2）	卵粒越冬死亡率（%）	预计蝗蝻							备注
										出土始期	出土盛期	三龄盛期	发生面积（万亩）	达防治指标面积（万亩）	发生程度	预计主要发生区域	

表 12-107　土蝗夏季发生实况统计表

调查日期	调查地点	普查面积（万亩）	发生面积（万亩）	达标面积（万亩）	防治面积（万亩）	侵入农田面积（万亩）	发生程度（级）	重点发生区域	主要发生种类	平均密度（头/米²）	最高密度（头/米²）	群居型蝗蝻比例（%）	蝗蝻出土始期	蝗蝻出土盛期	三龄蝗蝻峰期	主要分布区域	简述气象、生态条件	备注

表 12-108　土蝗秋季发生趋势预测表

调查日期	单位	普查面积（万亩）	残蝗面积（万亩）	不同残蝗密度（头/亩）的面积（万亩）					平均密度（头/亩）	最高密度（头/亩）	最高密度出现区域	下阶段趋势预测				备注
				<330	331～2 000	2 001～6 000	6 001～33 000	>33 000				发生程度（级）	发生面积（万亩）	需防治面积（万亩）	重点发生区域	

表 12-109　土蝗翌年发生趋势预测表

调查日期	单位	普查面积（万亩）	残蝗面积（万亩）	不同残蝗密度（头/亩）的面积（万亩）					平均密度（头/亩）	最高密度（头/亩）	最高密度出现地点	下阶段趋势预测				备注
				<330	331～12 000	2 001～6 000	6 001～33 000	>33 000				发生程度（级）	发生面积（万亩）	需防治面积（万亩）	重点发生区域	

表 12-110　土蝗全年发生实况统计表

省份	总体发生程度	夏季（万亩）					秋季（万亩）					全年（万亩）					备注
		发生程度	发生面积	达标面积	侵入农田面积	防治面积	发生程度	发生面积	达标面积	侵入农田面积	防治面积	发生程度	发生面积	达标面积	侵入农田面积	防治面积	

表 12－111　黏虫年度发生与预测统计表（按代次分）

病虫名称	本年度发生情况					下年度发生情况预测		
	发生程度	发生面积（万亩）	防治面积（万亩）	主要危害作物	重点发生区域	发生程度	发生面积（万亩）	重点发生区域
一代黏虫								
二代黏虫								
三代黏虫								
其他代次黏虫								
黏虫合计								

表 12－112　黏虫年度发生与预测统计表（按作物分）

病虫名称	本年度发生情况					下年度发生情况预测		
	发生程度	发生面积（万亩）	防治面积（万亩）	主要危害作物	重点发生区域	发生程度	发生面积（万亩）	重点发生区域
水稻黏虫								
小麦黏虫								
玉米黏虫								
其他粮作黏虫								
黏虫合计								

表 12－113　黏虫蛾量诱测动态周报表

蛾峰日开始日期（月/日）	蛾峰日结束日期（月/日）	比常年早/晚（天）	诱蛾工具	单只黑光灯（单台诱蛾器/5个糖醋毒草把）诱测		蛾量比历年同期高/低比例（%）	蛾量比去年同期高/低比例（%）
				峰日蛾量（头）	累计诱蛾量（头）		

表 12－114　黏虫雌蛾抱卵动态周报表

调查日期（月/日）	检查雌蛾总数（头）	交配率（%）	抱卵率（%）	卵巢发育各级别比例（%）				
				1级	2级	3级	4级	5级

表 12－115　黏虫草把诱卵动态周报表

诱卵始见期（月/日）	10个草把诱卵				卵量比历年同期高/低比例（%）	卵量比去年同期高/低比例（%）
	总块数（块）	单块最高卵粒数（粒）	单块平均卵粒数（粒）	累计卵量（粒）		

表 12－116　黏虫幼虫及蛹发生动态周报表

调查日期（月/日）	类型田	取样面积（米^2）	总虫数（头）	每平方米幼虫数（头）	各龄幼虫所占比例（%）				每平方米蛹量（个）	各级蛹所占比例（%）						
					一至三龄	四龄	五龄	六龄		前蛹	1级	2级	3级	蛹皮	化蛹率	羽化率

表 12－117　越冬代黏虫省站汇报模式报表

发生程度		各作物田加权平均残虫量（头/米^2）	
越冬代黏虫有虫面积（万亩）		各类型田残虫量比历年均值增减（%）	
防治面积（万亩）		预计成虫羽化盛期开始日期（月/日）	
小麦种植面积（万亩）		预计成虫羽化盛期结束日期（月/日）	
其他寄主田面积（万亩）			

表 12－118　一代黏虫省站汇报模式报表

发生程度		各类型田加权平均残虫量（头/米^2）	
一代黏虫有虫面积（万亩）		各类型田残虫量比历年均值增减（%）	
防治面积（万亩）		预计成虫羽化盛期开始日期（月/日）	
各类型麦田平均虫量（头/米^2）		预计成虫羽化盛期结束日期（月/日）	

表 12－119　二代黏虫省站汇报模式报表

发生程度		各类型田残虫量比历年均值增减（%）	
二代黏虫有虫面积（万亩）		预计成虫羽化盛期开始日期（月/日）	
防治面积（万亩）		预计成虫羽化盛期结束日期（月/日）	
各类型田加权平均残虫量（头/米^2）			

表 12－120　三代黏虫省站汇报模式报表

发生程度		各类型田残虫量比历年均值增减（%）	
三代黏虫有虫面积（万亩）		预计成虫羽化盛期开始日期（月/日）	
防治面积（万亩）		预计成虫羽化盛期结束日期（月/日）	
各类型田加权平均残虫量（头/米^2）			

表 12－121　一代黏虫县站汇报模式报表

发生程度		四龄幼虫占百分率（%）	
一代黏虫有虫面积（万亩）		五龄幼虫占百分率（%）	
防治面积（万亩）		六龄幼虫占百分率（%）	
各类型麦田平均虫量（头/米^2）		前蛹占百分率（%）	
各类型麦田平均最高虫量（头/米^2）		一级蛹占百分率（%）	
防治后麦田平均残虫量（头/米^2）		二级蛹占百分率（%）	
防治后麦田平均最高残虫量（头/米^2）		三级蛹占百分率（%）	
未防麦田平均虫量（头/米^2）		蛹皮（羽化）占百分率（%）	
未防麦田平均最高虫量（头/米^2）		平均自然死亡率（%）	
各类型田加权平均残虫量（头/米^2）		平均自然死亡率比历年增减比例（%）	
各类型田残虫量比历年均值增减（%）		预计成虫羽化盛期开始日期（月/日）	
发育进度调查日期（月/日）		预计成虫羽化盛期结束日期（月/日）	
三龄前幼虫占百分率（%）			

表 12－122 二代黏虫县站汇报模式报表

发生程度		发育进度调查日期（月/日）	
二代黏虫有虫面积（万亩）		三龄前幼虫占百分率（%）	
防治面积（万亩）		四龄幼虫占百分率（%）	
防治前谷麦田平均虫数（头/米^2）		五龄幼虫占百分率（%）	
防治前谷麦田最高虫数（头/米^2）		六龄幼虫占百分率（%）	
防治前玉米高粱田平均虫数（头/百株）		前蛹占百分率（%）	
防治前玉米高粱田最高虫数（头/百株）		一级蛹占百分率（%）	
防治后谷麦田平均残虫量（头/米^2）		二级蛹占百分率（%）	
防治后谷麦田平均最高残虫量（头/米^2）		三级蛹占百分率（%）	
防治后玉米高粱田平均虫数（头/百株）		蛹皮（羽化）占百分率（%）	
防治后玉米高粱田最高虫数（头/百株）		平均自然死亡率（%）	
草地平均残虫量（头/米^2）		平均自然死亡率比历年增减比例（%）	
各作物田加权平均残虫量（头/米^2）		预计成虫羽化盛期开始日期（月/日）	
各类型田残虫量比历年均值增减（%）		预计成虫羽化盛期结束日期（月/日）	

表 12－123 三代黏虫县站汇报模式报表

发生程度		发育进度调查日期（月/日）	
三代黏虫有虫面积（万亩）		三龄前幼虫占百分率（%）	
防治面积（万亩）		四龄幼虫占百分率（%）	
防治前谷田平均虫数（头/米^2）		五龄幼虫占百分率（%）	
防治前谷田最高虫数（头/米^2）		六龄幼虫占百分率（%）	
防治前玉米高粱田平均虫数（头/百株）		前蛹占百分率（%）	
防治前玉米高粱田最高虫数（头/百株）		一级蛹占百分率（%）	
防治后谷田平均残虫量（头/米^2）		二级蛹占百分率（%）	
防治后谷麦田平均最高残虫量（头/米^2）		三级蛹占百分率（%）	
防治后玉米高粱田平均虫数（头/百株）		蛹皮（羽化）占百分率（%）	
防治后玉米高粱田最高虫数（头/百株）		平均自然死亡率（%）	
各作物田加权平均残虫量（头/米^2）		平均自然死亡率比历年增减比例（%）	
各类型田残虫量比历年均值增减（%）		预计成虫羽化盛期开始日期（月/日）	
		预计成虫羽化盛期结束日期（月/日）	

表 12－124 草地螟年度发生情况统计表

越冬代成虫农田发生面积（万亩）		一代幼虫林地防治面积（万亩）	
越冬代成虫草场发生面积（万亩）		一代成虫农田发生面积（万亩）	
越冬代成虫林地发生面积（万亩）		一代成虫草场发生面积（万亩）	
越冬代成虫发生总面积（万亩）		一代成虫林地发生面积（万亩）	
一代幼虫农田发生面积（万亩）		一代成虫发生总面积（万亩）	
一代幼虫草场发生面积（万亩）		二代幼虫农田发生面积（万亩）	
一代幼虫林地发生面积（万亩）		二代幼虫草场发生面积（万亩）	
一代幼虫发生总面积（万亩）		二代幼虫林地发生面积（万亩）	
一代幼虫农田平均密度（头/米^2）		二代幼虫发生总面积（万亩）	
一代幼虫农田防治面积（万亩）		二代幼虫农田平均密度（头/米^2）	
一代幼虫草场防治面积（万亩）		二代幼虫农田防治面积（万亩）	

（续）

二代幼虫草场防治面积（万亩）		三代幼虫草场发生面积（万亩）	
二代幼虫林地防治面积（万亩）		三代幼虫林地发生面积（万亩）	
二代成虫农田发生面积（万亩）		三代幼虫农田平均数量（头/米²）	
二代成虫草场发生面积（万亩）		三代幼虫农田防治面积（万亩）	
二代成虫林地发生面积（万亩）		三代幼虫草场防治面积（万亩）	
二代成虫发生总面积（万亩）		三代幼虫林地防治面积（万亩）	
三代幼虫农田发生面积（万亩）			

表 12－125　草地螟（越冬代成虫）年度发生区域统计表

省	市、盟名称	县、旗名称	经度	纬度	发生程度

表 12－126　草地螟（一代幼虫）年度发生区域统计表

省	市、盟名称	县、旗名称	经度	纬度	发生程度

表 12－127　草地螟（一代幼虫）年度发生区域统计表

省	市、盟名称	县、旗名称	经度	纬度	发生程度

表 12－128　草地螟（二代成虫）年度发生区域统计表

省	市、盟名称	县、旗名称	经度	纬度	发生程度

表 12－129　草地螟（二代幼虫）年度发生区域统计表

省	市、盟名称	县、旗名称	经度	纬度	发生程度

表 12－130　草地螟（二代成虫）年度发生区域统计表

省	市、盟名称	县、旗名称	经度	纬度	发生程度

表 12-131　草地螟越冬情况监测点模式报表

省（市、自治区）名称	市（盟、地区）名称	旗（县、市）名称	越冬总面积（万亩）	越冬活茧密度（头/米²）
越冬虫茧调查情况				
调查田块序号	活茧密度（头/米²）	植被类型	海拔高度	土壤质地

表 12-132　草地螟越冬情况省站模式报表

越冬总面积（万亩）	越冬活茧密度（头/米²）	越冬活茧密度比历年平均增减比例（%）	越冬总虫量（万头）	越冬总虫量比上年增减比例（%）	
越冬虫茧分布情况					
市（盟、地区）名称	县（旗、区、市）名称	经度	纬度	越冬总面积（万亩）	越冬活茧密度（头/米²）

表 12-133　草地螟发生动态省站汇报模式报表

草地螟成虫发生世代		当代草场幼虫发生面积（万亩）	
当代农田成虫发生面积（万亩）		当代林地幼虫发生面积（万亩）	
当代草场成虫发生面积（万亩）		当代农田平均幼虫数量（头/米²）	
当代林地成虫发生面积（万亩）		当代农田幼虫防治面积（万亩）	
草地螟幼虫发生世代		当代草场幼虫防治面积（万亩）	
当代农田幼虫发生面积（万亩）		当代林地幼虫防治面积（万亩）	

表 12-134　草地螟发生动态监测点汇报模式报表

草地螟成虫发生世代		当代草场成虫发生面积（万亩）	
调查日期（月/日）		当代林地成虫发生面积（万亩）	
当代成虫始见期（月/日）		草地螟幼虫发生世代	
始见期比历年早/晚（天）		当代幼虫开始为害日期（月/日）	
当代 20 瓦黑光灯累计蛾量（头/台）		当代农田幼虫平均数量（头/米²）	
诱蛾量比常年高低（%）		当代农田幼虫发生面积（万亩）	
1、2 级雌蛾比例（%）		当代草场幼虫发生面积（万亩）	
3、4 级雌蛾比例（%）		当代林地幼虫发生面积（万亩）	
平均百步惊蛾（头）		当代农田幼虫防治面积（万亩）	
10 网次捕蛾量（头）		当代草场幼虫防治面积（万亩）	
当代农田成虫发生面积（万亩）		当代林地幼虫防治面积（万亩）	

表 12-135　草地螟越冬代成虫发生实况及一代预测模式报表

成虫始见期（月/日）		主要寄主对越冬代成虫、一代幼虫发生有利程度	
成虫始见期比历年早晚（天）		预计一代发生程度（级）	
灯光累计诱蛾量（头）		预计一代发生面积（万亩）	
灯光累计诱蛾量比历年平均增减比例（%）		预计一代农田发生面积（万亩）	
解剖雌蛾日期（月/日）		一代农田发生面积比上年增减比例（%）	
1、2 级雌蛾所占比例（%）		预计一代草场发生面积（万亩）	
3、4 级雌蛾所占比例（%）		一代草场发生面积比上年增减比例（%）	
成虫已发生面积（万亩）		预计一代林地发生面积（万亩）	
成虫发生面积比历年平均增减比例（%）		一代林地发生面积比上年增减比例（%）	
预计一代发生县、市名称			

表 12-136　一代草地螟发生实况及二、三代预测模式报表

一代幼虫发生程度（级）		一代幼虫发生县市名称	
越冬代成虫农田发生面积（万亩）		寄主作物对二、三代成、幼虫有利程度和原因	
越冬代成虫农田发生面积比历年平均增减比例（%）		预计二代发生程度（级）	
越冬代成虫草场发生面积（万亩）		预计二代幼虫发生为害盛期开始日期（月/日）	
越冬代成虫林地发生面积（万亩）		预计二代幼虫发生为害盛期结束日期（月/日）	
一代幼虫农田发生面积（万亩）		预计二代幼虫发生面积（万亩）	
一代幼虫农田发生面积比历年平均增减比例（%）		预计二代幼虫农田发生面积（万亩）	
一代幼虫草场发生面积（万亩）		二代幼虫农田发生面积比上年增减比例（%）	
一代幼虫林地发生面积（万亩）		预计二代幼虫草场发生面积（万亩）	
一代幼虫农田密度（头/米^2）		预计二代幼虫林地发生面积（万亩）	
一代幼虫农田密度比历年平均增减比例（%）		预计二代幼虫发生县市名称	
一代幼虫农田防治面积（万亩）		预计三代发生程度（级）	
一代幼虫草场防治面积（万亩）		预计三代幼虫发生为害盛期开始日期（月/日）	
一代幼虫林地防治面积（万亩）		预计三代幼虫发生为害盛期结束日期（月/日）	
一代幼虫农田残留面积（万亩）		预计三代幼虫发生面积（万亩）	
一代幼虫农田残留面积比历年平均增减比例（%）		预计三代幼虫农田发生面积（万亩）	
一代幼虫草场残留面积（万亩）		三代幼虫农田发生面积比上年增减比例（%）	
一代幼虫林地残留面积（万亩）		预计三代幼虫草场发生面积（万亩）	
一代幼虫农田残留密度（头/米^2）		预计三代幼虫林地发生面积（万亩）	
一代幼虫农田残留密度比历年平均增减比例（%）		预计三代幼虫发生县市名称	

12.1.8 重大病虫周报表

表 12－137　水稻病虫周报表

测报站点：　　　　　　　　　　调查时间：　　　　　　　　　　单位：万亩

病虫名称	发生程度		当前发生面积	当前发生面积比上年同期增减（%）	本周新增发生面积	累计发生面积	累计发生面积比上年同期增减（%）	累计发生面积比上周增减（%）	当前需防治面积	当前需防治面积比上年同期增减（%）	本周完成防治面积	累计防治面积	累计防治面积比上年同期增减（%）	防治效果（%）	当前仍需防治面积	平均密度		最高密度	主要发生区域
	本周	下周																	
合计																			
稻飞虱																成若虫（头/百丛）			
																褐飞虱比例（%）			
																卵量（粒/百丛）			
稻纵卷叶螟																蛾量（头/亩）			
																幼虫量（头/亩）			
																卵量（粒/亩）			
																卷叶率（%）			
二化螟																幼虫量（头/亩）			
																枯鞘/心率（%）			
三化螟																幼虫量（头/亩）			
																枯心率（%）			
稻叶瘟																病叶率（%）			
穗颈瘟																病穗率（%）			
纹枯病																病株率（%）			
																病丛率（%）			
条纹叶枯病																病株率（%）			
南方水稻黑条矮缩病																病株率（%）			
																病丛率（%）			
水稻黑条矮缩病																病株率（%）			
																病丛率（%）			
水稻生育期																			
发生情况概述																			
防控情况概述																			
下阶段发生防控形势分析																			

表 12－138　小麦病虫周报表

测报站点：　　　　调查时间：　　　　单位：万亩

病虫名称	发生程度		当前发生面积	当前发生面积比上年同期增减（%）	本周新增发生面积	累计发生面积	累计发生面积比上年同期增减（%）	累计发生面积比上周增减（%）	当前需防治面积	当前需防治面积比上年同期增减（%）	本周完成防治面积	累计防治面积	累计防治面积比上年同期增减（%）	防治效果（%）	当前仍需防治面积	平均密度		最高密度	主要发生区域
	本周	下周																	
合计																			
蚜虫																百株蚜量（头/百株）			
吸浆虫																幼虫淘土：每样方虫量（头/样方）			
																成虫：百复网虫量（头/百复网）			
																为害期：虫穗率（%）			
																为害期：百穗虫量（头/百穗）			
麦蜘蛛																每尺单行虫量（头/尺/行）			
条锈病																病叶率（%）			
白粉病																病叶率（%）			
纹枯病																病株率（%）			
赤霉病																病穗率（%）			
小麦生育期																			
发生情况概述																			
防控情况概述																			
下阶段发生防控形势分析																			

表 12-139 草地螟周报表

测报站点： 调查时间： 单位：万亩

病虫名称	发生程度		当前发生面积	当前发生面积比上年同期增减（%）	本周新增发生面积	累计发生面积	累计发生面积比上年同期增减（%）	累计发生面积比上周增减（%）	当前需防治面积	当前需防治面积比上年同期增减（%）	本周完成防治面积	累计防治面积	累计防治面积比上年同期增减（%）	防治效果（%）	当前仍需防治面积	平均密度		最高密度	主要发生区域
	本周	下周																	
合计																			
越冬代成虫																平均百步惊蛾（头）			
一代成虫																平均百步惊蛾（头）			
二代成虫																平均百步惊蛾（头）			
一代幼虫																幼虫平均数量（头/米^2）			
二代幼虫																幼虫平均数量（头/米^2）			
草地螟生育期																			
发生情况概述																			
防控情况概述																			
下阶段发生防控形势分析																			

表 12-140　蝗虫周报表

测报站点：　　　　调查时间：　　　　单位：万亩

病虫名称	发生程度		当前发生面积	当前发生面积比上年同期增减（%）	本周新增发生面积	累计发生面积	累计发生面积比上年同期增减（%）	累计发生面积比上周增减（%）	当前需防治面积	当前需防治面积比上年同期增减（%）	本周完成防治面积	累计防治面积	累计防治面积比上年同期增减（%）	防治效果（%）	当前仍需防治面积	平均密度	最高密度	主要发生区域
	本周	下周																
合计																		
东亚飞蝗夏蝗																		
东亚飞蝗秋蝗																		
西藏飞蝗																		
亚洲飞蝗																		
北方农牧交错区土蝗																		
蝗虫生育期																		
发生情况概述																		
防控情况概述																		
下阶段发生防控形势分析																		

表 12－141 马铃薯晚疫病周报表

测报站点： 调查时间： 单位：万亩

病虫名称	发生程度		当前发生面积	当前发生面积比上年同期增减（%）	本周新增发生面积	累计发生面积	累计发生面积比上年同期增减（%）	累计发生面积比上周增减（%）	当前需防治面积	当前需防治面积比上年同期增减（%）	本周完成防治面积	累计防治面积	累计防治面积比上年同期增减（%）	防治效果（%）	当前仍需防治面积	平均密度	最高密度	主要发生区域
	本周	下周																
晚疫病																		
马铃薯生育期																		
发生情况概述																		
防控情况概述																		
下阶段发生防控形势分析																		

表 12－142　棉铃虫周报表

测报站点：　　　　　　　　　　　　调查时间：　　　　　　　　　　　　单位：万亩

病虫名称	发生程度		当前发生面积	当前发生面积比上年同期增减（%）	本周新增发生面积	累计发生面积	累计发生面积比上年同期增减（%）	累计发生面积比上周增减（%）	当前需防治面积	当前需防治面积比上年同期增减（%）	本周完成防治面积	累计防治面积	累计防治面积比上年同期增减（%）	防治效果（%）	当前仍需防治面积	平均密度		最高密度	主要发生区域
	本周	下周																	
合计																			
一代棉铃虫																百株累计卵量			
																百株虫量			
二代棉铃虫																百株累计卵量			
																百株虫量			
三代棉铃虫																百株累计卵量			
																百株虫量			
四代棉铃虫																百株累计卵量			
																百株虫量			
五代棉铃虫																百株累计卵量			
																百株虫量			
棉花生育期																			
发生情况概述																			
防控情况概述																			
下阶段发生防控形势分析																			

表 12－143 油菜病虫周报表

测报站点： 调查时间： 单位：万亩

病虫名称	发生程度		当前发生面积	当前发生面积比上年同期增减（%）	本周新增发生面积	累计发生面积	累计发生面积比上年同期增减（%）	累计发生面积比上周增减（%）	当前需防治面积	当前需防治面积比上年同期增减（%）	本周完成防治面积	累计防治面积	累计防治面积比上年同期增减（%）	防治效果（%）	当前仍需防治面积	平均密度		最高密度	主要发生区域
	本周	下周																	
合计																			
菌核病																叶病株率（%）			
																茎病株率（%）			
病毒病																病株率（%）			
霜霉病																病株率（%）			
蚜虫																百株蚜量（头）			
甲虫																百株虫量（头）			
油菜生育期																			
发生情况概述																			
防控情况概述																			
下阶段发生防控形势分析																			

表 12－144　玉米螟周报表

测报站点：　　　　调查时间：　　　　单位：万亩

病虫名称	发生程度		当前发生面积	当前发生面积比上年同期增减（%）	本周新增发生面积	累计发生面积	累计发生面积比上年同期增减（%）	累计发生面积比上周增减（%）	当前需防治面积	当前需防治面积比上年同期增减（%）	本周完成防治面积	累计防治面积	累计防治面积比上年同期增减（%）	防治效果（%）	当前仍需防治面积	平均密度		最高密度	主要发生区域
	本周	下周																	
合计																			
一代玉米螟																被害株率（%）			
																百株虫量（头）			
二代玉米螟																被害株率（%）			
																百株虫量（头）			
三代玉米螟																被害株率（%）			
																百株虫量（头）			
玉米生育期																			
发生情况概述																			
防控情况概述																			
下阶段发生防控形势分析																			

12.1.9 区域站报表

表 12-145 病虫测报基本信息统计表

<table>
<tr><td rowspan="3">省</td><td rowspan="3">县站名称</td><td colspan="11">测报工具</td><td rowspan="3">每年发布病虫情报期数</td><td rowspan="3">网络情报服务数</td><td colspan="4">可视化预报</td><td colspan="6">测报技术人员</td></tr>
<tr><td colspan="2">测报灯</td><td colspan="2">自动虫情测报灯</td><td colspan="2">普通虫情测报灯</td><td colspan="2">孢子捕捉仪</td><td colspan="2">气象观测仪</td><td rowspan="2">使用性诱剂害虫种类数</td><td rowspan="2">电视预报期数</td><td rowspan="2">电视字幕预报期条数</td><td rowspan="2">手机彩/短信期数</td><td rowspan="2">手机彩/短信条数</td><td rowspan="2">专职</td><td rowspan="2">兼职</td><td rowspan="2">总计</td><td rowspan="2">最大年龄</td><td rowspan="2">最小年龄</td><td rowspan="2">平均年龄</td></tr>
<tr><td>数量</td><td>正常使用数</td><td>数量</td><td>正常使用数</td><td>数量</td><td>正常使用数</td><td>数量</td><td>正常使用数</td><td>数量</td><td>正常使用数</td></tr>
<tr><td></td><td></td><td></td><td></td><td></td><td></td><td></td><td></td><td></td><td></td><td></td><td></td><td></td><td></td><td></td><td></td><td></td><td></td><td></td><td></td><td></td><td></td><td></td><td></td><td></td><td></td></tr>
</table>

表 12-146 县级以上植保体系基本情况调查表

<table>
<tr><td colspan="2">省</td><td colspan="2">市</td><td colspan="2">县</td><td>单位名称</td><td colspan="2">是否是法人单位（请打√），
如不是，请填写法人单位名称</td></tr>
<tr><td colspan="2"></td><td colspan="2"></td><td colspan="2"></td><td></td><td colspan="2"></td></tr>
<tr><td colspan="3">单位性质</td><td colspan="6">承担职能</td></tr>
<tr><td>请选择</td><td colspan="2">其他（请注明）</td><td colspan="2">病虫监测与防治</td><td colspan="2">植物检疫</td><td>农药管理</td><td>其他（请注明）</td></tr>
<tr><td></td><td colspan="2"></td><td colspan="2"></td><td colspan="2"></td><td></td><td></td></tr>
<tr><td colspan="9">人员结构</td></tr>
<tr><td colspan="2" rowspan="2">核定编制数（人）</td><td colspan="7">实际在岗人数（人）</td></tr>
<tr><td>总数</td><td>财政供给人数</td><td>专业技术人员数</td><td>正高人数</td><td>副高人数</td><td>中级人数</td><td>初级人数</td></tr>
<tr><td></td><td></td><td></td><td></td><td></td><td></td><td></td><td colspan="2"></td></tr>
<tr><td colspan="9">经费情况</td></tr>
<tr><td>本级财政拨付公用经费（万元/年）</td><td>上级单位拨付工作经费（万元/年）</td><td>公用经费其他来源（万元/年）</td><td>实际支出公用经费（万元/年）</td><td>实际需要公用经费（万元/年）</td><td>人员经费实际支出数（万元/年）</td><td>人均收入（万元/年）</td><td>人员经费财政拨款（万元/年）</td><td>人员经费其他来源（万元/年）</td></tr>
<tr><td></td><td></td><td></td><td></td><td></td><td></td><td></td><td></td><td></td></tr>
</table>

（续）

<table>
<tr><td colspan="9">工作条件</td></tr>
<tr><td colspan="2">办公场所</td><td colspan="3">实验室及观测场所</td><td colspan="2" rowspan="2">1 000 元以上仪器设备（台/套）</td><td colspan="2" rowspan="2">专用车（辆）</td></tr>
<tr><td>面积（米²）</td><td>产权归属（是否自有）</td><td colspan="2">实验室面积（米²）</td><td>观测场所（亩）</td></tr>
<tr><td></td><td></td><td colspan="2"></td><td></td><td colspan="2"></td><td colspan="2"></td></tr>
<tr><td colspan="9">基本建设是否已投资建设（如是，请填写以下内容）</td></tr>
<tr><td colspan="9">项目类别</td></tr>
<tr><td colspan="3">国家级</td><td colspan="3">省级</td><td colspan="3">其他项目</td></tr>
<tr><td>项目名称</td><td>总投资（万元）</td><td>投资年份</td><td>项目名称</td><td>总投资（万元）</td><td>投资年份</td><td>项目名称</td><td>总投资（万元）</td><td>投资年份</td></tr>
<tr><td></td><td></td><td></td><td></td><td></td><td></td><td></td><td></td><td></td></tr>
<tr><td>备注</td><td colspan="8"></td></tr>
</table>

表 12－147　县级以下植保体系基本情况调查表

<table>
<tr><td rowspan="2">省</td><td rowspan="2">市</td><td rowspan="2">县</td><td rowspan="2">农业乡镇数量（个）</td><td rowspan="2">设植保技术人员的乡镇数（个）</td><td rowspan="2">有固定办公场所的乡镇数（个）</td><td rowspan="2">有病虫监测等仪器的乡镇数（个）</td><td rowspan="2">有摩托车等交通工具的乡镇数（个）</td><td colspan="4">乡镇级植保技术人员</td><td colspan="2">工作经费</td><td rowspan="2">农业行政村数量（个）</td><td rowspan="2">设植保员的行政村数（个）</td><td rowspan="2">村级植保员总数（人）</td><td rowspan="2">村级植保员人均收入（元/年）</td><td rowspan="2">主要来源</td><td rowspan="2">村级植保员年度人均工作经费（元/年）</td><td rowspan="2">主要来源</td><td rowspan="2">备注</td></tr>
<tr><td>总数（人）</td><td>财政供养专职人数（人）</td><td>其他经费供养人数（人）</td><td>人均收入（元/年）</td><td>每年经费（元）</td><td>是否财政拨付</td></tr>
<tr><td></td><td></td><td></td><td></td><td></td><td></td><td></td><td></td><td></td><td></td><td></td><td></td><td></td><td></td><td></td><td></td><td></td><td></td><td></td><td></td><td></td><td></td></tr>
</table>

表 12-148 县级以上（包含）植保机构测报灯及交通工具使用情况调查表

省份		单位名称		
测报灯	购置年限	灯类型	购置数量	可正常使用数
	5 年以内			
	5～8 年			
	8 年以上			
交通工具	是否已车改	否		
	现有或车改后保留的车辆数量			辆
	目前田间调查交通方式			
	车改后田间调查解决办法			
	车改的影响			

注：

1. 测报灯请按购置年份长短分类填写。
2. 测报灯类型请选择。
3. 目前田间调查交通方式或车改后田间调查交通方式，请结合实际情况填写。如：使用单位现有车辆、车改后需要调查时单位统一租车、发放交通补贴后自行解决下地调查用车，等等。
4. 车改影响，请填写车改对病虫田间调查的影响以及解决办法。如：就近在城边调查、减少了下乡调查次数、影响测报人员队伍稳定，等等。

表 12-149 农作物病虫害预报发布情况年度统计表

填报单位： 填报时间：

病虫情报	
综合类	
小麦病虫	
水稻病虫	
玉米病虫	
棉花病虫	
马铃薯病虫	
油菜病虫	
蝗虫、黏虫、草地螟	
其他类	
可视化预报	
电视预报期数	
电视字幕预报期（条）数	
手机彩/短信期数	
网络预报数	

填报单位：31 个省份以及所属全国区域测报站，每年 11 月 30 日前填报一次。

12.2 系统应用常见问题解析

（1）登录后页面显示不正常，数据报表无法填报，无法保存数据，或填报页面汉字出现乱码。由于浏览器种类多，更新快，系统的开发设计和维护难以及时跟踪浏览器的升级速度，常常导致页面显示不正常，或者是出现数据报表无法填报或保存，以及填报页面汉字出现乱码等情况（图 12-1）。数字化监测预警系统 ccpmis. org. cn 需要在兼容性模式下才能正常运行。因此问题的原因在于所使用的浏览器兼容性出现问题。需要将浏览器的模式改为兼容模式，对于 360 浏览器，如图 12－2 进行设置。

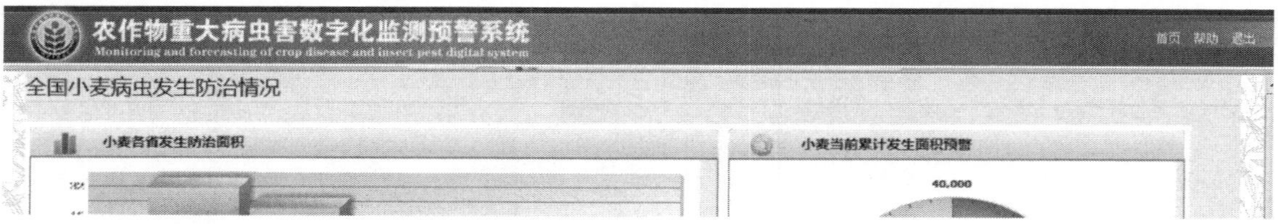

图 12－1　系统页面显示不正常

图 12－2　设置浏览器兼容模式（360 浏览器）

对于 IE 浏览器，首页要确认 IE 浏览器的版本，不同的 IE 版本，浏览器兼容模式设置方法不同。点击“工具”菜单的“浏览器兼容性视图设置”，IE8、IE10、IE11 按照图 12－3 设置兼容性视图模式。

对于其他浏览器软件或其他版本，可参考上述方法设置浏览器的兼容模式。

（2）数据填报后，点击保存上报或返回首页无反应。原因可能是系统长时间没有操作，会话结束。请尝试退出并重新登录系统。

（3）数据填报后，特别是 2 位小数时，出现错误提示或点击保存上报无反应。可能原因是数据输入不规范（图 12－4），可以核实检查有没有输入空格等非法字符，如不能解决需要清理浏览器缓存后再填报。

（4）系统表格无法填写，下载 Excel 表格填写后上传，上传到表格中自动计算部分出现数据，其他是空白（图 12－5）。

检查浏览器模式，并设置为兼容性模式，并清理浏览器缓存。在桌面 IE 图标上右键选择［Internet 属性］，按图 12－6 清理缓存。

对于 360 浏览器，点击浏览器右上侧的菜单图标 ，在弹出菜单里点击“清除上网痕迹”项，在图 12－7 中清理缓存。其他浏览器也类似操作即可。

（5）无法看见弹出窗口。可能原因是机器上安装的拦截软件将此窗口拦截了，请关闭这些软件对弹出页面的拦截。或者是用户关闭了允许窗口弹出功能，可在 360 浏览器的选项中按图 12－8 设置，不启动拦截模式。

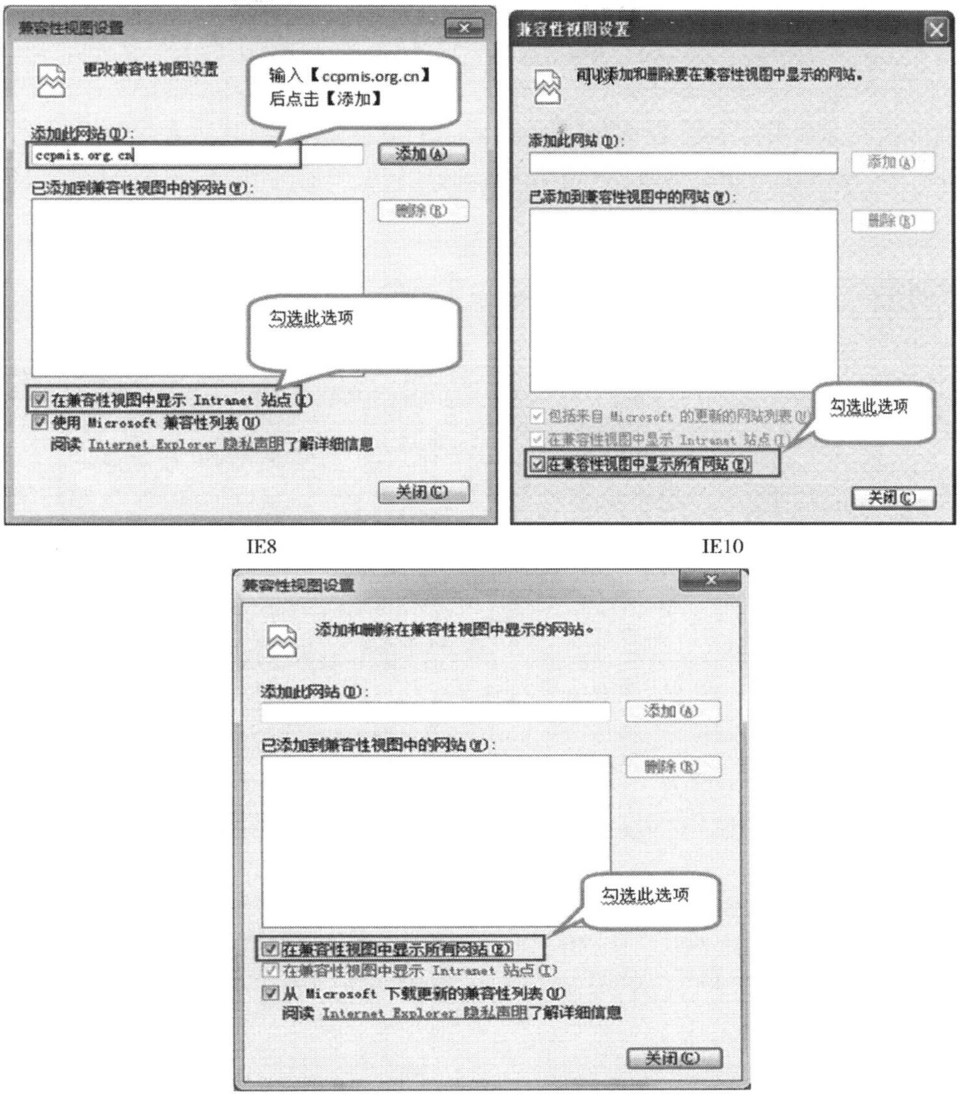

IE8　IE10　IE11

图 12 - 3　设置不同版本 IE 浏览器兼容性视图模式

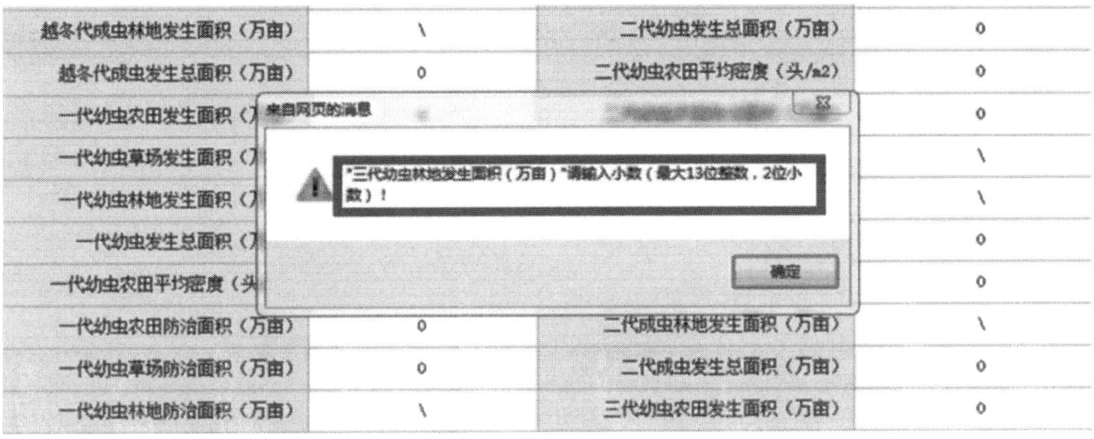

图 12 - 4　数据录入错误信息

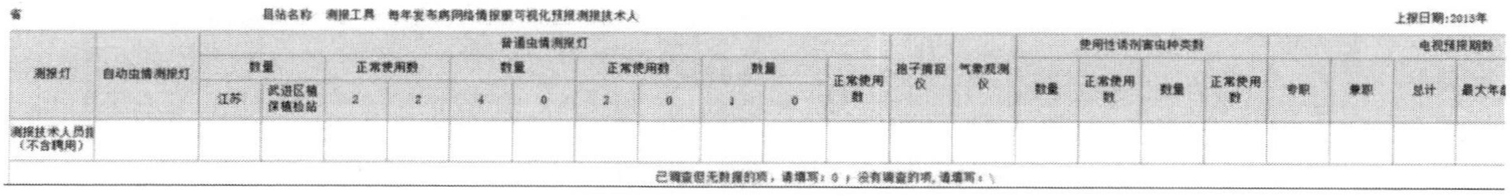

图 12－5　表格无法填写

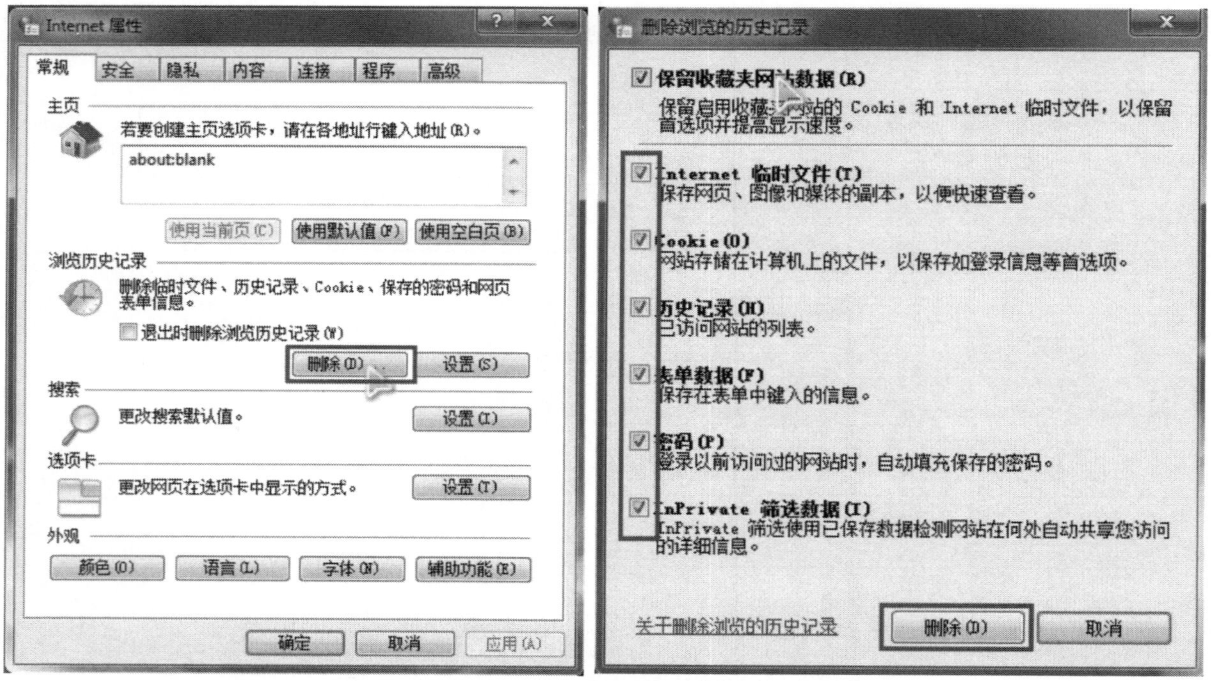

图 12－6　IE 浏览器清理缓存

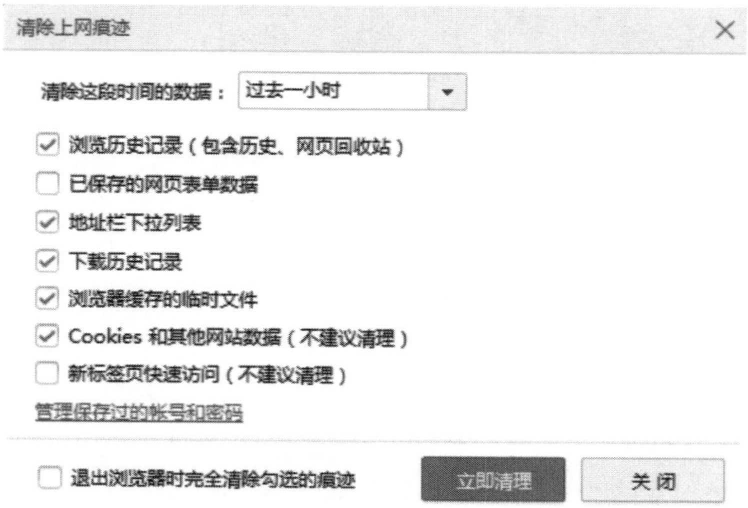

图 12－7　清理 360 浏览器缓存

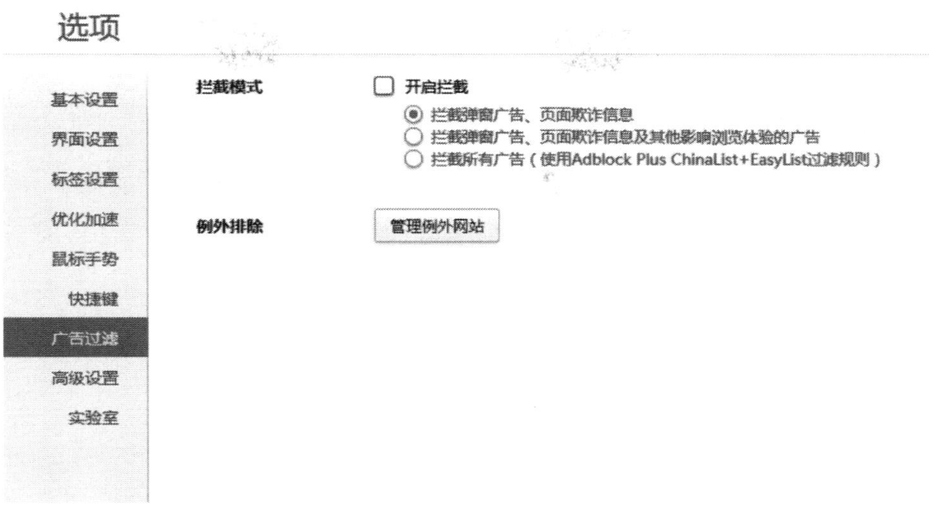

图 12-8　拦截窗口设置

(6) 出现页面不存在提示信息。可能原因是系统本身问题，请联系技术人员；或者是一些文本框输入的文字超出规定字数限制，或输入不合法，需要减少输入的字数（图 12-9）。

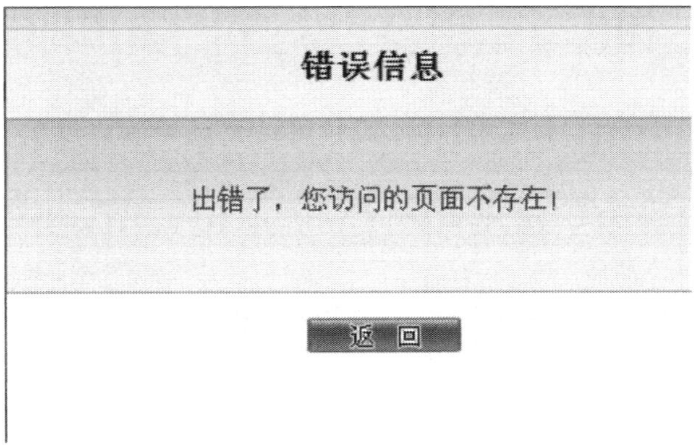

图 12-9　页面不存在错误信息

(7) 出现安全警告窗口。为保证系统安全，系统采用了 SSL 安全证书。当使用 https：//方式访问，或者是使用 IP 地址登录时，可能出现图 12-10 提示，建议用域名访问。或者直接点击［是］运行系统（不建议）。

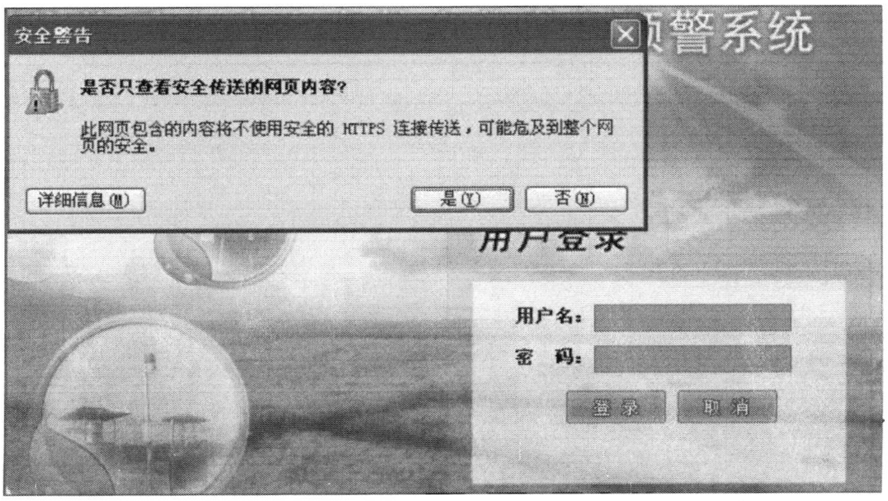

图 12-10　安全警告提示

（8）数据上报后需要修改。开通市级催报功能的，可由市级或省级管理员查询到该表后，退回后修改填报。未开通市级催报功能的，可由省级管理员查询到该表后，退回后修改填报。

（9）忘记系统登录密码。对于管理员用户，可由上级管理员协助重置密码，[系统管理] → [用户管理]。对于普通用户，也可由本级管理员进行密码重置。

（10）系统使用中出现其他问题。请联系省级数字化系统负责同志，或将问题出现的过程、操作的表格以及具体的系统提示，连同截图发送至全国农业技术推广服务中心病虫害测报处 huangchong@agri.gov.cn，或致电 010－59194520。

图书在版编目（CIP）数据

病虫测报数字化 / 农业部种植业管理司，全国农业技术推广服务中心编著 .—北京：中国农业出版社，2016.10
ISBN 978-7-109-22180-2

Ⅰ. ①病… Ⅱ. ①农… ②全… Ⅲ. ①作物—病虫害预测预报—数字化 Ⅳ. ①S431-39

中国版本图书馆 CIP 数据核字（2016）第 228707 号

中国农业出版社出版
（北京市朝阳区麦子店街 18 号楼）
（邮政编码 100125）
责任编辑 阎莎莎 张洪光

中国农业出版社印刷厂印刷 新华书店北京发行所发行
2016 年 10 月第 1 版 2016 年 10 月北京第 1 次印刷

开本：880mm×1230mm 1/16 印张：15.5
字数：468 千字
定价：68.00 元